図説 植物用語事典

図説
植物用語事典

清水 建美 著
梅林 正芳 画　亘理 俊次 写真

八坂書房

まえがき

　学問の世界は日進月歩である。私が学生の頃学んだところでは、カビやキノコは植物の仲間であった。しかし、今では生物の5界説に基づいて、これらは菌界として別扱いとするのが大勢となっている。それでは植物とは何であろうか。この本では光合成をおこない、酸素を発生する生物とする立場をとっている。したがって、植物界以外の界に属する藻類も植物として扱われている。ところが、植物は陸上植物だけとする主張も最近強くなっているし、5界説は近く6界説あるいは7界説に大幅に改められそうな趨勢にある。
　この本の末尾にクロンキストの体系による被子植物の分類表をのせ、本文中の被子植物の例示はこの体系に従った。日本の植物図鑑等では、たいていエングラーの体系に則っていて、クロンキストの体系に出会うことは少ない。しかし、世界の趨勢はクロンキストの体系に沿った方向にあるし、さらにその先をいく気配さえある。一般向き学術用語集というのは、学問の最先端の状況を反映したものとすべきか、むしろ保守的な立場に立って書くべきか、大いに考えさせられるところである。この本では、結局、上記のはじめの課題ではやや保守的な立場をとり、第二の課題ではやや革新的な立場に立つことにした。Golden Medium とでもいうべき立場である。
　環境問題とも相まって、昨今は自然観察ばやりの世の中である。そのための写真入り植物ガイドブックは巷間にあふれているといってもよいだろう。それらは、それぞれに編集の工夫はあっても、決まって植物の名前に続いて特徴が記述されるといったスタイルである。その関係を逆にしたような図鑑はつくれないものだろうか。つまり、はじめに特徴があって、続いて植物が出てくるスタイルである。このような方向からのガイドブックがあれば、両者相まって植物をより深く学ぶことができるにちがいない。こんなことを考えながら、用語

まえがき

ごとの植物の例示はできるだけ増やすように努めたし、紙面の都合で本書からは割愛し別途出版ということになったが、「科別形質一覧表」も作成した。とはいえ、植物の世界は広く、奥は限りなく深い。私の理解の不十分さのために、多々記述の漏れや誤りがあるのではないかとおそれている。読者の皆さんのご叱正をお待ちする次第である。

　この著作のために、京都大学理学部の戸部　博教授、同木材研究所の服部武文博士、筑波大学生物科学系堀　輝三教授には格別のお世話をいただいたし、国立科学博物館附属実験植物園および同植物研究部（つくば市）の方々には生植物および標本の観察・撮影の便宜を計っていただいた。上記の方々に心から厚くお礼申し上げたい。着手から出版に至るまでほぼ4年間、辛抱強くおつき合いいただいた中居恵子さんをはじめ八坂書房の皆さんに改めて謝意を述べたい。最後に、厳しい批判を続けながらも停年後の仕事を支えてくれた妻和美には特段の感謝を捧げたいと思う。

　2001年 7月

清水建美

図説　植物用語事典　目次

Ⅰ　植物群を表す用語　1
　1　分類群とその階級　1
　　(1) 生物の5界　1
　　(2) 植物と植物界　2
　　(3) 分類群の階級　3
　2　系統によって分けられた植物の大区分　4
　3　生活型によって分けられた植物の大区分　6
　　(1)　休眠型による区分　7
　　(2)　生育地との関連からみた区分　8
　　　1)　光との関連　8　　　2)　水との関連　9
　　　3)　温度との関連　10
　　(3)　立地との関連からみた区分　11
　　　1)　基岩との関連　11　　2)　化学的性質との関連　12
　4　生活の方法による大区分　13
　　(1)　有機栄養に関する区分　13
　　(2)　その他の生物の相互関係による区分　15
　5　由来によって分けられた大区分　16

Ⅱ　習性によって分けた植物の用語　19
　1　木本と草本　19
　2　草本　20
　3　木本植物　21
　　(1)　高さと形状による分類　21
　　(2)　葉の存続期間による分類　22
　　(3)　葉の形による分類　23

Ⅲ　花に関連する用語　25
　1　花のつくり　25
　2　花被　28
　　(1)　花被による花の分類　28
　　(2)　花の相称性　32
　　(3)　萼　32
　　(4)　花冠の形　36
　3　雄しべ　42
　　(1)　雄しべ　42
　　(2)　雄しべを構成する部分　42

目 次

  (3) 葯　44
  (4) 葯のつき方　46
  (5) 葯の裂開　48
  (6) 雄しべの合着　48
   1) 同類合着　48　　　　2) 異類合着　50
  (7) 異形雄しべ　52
   1) 長さが異なる場合　52　　　2) 形が異なる場合　54
  (8) 仮雄しべ　54
  (9) 花粉　56
 4　雌しべ　56
  (1) 雌しべを構成する部分　57
  (2) 柱頭　58
  (3) 花柱　60
  (4) 子房　62
  (5) 子房の位置　62
  (6) 胎座　66
  (7) 心皮　68
 5　胚珠　70
  (1) 胚珠を構成する部分　71
  (2) 胚珠の型　73
 6　花式と花式図　74
 7　花序　76
  (1) 花序のつくり　76
   1) 花序を構成する部分　76　　　2) 花と花序の関係　78
  (2) 無限花序と有限花序　80
   1) 無限花序の種類　80　　　2) 有限花序のいろいろ　82
  (3) 単一花序と複合花序　86

Ⅳ　果実と種子に関連する用語　92
 1　果実　92
  (1) 果実を構成する部分　92
  (2) 構成要素からみた果実の分類　94
  (3) 果皮の形質からみた果実の分類　96
  (4) 果実各型の相互関係　104
  (5) 裸子植物の"果実"　108
 2　種子　110
  (1) 種子を構成する部分　110
  (2) 種皮の構造からみた種子の分類　112

(3) 種子の附属物と表面構造　114

V　葉に関連する用語　119
　1　葉　119
　　(1) 大葉と小葉　119
　　(2) 普通葉　119
　　(3) 葉を構成する部分　120
　　　　1) 托葉　120　　　2) 葉柄　122　　　3) 葉身　122
　　(4) 有葉鞘　124
　　(5) 単葉と複葉　124
　　　　1) 三出複葉　126　　2) 掌状複葉　128　　3) 羽状複葉　128
　　　　4) 掌状羽状複葉　132　5) 鳥足状複葉　134　6) 単身複葉　134
　　(6) 葉脈と脈系　134
　　　　1) 葉脈の種類　134　　　　2) 脈系　136
　2　特殊な葉　138
　　(1) 根生葉とロゼット葉　140
　　(2) 低出葉と高出葉　142
　　(3) 前出葉　142
　　(4) 偽葉　142
　　(5) 鱗片葉　144
　　(6) 水生植物の葉　144
　　(7) 葉の変態　146
　3　苞　148
　　(1) 総苞　148
　　(2) 小総苞　150
　　(3) 小苞　150
　　(4) 苞鞘　152
　4　葉序　152
　　(1) 互生葉序　154
　　(2) 対生葉序　154
　　(3) 輪生葉序　156
　　(4) 束生と叢生　157
　5　内部形態　157
　　(1) 表皮系　158
　　(2) 基本組織系　160
　　(3) 維管束系　163
　6　葉に関わる特異な現象　164

目 次

VI 茎に関連する用語　167
1 茎　167
- (1) シュート　167
- (2) シュート頂　168
- (3) 節と節間　169
- (4) 稈　170
- (5) 株　171
- (6) 枝　172
- (7) 花をつける茎　176

2 茎の内部構造　178
- (1) 表皮系　179
- (2) 基本組織系　179
- (3) 維管束系　181
  - 1) 維管束（管束）　181
  - 2) 木部　182
  - 3) 師部　185
- (4) 中心柱　187
- (5) 樹皮　190
- (6) 材　193
  - 1) 内部構造から見た分類　193
  - 2) 形成時期や部位による分類　194
- (7) 分裂組織　195
  - 1) 頂端分裂組織　195
  - 2) 側部分裂組織　195
- (8) その他の組織　196

3 茎の習性　198
- (1) 地上茎　198
  - 1) 主茎の性質　198
  - 2) 枝の性質　200
  - 3) 茎の変形　202
- (2) 地下茎　204
- (3) 分枝　208

VII 芽に関連する用語　213
1 幼植物　213
- (1) 双子葉植物　213
- (2) 単子葉植物　216
- (3) 裸子植物　219

2 芽　220
- (1) 位置による分類　220
- (2) 構成による分類　224
- (3) 休眠状態による分類　226
- (4) 芽鱗の有無による分類　227
- (5) 芽内形態　228

Ⅷ　根に関連する用語　233
　　1　根　233
　　　(1)　根系　233
　　　(2)　根を構成する部分　234
　　2　根の分類　236
　　　(1)　普通根　236
　　　(2)　特殊な根　238
　　　　1)　地中根　238　　　2)　気根と水中根　240
　　　　3)　菌根　244　　　　4)　寄生根　245
　　3　根の内部構造　246
　　　(1)　表皮　246
　　　(2)　皮層　248
　　　(3)　中心柱　248

Ⅸ　生殖に関連する用語　251
　　1　有性生殖と無性生殖　251
　　　(1)　世代交代　251
　　　(2)　生活環　253
　　　(3)　受粉と受精　254
　　　　1)　受粉　255　　　　2)　受精　258
　　　(4)　雌雄性　258
　　　　1)　花の性　259　　2)　個体の性　261　　3)　種レベルの性　262
　　　(5)　両親生殖と単親生殖　263
　　　　1)　両親生殖　263　　2)　単親生殖　265　　3)　栄養生殖　267

付録Ⅰ　形やつき方・質を表す用語　269
付録Ⅱ　突起や毛・腺に関する用語　279
付録Ⅲ　日本産種子植物分類表　283

参考文献
索　引　和文用語索引
　　　　欧文用語索引

あとがき

凡　例

収録用語　組織・器官・個体・種レベルにおける分類学・形態学に関わる用語および生活史や習性に関わる生態学的用語をできるだけ多数収録し、必要な場合には細胞レベルの用語にも言及した。

対象植物　主として維管束植物なかんずく被子植物を対象にしたが、必要のある場合に限っては原核藻類や真核藻類、蘚苔類、菌類にも言及した。

採用した分類体系　シダ植物（広義）は岩槻（1992）、裸子植物はMelchior & Werderman（1954）、被子植物はCronquist（1981）に依った。

用語の表記　収録用語は太字で表し、同意の日本語は細字で（　）に示した。

用語の英訳　採録したすべての用語に英訳を付記し、すべての名詞に語幹を省略し「-」を付して複数形を表記した。不規則形の場合には、適宜表記の方法を工夫した。同意の英語は「；」を記して列記してある。

用語の出典　用語は巻末に示した参考書を情報源として取捨選択したが、「文部省学術用語集　植物学編（増訂版）」掲載の関連用語については、すべてを英訳とともに該当個所に収録した。

例示植物　日本産の自生植物を例示の大方針としたが、適例がみつからない場合は国外産あるいは栽培植物を取り上げた。配列の順序は上記の分類体系にしたがった。

付録　巻末に付録I（形やつき方・質を表す用語）、付録II（突起や毛・腺に関する用語）および付録III（日本産種子植物分類表）を掲載した。IIIには日本産の自生植物の科の他、身近な栽培植物や作物を有する科についても取り上げた。

図・写真　使用した図・写真については、出典および提供者をあとがきに明記した。

I 植物群を表す用語

1 分類群とその階級

　分類学の対象は、生物の種族である。種族が分類学上のグループとして認識されるとき、それぞれのグループは**分類群**taxon, taxaという。

(1) 生物の5界

　ギリシア時代のアリストテレスの『動物誌』、テオフラストスの『植物誌』に代表されるように生物は古くから動物と植物に2大別されてきた。リンネ（1735）も同様に動物（界）Animaliaと植物（界）Vegetabiliaに分けている。いわば生物の2界説である。ヘッケル（1866）は両界から単細胞生物（界）Protistaを取り出して、3界説を提唱した。その後、菌類を菌界として独立させる4界説が現れ、現在ではWhittaker（1969）やWhittaker & Margulis（1978）の提唱する5界説 five kingdom theoryが有力である。新たに加わった界は、原核生物を取り出したモネラ（原核生物）界Monera Kingdomである。
　1．モネラ（原核生物）界Monera Kingdom
　2．原生生物界Protoctista Kingdom
　3．菌界Fungus Kingdom
　4．植物界Plant Kingdom
　5．動物界Animal Kingdom
なお、最近は分子系統学的解析結果に基づいてモネラ界から古細菌界Archaea Kingdomを分離して認めるようになってきた。
　5界説において、もっとも議論のあるところは、原生生物界の内容である。

ここには、大きく真核単細胞生物Protistaのみを含める立場と多細胞藻類をも含める立場との二つの立場がある。元来、Protistaは細菌類・単細胞藻類・原生動物・海綿類に与えられた名であるので、後者の立場に立つときはProtistaではなくProtoctista（Whittaker & Schwartz, 1982）となる。

(2) 植物と植物界

　植物とは葉緑素をもち光合成をおこない、酸素を放出する生物をいう（寄生・腐生植物は二次的に葉緑素を喪失した植物で例外的である）。したがって、5界説に基づく植物界に属する生物だけが植物というわけではない。おもな植物群と界の関係は次のように表すことができる。

　モネラ界（原核生物界）
　　藍色藻類（藍色細菌類）　ミクロキスティス、スイゼンジノリ、ユレモ
　　原核緑藻類　プロクロロン
　原生生物界
　　灰色藻類　キアノフォラ
　　紅色藻類　アサクサノリ、テングサ
　　クリプト藻類　クリプトモナス
　　黄色藻類　ヒカリモ、コンブ、ホンダワラ
　　ハプト藻類　プレウロクリシス
　　渦鞭毛藻類　プロトケントルム
　　ミドリムシ藻類　ミドリムシ
　　クロララクニオン藻類　クロララクニオン
　　緑色藻類　アオサ、アオノリ、シャジクモ
　植物界
　　有胚植物（陸上植物）　ゼニゴケ、ワラビ、アカマツ、ヤマザクラ

　このように植物は3界にわたり、藻類と有胚植物からなる。上記の「類」をたとえば藍色藻植物のように「植物」と置き換えて呼んでもよい。ただし、植物は植物界に属する有胚植物のみとする見解もあるし、最近では、葉緑体の構造のちがいからクリプト藻類、黄色藻類、ハプト藻類をクロミスタ界として独

立させる説も提唱されている。

(3) 分類群の階級

　分類学では種を基本としていくつかの分類群の階級を設けている。植物分類学において用いられる分類群の階級をヤマザクラを例にして次に示す。種より下の分類群は下位分類群、上の分類群は上位分類群とされる。最上位の分類群が界である。ちなみに、動物分類学では変種以下の下位分類群の階級は用いられない。また、最近では、界より上位の階級としてドメインDomainを立て、真正細菌ドメインBacteria Domain、古細菌ドメインArchaea Domain、真核生物ドメインEucarya Domainとする方式も提唱されている。

　表1-1では、右半分にヤマザクラが所属するそれぞれの階級の分類群の名が

表1-1　植物の分類群の階級

階級	[-学名の語尾]	和名と学名
界	Kingdom	植物界 Plantae
亜界	Subkingdom [-bionta]	有胚植物亜界 Embryobionta
門	Division [-phyta]	被子植物（モクレン）門 Angiospermae; Anthophyta; Magnoliophyta
亜門	Subdivision [-phytina]	
綱	Class [-opsida]	双子葉植物（モクレン）綱 Dicotyledoneae; Magnoliopsida
亜綱	Subclass [-idae]	バラ亜綱 Rosidae
目	Order [-ales]	バラ目 Rosales
亜目	Suborder [-ineae]	バラ亜目 Rosineae
科	Family [-aceae]	バラ科 Rosaceae
亜科	Subfamily [-oideae]	サクラ亜科 Prunoideae
連	Tribe [-eae]	サクラ連 Pruneae
亜連	Subtribe [-inae]	
属	Genus	サクラ属 Prunus
亜属	Subgenus	サクラ亜属 Cerasus
節	Section	サクラ節 Pseudocerasus
亜節	Subsection	
列	Series	
亜列	Subseries	
種	Species	ヤマザクラ Prunus jamasakura
亜種	Subspecies (subsp. または ssp.)	
変種	Variety (var.)	
亜変種	Subvariety (subvar.)	
品種	Form (f.)	ウスゲヤマザクラ f. pubescens
亜品種	Subform (subf.)	

例示されている。日本名は和名、欧文名は学名である。植物分類学では、正式には *Prunus jamasakura* Koidz.のように種名には命名者名を附記する。

現生の植物種は必ずいずれかの属・科・目・綱・門・界に属し、学名が与えられている。そのほかの階級は、必要に応じて用いられる。

2　系統によって分けられた植物の大区分

下等植物 lower plant, -s と**高等植物** higher plant, -s　一般に進化程度の低い段階にある植物を下等植物（例　ユレモ、アオノリ、ゼニゴケ）、進化段階の進んだ植物を高等植物（例　ワラビ、アカマツ、ヤマザクラ）という。具体的には高等植物はシダ植物、裸子植物、被子植物からなる維管束植物をさす。ただし、下等、高等は相対的な関係を表す用語であり、被子植物のみを高等植物として扱う立場もある。

葉状植物 thallophyte, -s と**維管束植物** vascular plant, -s; tracheophyte, -s　植物体の体制から見た呼び名で、維管束をもたない植物を葉状植物（例　ユレモ、アオノリ、ゼニゴケ、ニワスギゴケ）、胞子体に維管束を有する植物を維管束植物（例　ワラビ、アカマツ、ヤマザクラ）という。具体的には維管束植物はヒカゲノカズラ植物、トクサ植物、シダ植物、裸子植物、被子植物をさす。ヒカゲノカズラ植物、トクサ植物、シダ植物は**下等維管束植物** lower vascular plant, -s として扱われる。維管束植物はふつう根・茎・葉がよく発達するので**茎葉植物** cormophyte,-s とも呼ばれる。コケ植物の中の蘚類は茎に維管束類似の組織を生じ、根（仮根）・茎・葉の分化が認められるので、構造上は維管束植物の根、茎、葉とはまったく異なるが、茎葉植物に含められる。なお、根・茎・葉からなる植物体を**茎葉体** cormus, -i、茎葉の区別がなく、維管束をもたない植物体は**葉状体** thallus, -i と呼ばれる。

隠花植物 cryptogam, -s; cryptogamous plant, -s と**顕花植物** phanerogam, -s; phanerogamous plant, -s; flowering plant, -s　花をつけない植物を隠花植物（例　ユレモ、アオノリ、ゼニゴケ、ヒカゲノカズラ、トクサ、ワラビ）、花または球花をつける植物を顕花植物（例　アカマツ、ヤマザクラ）という。具体的に

は顕花植物は裸子植物と被子植物をさす。ただし、現在は**顕花植物** flowering plant, -s を被子植物に限定して用いる立場も有力である。この視点から被子植物門は Anthophyta とされる。

胞子植物 spore plant, -s と**種子植物** seed plant, -s; spermatophyte, -s　種子をつくらない植物を胞子植物（例　アオノリ、ゼニゴケ、ワラビ）、種子をつくる植物を種子植物（例　アカマツ、ヤマザクラ）という。具体的には種子植物は裸子植物と被子植物をさす。

　胞子植物は、種子植物の対語として、藻類（藍色藻類を除く）・コケ植物・シダ植物をさす用語として「生物」の教科書などで用いているのを見受けることもあるが、学術用語としては用いられない。種子植物の生活環にも胞子生殖をおこなう無性世代が組み込まれていて、胞子植物との基本的なちがいがないからである。

裸子植物 gymnosperm, -s と**被子植物** angiosperm, -s　種子植物の中で心皮をもたず、種子（胚珠）が裸出する植物を裸子植物（例　アカマツ）、種子（胚珠）が多かれ少なかれ果皮（心皮）におおわれている植物を被子植物（例　ヤマザクラ）という。

　裸子植物は現生のソテツ類・イチョウ・針葉樹類・マオウ類の計約700種の他、いくつかの化石植物群を含む。裸子という形質は、被子植物の前の進化段階を表すものであり、したがって裸子植物は自然群ではなく、いくつかの系統

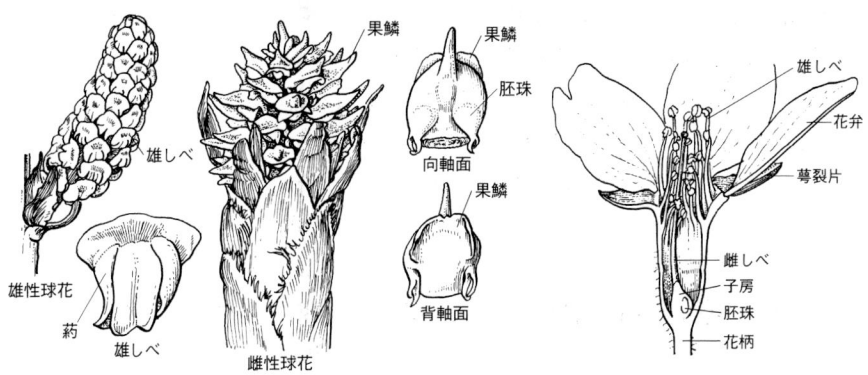

裸子植物　アカマツの雄性球花と雌性球花
胚珠は果鱗の内部に、裸出した状態でついている

被子植物　チシマザクラの花の縦断面
胚珠は子房に包まれている

5

群の集合という見方もある。しかし、最近のDNAを用いた分子系統学の研究によれば、現存する裸子植物は一つのまとまった系統群、つまり単系統であることが示されている。

被子植物は双子葉植物と単子葉植物からなり、現生の植物における最高の進化段階にある自然群と見られている。内部構造的にはふつう維管束に道管を有し、花粉管の運ぶ2個の精細胞によって重複受精をおこなうのがいちじるしい特徴である。現生の被子植物の種数は約26万種と推定されている。

双子葉植物 dicotyledon, -s; dicot, -s と**単子葉植物** monocotyledon, -s; monocot, -s
被子植物の中で胚における子葉が2個ある植物を双子葉植物という。子葉は種子の発芽に際して、いわゆる双葉(ふたば)として種皮外に現れる。例外的に子葉が1個しか見られない場合もあり、単子葉的双子葉植物と呼ばれる。これに対し、単子葉植物は子葉が1個である植物をいう。双子葉植物に比べ、単子葉植物の子葉の数は一定しているが、その形態は複雑多様である。双子葉植物と単子葉植物は、なお付随的にそれぞれ葉脈が網状および平行であること、花葉の数の基本数が主として4、5および3であること、茎の中心柱が真生中心柱および不整中心柱であることなどによって区別できるが、例外も多い。

双子葉植物と単子葉植物の認識は、すでにRay (1682) によっておこなわれている。

陸上植物 land plant, -s　コケ植物・シダ植物・種子植物の総称。系統分類学上の用語で、主として地上生活を営むことから名づけられたが、水生植物との対語ではない。いずれも胚をつくるので**有胚植物** embryophyte, -s ともいう。このうち、コケ植物とシダ植物は**造卵器植物** Archegoniatae として一括されることもある。裸子植物や被子植物では簡単な造卵器がつくられるが、造卵器植物とはいわない。先述のように、陸上植物は植物界を構成する。

3　生活型によって分けられた植物の大区分

系統とは独立の形態的・生理的・生態的特徴に基づいて類型化された生物の生活様式、またはその生活様式に基づいて区分された生物の大区分を**生活型**(せいかつがた)

life typeという。生活型にはその視点のちがいによってさまざまな例が知られている。たとえば、個体・個体群・社会、生産者・消費者・分解者といった生物全体に関わる生活型もあり、肉食・草食といった動物特有の生活型もある。植物に特有な生活型としては次のようなものが知られている。

(1) 休眠型による区分

　生活様式を反映した形態的な特徴によって分けられた生活型を生活形(せいかつけい) life formという。草か木かといった類型も広くは生活形に含まれるが一般に用いられているのはラウンキエRaunkiaer（1908）の休眠型dormancy typeである。これは種子植物に関し、冬期や乾期などの生活不適期における休眠芽の位置によって6型に分けたものである。ここでは、主としてラウンキエの用語に従い、別名は最小限に止めてある（19頁以下参照）。

地上植物（挺空植物）phanerophyte, -s（Ph）　生育不適期に休眠芽を地上25cm以上の高さにつける植物。Phと略記する。そのうち、休眠芽の位置が地上30m以上に及ぶものは**大型地上植物**（大高木）macrophanerophyte, -s（Mg）（例　セコイアオスギ、スギ）、8〜30mにあるものは**中型地上植物**（中高木）mesophyte, -s（Ms）（例　モミ、ブナ）、2〜8mにあるものは**小型地上植物**（小高木）microphanerophyte, -s（Mc）（例　イチイ、イロハモミジ）、25cm〜2mにあるものは**微小型地上植物**（矮形地上植物、低木）nanophanerophyte, -s（N）（例　イヌツゲ、ヤマツツジ）と呼ばれる。

地表植物 chamaephyte, -s（CH）　生育不適期に休眠芽を地上0〜25cmの高さにつける植物。匍匐性の植物や矮性低木、地上部の根ぎわ近くの部分が生き残る多年草が含まれる。イチヤクソウ、ヤブコウジ、ツルアリドオシ、コケモモ、ヨモギなど。

半地中植物 hemicryptophyte, -s（H）　生育不適期に休眠芽を地上茎の基部など地表面付近につける植物。休眠芽はふつう薄い土壌や落葉・落枝におおわれる。温帯ないし寒帯の草本に多い。フタバアオイ、コガネイチゴ、オオバコ、オミナエシ、シナノタンポポなど。

地中植物 geophyte, -s; cryptophyte, -s（G）　生育不適期に休眠芽を地表面から離れた地下茎につける植物。半地中植物より乾燥に耐えうるので長期の乾期を

もつ地方に多い。カラスウリ、リンドウ、ツリガネニンジン、ヤマノイモ、マムシグサ、カタクリ、クロユリなど。

水生植物（水湿生植物）hydrophyte, -s（広義、HH）　生育不適期に休眠芽を水底下の地下茎につける**湿生植物** helophyte, -s (He)と水中の茎につける**水中植物** hydrophyte, -s（Hy）に分けられる。前者の例にはコウホネ、ハス、ミミカキグサ、オモダカ、ヨシなど、後者の例にはタヌキモ類やクロモがある。

一年生植物 therophyte, -s; annual plant, -s（Th）　生育不適期を種子で過ごし、発芽から結実までの生活史を1年以内で終える植物。乾燥地や寒冷地に多い。そのうち、冬を種子で過ごすものは**夏型一年草** summer annual plant, -s（例　センブリ、ナギナタコウジュ、ママコナ、アキノハハコグサ、ホシクサ）、夏を種子で過ごすものは**冬型一年草** winter annual plant, -s（例　ハコベ、ナズナ、ハルリンドウ、オオイヌノフグリ、ノボロギク）と呼ばれる。

　生活形には、このほか地上部の生育上の特徴に基づいて区分された**生育形** growth form、種子や果実の散布方法のちがいによって区分された**散布器官型** disseminule form、根・地下茎・匍枝などの地下器官の広がりによって区分された**地下器官型** radicoid form などが知られている。

(2) 生育地との関連からみた区分
1) 光との関連

陽生植物（陽地植物）sun plant, -s; heliophyte, -s; intolerant plant, -s　耐陰性が低く、主として陽地に生育する植物をいう。一般に葉は層状に配列し、柵状組織がよく発達して厚くなる傾向がある。ナズナ、スミレ、ヨモギ類、タンポポ類、ススキなどはその例であり、アブラナ、ダイズ、ヒマワリ、イネ、ムギなどの作物のほとんどすべて、パンジー、ホウセンカ、アサガオ、ペチュニア、チューリップなどの花卉植物のほとんどすべては陽生植物である。また、アカマツ、カラマツ、クリ、カバノキ類、ハンノキ類、ヤナギ類、ウツギ、ニシキウツギなどの陽生の木本類は**陽樹** sun tree, -s; intolerant tree, -s と呼ばれる。

陰生植物（日陰植物）shade plant, -s; shade tolerant plant, -s　耐陰性が強く、主として陰地に生育する植物をいう。陰生植物は、一般に葉は一平面上に配列し、柵状組織の発達は悪くて薄い傾向がある。コケ植物やシダ植物の多く、イノコ

ズチ、ミズヒキ、ヤブタデ、ノブキ、シュンランなどはその例であり、チョウセンニンジン、コンニャク、サトイモなどの作物も陰生植物である。また、ツルツゲ、ユキツバキ、ミヤマシキミ、アオキ、ヤツデなどの陰地生の木本類は**陰樹**shade tree, -s; shade tolerant tree, -sと呼ばれ、たいてい常緑樹である。これらの陰生植物は強光条件下では生育が妨げられる**絶対陰生植物**obligate shade plant, -s; sciophyte, -sであるのに対し、幼時には陰生植物の性質が強く、成長するに従い陽地でいっそうよく成長する場合は**条件的陰生植物**facultative shade plant, -sという。後者にはシラビソ、コメツガ、シイ類、常緑のカシ類、ブナ、ヤブツバキなどがある。

　一般に温帯地方の植生遷移の過程では、先駆相では陽生草本、途中相では陽樹、極相で条件的陰樹がそれぞれ優占種となる。

2）水との関連

水生植物hydrophyte, -s; aquatic plant, -s; water plant, -s　水底で発芽し、少なくとも生活環のある時期に植物体が完全に水中にあるか、抽水状態で生育する植物をいう。**水生大型植物**aquatic macrophyte, -s（**水生維管束植物**aquatic vascular plant, -s）のほか、カワゴケなどの水生蘚類、シャジクモなどのシャジクモ類、植物プランクトンを含む。水生大型植物は世界に1020種あるとされ、日本には約100種を産する。

　水生植物は次のように区分される。

○**沈水植物**submerged plant, -s; immersed aquatic plant, -s　少なくとも茎や葉の全体が水面下にあり、根は水底に固着する植物。例　バイカモ、ホザキノフサモ、エビモ、クロモ、セキショウモ、コカナダモなど。茎葉植物ではないが、シャジクモ類も入る。

○**浮葉植物**floating leaved plant, -s; floating leaf water plant, -s　葉身は水面に浮かび、根は水底に固着する植物。葉柄は水深に応じて伸長するが、水深は1m程度までである。水面に浮かぶ**浮葉**floating leaf, ─leavesと水中にある**沈水葉**（水中葉）submerged leaf, ─leavesの両者を有する場合は、浮葉植物に入れる。例　デンジソウ、ヒツジグサ、ジュンサイ、ヒシ、ガガブタ、ヒルムシロ、トチカガミなど。ただし、わずかに浮葉を出すイチョウバイカモやオオイチョウバイカモなどは生態的な浮葉の役割が小さく、沈水植物として扱われる。

植物群を表す用語

○浮水植物（浮表植物、浮遊植物）free-floating plant, -s; floating plant, -s　根は水底に固着せず、植物体が水中や水面を浮遊する植物。例　サンショウモ、アカウキクサ、ムジナモ、タヌキモ、ウキクサ、ホテイアオイなど。茎葉植物ではないが、植物プランクトンもここに入る。

○挺水植物（抽水植物）emergent plant, -s; emerging plant, -s; emersed plant, -s　根は水底に固着し、浮葉はあっても少なくとも茎葉の一部は水上に抜き出る植物。例　コウホネ、ハス、ガマ、フトイ、ヨシ、マコモなど。汽水域の潮間帯に生えるシオクグやイセウキヤガラなども含まれる。

○湿生植物 hygrophyte, -s　河辺、湿地、湿原など、水分が豊富な立地に生える植物。例　ハンノキ、ミゾソバ、アカバナ、シロネ、サワギキョウ、アゼムシロ、アゼスゲ、ヌマガヤなど。ガマやヨシは、生育地の幅が広く、挺水植物としても扱われる。

中生植物（適潤植物）mesophyte, -s　湿生植物と乾生植物の中間の性質をもち、適潤な立地に生育する植物。局所的な水分条件から見て湿地でも乾燥地でもない立地に生え、熱帯・温帯・寒帯を問わず、ふつうに見られる。

乾生植物 xerophyte, -s　水分の少ない砂漠、水分はあっても凍結する極地や高山、塩分濃度の高い海浜など、利用可能な水分の少ない場所に生え、**乾生形態** xeromorphism をもつ植物。乾生形態には、植物体の矮小化、表皮のクチクラ層の発達、気孔の陥没、白毛による被覆、蝋の分泌、柵状組織の発達、細胞間隙の減少、貯水組織の発達、根の伸長などがあげられる。ただし、クチクラ層の発達するヤブツバキ、蝋を分泌するタケ類など、乾生形態をもつものすべてが乾生植物ではない。例　アッケシソウ、ハマアカザなどの塩生植物、イワレンゲ、ツメレンゲなどの多肉植物、イワベンケイ、タカネヤハズハハコなどの高山植物、マオウ類やサボテン類などの砂漠植物。

海草 sea grass, -es　汽水や海水中に生える顕花植物。広義には、水生植物の中の沈水植物に含められる。世界中に100種あまりがあり、日本では寒海系のアマモ、コアマモ、スガモ、ウミヒルモ、暖海系のシオニラなどが見られる。

3）温度との関連

高山植物 alpine plant, -s　高山帯すなわち植物の垂直分布において森林限界以高、氷雪帯以下の山地を生育の本拠地とする植物。日本の森林限界は本州中部

山岳では約2500m、北に進むにつれて次第に低下し、北海道中央高地では約1500mになる。日本では局部的に万年雪と呼ばれる雪渓はあっても、氷雪帯は存在しない。高山では立地、水分、降雪、雲霧、光、風などの環境条件が、山の起伏や斜面の傾度・方位によってさまざまに変化して多様な植生をモザイク状に出現させ、かつ、互いに隔離されて固有分類群に富む。ふつう尾根を中心に風向斜面には丈の低いハイマツ林、風下斜面には丈の高いハイマツ林が優占し、乾燥した岩礫斜面にはオンタデ、タカネツメクサ、イワツメクサ、コマクサ、クモマスミレ、タカネヤハズハハコ、ウサギギクなどの乾生花畑、適湿の土壌にはシナノキンバイ、トリカブト類、クロユリ、コバイケイソウなどの生える湿生花畑、長く雪の残る窪地にはチングルマ、エゾコザクラ、イワイチョウ、エゾノツガザクラ、アオノツガザクラなどが雪田群落をつくり、風衝地の岩隙にはミヤマダイコンソウ、イワヒゲ、コメバツガザクラ、イワウメ、ジムカデなどが岩隙群落をつくる。

　日本の高山植物は400種あまりが知られ、50％以上が固有種である。植物地理学上の要素区分によると、周北極要素とみなされるもの（例　コケスギラン、ウメバチソウ、ガンコウラン、コケモモ、キンスゲなど）は約25％、アジア要素（例　ハイマツ、ミヤマハンノキ、コマクサ、チングルマ、クルマユリなど）は約37％、太平洋要素（例　コガネイチゴ、アオノツガザクラ、エゾノウサギギク、ハクサンチドリなど）は約15％である。

極地植物（寒帯植物）arctic plant, -s　寒帯すなわち植物の水平分布において森林限界より高緯度の地方を本拠地とする植物。丈の低い草本や矮性低木がコケ類や地衣類とともに生え、極地植生のツンドラをつくる。矮性低木にはキョクチョウノスケソウ、ガンコウラン、コケモモ、イワウメなど、草本にはマルバギシギシ、ムカゴトラノオ、クモマキンポウゲ、タカネイ、ダケスゲなど、高山植物と共通の種も見られる。南極地方には種は異なるが、**南極植物** antarctic plant, -s による同様なツンドラ植生が現れる。

(3) 立地との関連からみた区分
1) 基岩との関連
　日本列島における土壌の母材は大部分が酸性岩であり、珪酸を主成分とする。

植物群を表す用語

これに対し、ほとんど珪酸を含まない石灰岩や超塩基性岩（蛇紋岩、かんらん岩）は特殊岩石と呼ばれる。特殊岩石地帯にはそれぞれ特異的に生育する植物が見られる。

石灰岩植物 limestone plant, -s　石灰岩地帯に特異的に生える植物。常に石灰岩生である植物は、**絶対的石灰岩植物** exclusive limestone plant, -s、主として石灰岩生である植物は**条件的石灰岩植物** selective limestone plant, -s という。絶対的石灰岩植物は、チチブイワザクラ、キバナコウリンカなどのように分布地がごく限られているものや、チチブミネバリやイワツクバネウツギのように隔離分布するものがある。広大な分布域をもち、かつ、ほとんどすべての産地が石灰岩地である例はイチョウシダぐらいである。条件的石灰岩植物にはイワウサギシダ、クモノスシダ、ミヤマビャクシン、イワシデ、イワシモツケなどがあり、これらはしばしば蛇紋岩地帯にも生育する。このような植物の立地を決める要因の究明は古くから生態学上の課題とされ、物理的要因説、化学的要因説あるいは生物的要因説など、さまざまな角度から説明が試みられている。

超塩基性岩植物 ultrabasicolous plant, -s　超塩基性岩地帯に特異的に生える植物。常に超塩基性岩生である植物は**絶対的超塩基性岩植物** exclusive ultrabasicolous plant, -s、主として超塩基性岩生である植物は**条件的超塩基性岩植物** selective ultrabasicolous plant, -s という。絶対的超塩基性岩植物はヒダカソウ、トサミズキ、ハヤチネウスユキソウなどのように分布地がごく限られているものやカトウハコベやナンブイヌナズナなどのように隔離分布するものがある。条件的超塩基性岩植物には条件的石灰岩植物と同様イワウサギシダ、イワシデ、イワシモツケをあげることができる。一方、条件的超塩基性岩植物の中にはヒロハドウダンツツジのように石灰岩地にはまったく生育しない例もある。

超塩基性岩植物は、広義に**蛇紋岩植物** serpentine plant, -s とも呼ばれる。

2) 化学的性質との関連

生育地の土壌の水素イオン濃度（pH）や塩分濃度との関連から下記のような区分がおこなわれる。

酸性植物（好酸性植物）acidic plant, -s　決まってpH7.0以下、つまり酸性土壌に生える植物。ワラビ、クリ、ヤマウルシ、リョウブ、シャクナゲ類、ツツジ類、ヤマユリなど。湿原の植物や絶対的超塩基性岩植物は酸性植物でもある。

塩基性植物（好塩基性植物、アルカリ植物）alkaline plant, -s　決まってアルカリ土壌に生える植物。絶対的石灰岩植物は、塩基性植物でもある。ただし、超塩基性岩植物同様、石灰岩や超塩基性岩の物理的性質が生育の主要因である場合もあり、必ずしもすべての石灰岩植物が塩基性植物というわけではない。

中性植物 neutral plant, -s　pH7.0を中心として酸性側の土壌にも塩基性側の土壌にも生える植物。日本の土壌は大部分がわずかに酸性側にあり、その点では大部分の植物が中性植物ということができる。

塩生植物 halophyte, -s; halophilous plant, -s　海浜・海岸砂丘・内陸の塩地など、決まって塩分の多い土壌に生える植物。細胞液中に高濃度の塩分を含み、逆に塩分濃度の高い土壌から水分を吸収できる特性をもつ。一般に多肉性で乾生植物の一つと見られるが、葉は無毛で気孔の陥没の度合いは小さく、必ずしも乾生形態を示すわけではない。塩生植物のうち、塩湿地に生えるものは**湿塩生植物** hydrohalophyte, -sといい、アッケシソウ、ハママツナのアカザ科の植物、オヒルギ、メヒルギなどのマングローブの植物が含まれる。乾燥地に生えるものは**乾塩生植物** xerohalophyte, -sと呼ばれ、ハマアカザ、マツナ、ホウキギなどの例がある。

海浜植物 littoral plant, -s　塩分を含んだ海浜や砂地や岩上にあって、潮風の下で生育する植物。一般に葉はクチクラ層が厚く光沢があり、地下部はよく発達する。クロマツやトベラなどの木本類、ハマダイコン、ハマハタザオ、ハマボウフウ、ハマヒルガオ、ハマアザミ、イソギク、ハマギク、ツワブキなどの草本、スナヅルやハマネナシカズラなどの寄生植物が好例である。

4　生活の方法による大区分

(1) 有機栄養に関する区分

植物は光合成をおこなって独立栄養を営む真核生物をさすが、すべての植物が光合成をおこなっているわけではなく、光合成によってのみ有機栄養を営んでいるわけではない。それぞれに例外的な場合が知られている。

寄生植物 parasitic plant, -s　多かれ少なかれ他の生きた植物の組織から有機物を吸収し、栄養を営む植物。養分を吸収される側の植物は**宿主植物** host plant, -s と呼ばれる。寄生植物は主に被子植物にみられ、二次的に特殊化したものと考えられている。もちろん、配偶体は常に胞子体に寄生しているが、寄生植物というときには胞子体をさす。裸子植物には *Parasitaxus* がある。

　寄生植物は**全寄生植物** holoparasitic plant, -s と**半寄生植物** hemiparasitic plant, -s に分けられる。全寄生植物は少なくとも芽生えのとき以外は、まったく葉緑体を欠く植物をいい、ツチトリモチ科（日本産は6種）、ラフレシア科（1種）、ハマウツボ科（7種）、ネナシカズラ科（4種）などが知られる。ふつう、宿主や寄生部位はほぼ一定しており、たとえば、ミヤマツチトリモチはイヌシデ・サワグルミ・ウワミズザクラ・カエデ類・タンナサワフタギなどの細根を根茎内に取り込み、ヤッコソウはシイ類、ナンバンギセルはススキ・サトウキビ・ショウガ類の根にそれぞれ寄生根を挿し込む。ネナシカズラは陽生の草本や低木の茎に不定根を挿し込んで養分を吸収する。世界最大の花をもつスマトラ産のラフレシアはブドウ科の *Tetrastigma* の根に限って寄生し、栄養体は宿主の根にあるわずかの細胞列だけとなっている。

　半寄生植物は、緑色半寄生植物とも呼ばれ、緑葉を有して光合成をおこなう一方、宿主の根や茎から養分を吸収する。マツグミ科（日本産は4種）、ヤドリギ科（2種）、ビャクダン科（4種）、ゴマノハグサ科のゴマクサ属、クチナシグサ属、ヒキヨモギ属、ママコナ属、コシオガマ属、シオガマギク属、コゴメグサ属などが知られる。宿主や寄生部位はほぼ一定しており、たとえば、ヤドリギはブナ・ミズナラ・コナラ・シラカバ・ケヤキなどの幹や枝に寄生根を挿し込み、ママコナ属やコゴメグサ属ではイネ科の草本の根と自らの根を組織的に癒合させて養分を吸収する。

腐生植物 saprophyte, -s　生物の遺体またはその分解物から、根に共生する菌根菌を通して有機物を吸収し、有機栄養を営む植物をいう。被子植物に限られ、二次的に特殊化したものと考えられる。ギンリョウソウ科（日本産は3種）、ホンゴウソウ科（4種）、ヒナノシャクジョウソウ科（8種）、トラキチラン属、イリオモテヤマヨウラン属、オニノヤガラ属、ヒメヤツシロラン属、ムヨウラン属、ツチアケビ属、タネガシマムヨウラン属、サカネラン属、ショウキラン属

などの腐生ランがある。なお、**腐生生物**saprophagous organism, -s というときは、真菌類や細菌類が含まれ、これらは自然界における分解者として重要な役割を果たす。

食虫植物insectivorous plant, -s　**捕虫葉**insectivorous leaf, －leaves と呼ばれる変形した葉によって昆虫などの小動物を捕まえて消化、吸収し、有機栄養の一助とする植物。多くは水中、沼沢、湿原などの貧栄養地に生育し、不足する窒素・リン酸・カリウムなどを虫体から補い、炭素栄養はもっぱら光合成によっておこなわれる。モウセンゴケ科（日本産は7種）やタヌキモ科（14種）が知られている。

　捕虫葉の形や捕虫の機構はさまざまで、たとえば、ムジナモでは葉身が中肋にそって内側に二つ折れとなって虫を閉じ込め、葉面の無柄腺から消化液を出して消化し、有柄の吸収毛によって吸収する（とじ込め型）。モウセンゴケやナガバノモウセンゴケでは、葉の表面に長い消化腺毛が密生して粘液を出し、ムシトリスミレでは葉の表面に腺毛と無柄の腺が密生していて腺毛の先から粘液を出して虫を捕らえ、無柄腺から消化液を出して溶かす（粘着型）。タヌキモ類では、一部の葉が蓋つきの**捕虫嚢**insectivorous sac, -s となり、内部を陰圧に保ち、口にある2本の感覚毛の刺激によって内側に蓋を開いて触れた虫を吸い込む（吸い込み型）。その他、葉柄が変形して袋状になったウツボカズラ類の捕虫葉、葉柄が長い漏斗状になったサラセニア類の捕虫葉（落し穴型）がよく知られている。

(2)　その他の生物の相互関係による区分

共生植物symbiotic plant, -s　異なる生物どうしが生理的にも生態的にも生活を共にしていて、互いに生活上の不利益をこうむらない現象を**共生**symbiosis, -ses; association といい、ある植物がほかの生物と共生する場合、その植物を共生植物という。共生することによって互いに生活上の利益を受ける場合は**相利共生**mutualism、一方のみが利益を受ける場合は**片利共生**commensalism と呼ばれる。片利共生では、利益を受ける側は**ゲスト**guest, -s、他は**ホスト**host, -s という。

　共生植物の代表的な例は、真菌類と藻類が組織的に結びついて共生体をつくる**地衣類**lichen, -s がある。地衣類では藻類が光合成をおこなって菌類に炭水化

植物群を表す用語

物を供給し、菌類は栄養塩類を供給する相利共生の関係にある。
　内生菌根や外生菌根を有する**菌根植物**mycorrhizal plant, -sは、種子植物と菌類による相利共生の例である。
アリ植物 myrmecophyte, -s; ant plant, -s　共生植物の一つ。植物体の一部を特定のアリ類が巣として利用し、植物はアリ類から被食の防除、競争者の排除、栄養の供給などの利益を受ける。たとえば、熱帯アメリカの樹木ケクロピア属植物 *Cecropia* は、節間が中空でアズテカアリを住まわせて昆虫や哺乳類の食害から守り、托葉ではグリコーゲンや脂質に富んだミューラー体と呼ばれるアリの餌を生産する。東南アジアに分布するアリノスダマシやアリノストリデなどは、ほかの樹木に着生して大きな塊茎をつくり、塊茎は成長にともなって中空となってアリを住まわせる。巣の中に捨てられたアリの食べかすや排泄物は得がたい栄養塩類として植物に利用される。

5. 由来によって分けられた大区分

　植物には種子や胞子、あるいは栄養器官の一部が自然の営力によって運ばれ分散するものがある一方、人為的な作用によって分散し、分布するものがある。このような観点から植物は次のように分類できる。

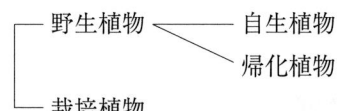

野生植物 wild plant, -s　人による栽培、管理下になく、野外に生育する植物。
自生植物（在来植物）native plant, -s; indigenous plant, -s; spontaneous plant, -s　ある地域において、人為的な営為によらずに、自然に分布、生育している植物。日本の自生高等植物は約5000種である。
帰化植物 naturalized plant, -s（外来植物 alien plant, -s; adventive plant, -s; exotic plant, -s ；移入植物・導入植物 introduced plant, -s）　　直接・間接、人の活動によって国外から持ち込まれて野生状態となった植物。現在、日本に野生する維管束植物のうち、帰化植物は800種とも1300種ともいわれる。

そのうち、まったく気づかない間に侵入したものは**自然帰化植物**natural naturalized plant, -s（例　ヒメスイバ、マメグンバイナズナ、メマツヨイグサ、ヒメジョオン、ブタクサ）、輸入し栽培されていた有用植物が栽培状態から逸出して野生化したものは**逸出帰化植物**escaped naturalized plant, -s（例　コンテリクラマゴケ、ムシトリナデシコ、シロツメクサ、ウマゴヤシ、カモガヤ）、侵入はしたが定着することなく短年のうちに自然に消滅してしまうものは**仮生帰化植物**provisional naturalized plant, -s（例　イトキツネノボタン、アメリカアサガオ、ハゴロモイヌホオズキ、カミツレモドキ、フナバシソウ）、侵入後ある場所に限って定着したが、まだ分布域を広げていないものは**予備帰化植物**（準帰化植物）prenaturalized plant, -s（例　ハナカタバミ、ツボミオオバコ、マツバウンラン、ハチミツソウ、ブタクサモドキ）と呼ばれる。

　ある地域における植物の全種類（ふつう、種子植物）に対する帰化植物の割合を**帰化率**ratio of naturalized plantsという。帰化率は、自然環境の人為化の程度、つまり、自然破壊の程度を表す指標として用いられる。

史前帰化植物prehistoric naturalized plant, -s; archaeophyte, -s　文献上明らかな渡来時期の記録はなく、有史時代以前の古い時代に渡来し、帰化したと考えられる植物。アカザ、コハコベ、オオイヌタデ、スイバ、ホトケノザ、ノゲシ、カゼクサ、カヤツリグサ、エノコログサ、キンエノコロなど多くの農耕地の雑草は、農耕文化の伝来とともに渡来したとみられる。これらは、長い歴史を経て田園地帯にとけ込み、景観上は違和感をもたらさないので、狭義の帰化植物とは別に扱われる。

国内帰化植物domestic naturalized plant, -s　帰化植物は人為的に移入され、定着した外国産の植物と定義される。中でも、大切な要件は人為的な活動が植物の分布に影響を及ぼしたという点にある。その意味において、国境を越えなくても本来の自生地からはみ出して分布、野生している植物は、生物学的には帰化植物として扱われるべきものである。これを国内帰化植物と呼ぶ。東海地方以西の太平洋岸地方を自生地とするシロバナタンポポやイヨフウロが日本海側の地方や本州内陸部に発見されたり、北海道から本州日本海側に分布するはずのオオイタドリが南アルプスや九州の山地の林道沿いに発見されたり、伊吹・鈴鹿山脈や四国の剣山や石立山に分布するヒメフウロが北海道や長野県の人家近

植物群を表す用語

くに生育するなど、いくつもの例が知られている。

II　習性によって分けた植物の用語

1. 木本と草本

　木か草か、直立性かつる性かといった植物の**習性** habit, -s は生活形の一つのとらえ方でもある。ここでは、特に木と草に関する用語を扱う。
木本植物（樹木・木本）woody plant, -s; tree, -s は、地上部が多年生存して繰り返し開花・結実し、二次組織は肥大成長する植物と定義される。これに対し、**草本植物**（草・草本）herbaceous plant, -s; herb, -s は、地上部の生存期間は短く、ふつう一年以内に開花・結実して枯死し、二次組織は木化せず肥大成長しない植物とされる。しかし、実際には木本と草本を明確に区別することはむずかしいこともある。
　草本では、地上部の生存期間は1年以内が多いが、中にはカンアオイ類やイワカガミ属、イチヤクソウ類、オモト属、ジャノヒゲ属、ヤブラン属、セッコク属など常緑の多年草も少なくない。二次組織の肥大と木化についていえば、たとえばフッキソウは今年枝と前年枝を比べると明らかに太さは異なるものの木化はしていない。オオハマギキョウは茎は肥大し、十分に木化しているが、一度開花すれば株全体が枯死する点では草本とみなすこともできる。また、タケ類やササ類は肥大成長はしないが、茎は十分に木化していてふつう木本とみなされる。このように、木本か草本かは、定義のしかたによっていろいろと異なってくることがわかる。ここでは、地上茎の木化の有無を重視し、少なくとも前年枝が木化するものは木本、地上茎が木化しないものは草本とする。

2. 草本

一年草（一年生草本）annual herb, -s; annual, -s; annual plant, -s; therophyte, -s　地下部を含め、植物全体が、発芽後1年以内に開花・結実し、枯死する植物を一年草という。一年草は四季のある地方では発芽時期が春か夏かによって、**夏型一年草**（夏生一年生草本）summer annual, -s; summer anuual herb, -s; summer annual plant, -s と**冬型一年草**（越冬一年生草本、越年生草本）winter annual, -s; winter annual plant, -s に分けられる。夏型一年草は、イヌタデ、ヤブツルアズキ、アケボノソウ、イヌホオズキ、コゴメグサのように、春に発芽し冬までに開花・結実するもの、冬型一年草は越年草とも呼ばれ、コハコベ、ハルリンドウ、ヒメオドリコソウ、ヤエムグラのように、秋に発芽し、越冬後夏までに開花し結実するものをいう。ただし、ハコベやナズナは越年草と一年草の性質を併せもち、越冬前にも越冬後にも発芽し成長するので、一・越年草である。

二年草（二年生草本）biennial herb, -s; biennual, -s　秋または春に発芽し、1年目の夏にはもっぱら栄養器官の成長をおこない、2年目に開花、結実し、生存期間は1年以上2年未満の草本をいう。最近の研究から、二年草の大部分は必ずしも2年目に開花せず、環境条件によって開花が3年目、4年目になることはめずらしいことではなく、そのような二年草は本来の二年草（真正二年草）true biennial, -s に対し、**可変性二年草** pseudobiennial herb, -s; pseudobiennual, -s と呼ばれるようになった。たとえば、ハマハタザオ、オオマツヨイグサ、メマツヨイグサ、コウゾリナ、ヒメジョオン、ヒメムカシヨモギなどがそれである。これに対し、真正二年草は、シナノナデシコ、シロバナシナガワハギ、マツムシソウなど、わずかな例があるにすぎない。

多年草（多年生草本・宿根草）perennial herb, -s; perennial, -s　少なくとも地下部は2年以上生存し、成熟後はふつう2回以上、原則として毎年開花、結実する草本をいう。多年草はさらに葉が1年以内に枯死、落葉する**落葉性多年草** deciduous perennial herb, -s、葉は越冬し、展開後1年以内に枯死する**越冬性多年草** winter green perennial herb, -s（例　オシダ、トキワイカリソウ、ワサビ、ゴゼンタチバナ、シャガ、カモガヤなど）、葉が1年以上生存する**常緑性多年草** evergreen perennial herb, -s（例　フッキソウ、イチヤクソウ、ツルアリドオ

シ、オモト、セッコクなど）に分けられる。多年草は地下に根茎、鱗茎、塊茎、塊根をつけ、落葉性および越冬性多年草では地下茎に休眠芽、常緑性多年草では地下茎および地上茎に休眠芽を生ずる。

多年草のなかに特殊な繁殖をおこなう**一稔草**（一回結実性多年草）monocarpic perennial herb, -s が含まれる。これは、開花・結実は1回限りで、植物体全体が枯死する多年草をさす。一稔性という性質は、一年草や二年草ももつが、一稔草という場合は多年草に限られる。一稔草はオオバセンキュウ、シシウド、シラネセンキュウ、ノダケ、ミヤマゼンコなどセリ科植物に目立つ他、ツメレンゲ、オニクなどの例がある。

多年草のなかには、さらに、**分離型地中植物** separated geophytic plant, -s と呼ばれるものがある。これは、関節によってはずれたり、地下匍枝が切断されることによって、根茎や塊茎の一部が母体から分離し、分離した部分から新しい個体をつくり、母体は枯死する植物をいう。たとえば、モミジガサは秋には匍匐根茎の先端の越冬芽をつけた部分が関節によってはずれて生き残り、翌春新しい個体をつくるが母体は完全に枯死する。ウシタキソウやミズタマソウは長い地下匍枝を生じ、その頂芽から新しい個体をつくるが、地下匍枝は若干の部分を残して母体とともに枯死する。トリカブト類は、母体は母根とともに毎年枯死し、分離した子根から新しい個体ができるし、イワアカバナは根茎に子株を生じ、毎年分離して独立した株をつくる。

3. 木本植物

(1) 高さと形状による分類

樹木は高さや幹の形状によっていくつかの群に便宜的に分けられる。その基準には自ら一定の幅があり、厳密に規定されるものではない。

高木（喬木）arbor, -s; tree, -s　主幹が明瞭で高さが8m以上になる樹木をいい、森林では高木層を形成する。モミ、スギ、ヒノキ、ブナ、ミズナラ、ケヤキ、ヤマザクラ、カスミザクラなどは、日本の温帯ないし暖帯域の代表的な高木で

ある。熱帯地方では、フタバガキ科など、樹高30mを超し、高木層の林冠から突出して伸びるものもあり、超高木と呼ばれる。オセアニアのユーカリ属の多くの種や北アメリカのセコイアデンドロンやセコイアはもちろん超高木であるが、ほぼ純林を形成し、熱帯の超高木とは異なる景観を呈する。

亜高木（小高木）subarbor, -s　主幹が明瞭で高さが3～8mの樹木をいい、森林では亜高木層を形成する。バラ科を例にとると、カマツカ、ズミ、タカネザクラ、チョウジザクラ、ナナカマド、ヒカンザクラなどがあげられる。一般に亜高木は高木より寿命は短く、100年未満がふつうである。

低木（灌木）shrub, -s; bush, -es　ふつう根際または地下部で数本の幹が分かれて生じ、主幹が明瞭でなく高さ0.3～3mの樹木をいい、森林では低木層を形成する。バラ科を例にとるとクサボケ、コゴメウツギ、シモツケ、ユキヤナギなどがあげられる。一般に低木の1本1本の幹は寿命は短く、ミヤマハンノキでは50年程度、ウツギでは7～8年とされ、順次に萌芽する新しい幹と交代する。

亜低木（半低木）undershrub, -s; suffruticose plant, -s; subshrub, -s　低木同様主幹は明瞭でなく、茎は根際または地下部で分枝するが、茎の下半分または根際近くの部分だけが木化する植物をいい、草と木の中間の性質をもつ。ヤマブキ、モミジイチゴ、ヤマハギ、コウヤボウキ、ノジギク、ヨモギなどが好例である。

矮性低木（小低木、匍匐性低木）dwarf shrub, -s　低木同様主幹は明瞭でなく、根際または地下部で分枝し、高さ30cm以下の樹木をいい、林内では草本層を形成する。生活形からいえば、木本性の地表植物である。ツルシキミ、ツルツゲ、ヤブコウジ、ツルコウジ、イブキジャコウソウなどがその例である。高山では特にチョウノスケソウ、チングルマ、ガンコウラン、アオノツガザクラ、イワヒゲ、コケモモ、ツガザクラなどの矮性低木群落が目立つ。

(2) 葉の存続期間による分類

　高等植物においては、植物体の年齢は部分ごとに異なる。古い部分は常に新しい部分と入れ替わるか、新しい部分が古い部分に継ぎ足されて全体の成長が進行する。葉の場合には、古い葉は必ず枯死、脱落して、新しい葉と入れ替わる。これを個体レベルでみると、すべての葉が1年以内に枯死、脱落し、少なくともある時期にはまったく緑色の葉をつけないもの（**落葉性** deciduous）も

あるし、個々の葉の寿命は1年未満ないし数年で、年間を通して常に緑色の葉をつけるもの（**常緑性**evergreen）もある。

落葉樹 deciduous tree, -s　落葉性の葉をもつ木をいい、冬期や乾期の生育不適期に落葉し、休眠状態となる。四季性の気候下では、夏に茂り冬に落葉するので**夏緑樹** summer green tree, -s、二季性の気候下では雨季に茂り乾期に落葉するので**雨緑樹** rain green tree, -s とも呼ばれる。東アジアでは低山帯には、ブナ、ナラ類、カエデ類が優占して夏緑広葉樹林帯を形成する。東南アジアの内陸部ではチークや落葉性のフタバガキ類が熱帯または亜熱帯雨緑林帯をつくる。

　落葉樹の中には、アケビ、ノイバラ、フジイバラ、ヤマツツジ、スイカズラなどのように一部の葉は生きて越冬する場合もある。このような木は**半落葉樹** hemideciduous tree, -s と呼ぶ。

常緑樹 evergreen tree, -s　常緑性の葉をもつ木をいい、1年を通して常に一定の緑葉がある。東アジアでは個々の葉の寿命は多くが2、3年であり、春から初夏にかけ新葉の展開と旧葉の落下が平行して起こる。日本の亜高山帯ではオオシラビソ、シラビソ、コメツガ、トウヒ、チョウセンゴヨウなどの常緑針葉樹が優占して常緑針葉樹林帯をつくり、丘陵帯ではアラカシ、スダジイ、タブ、クスノキ、ヤブツバキなどの常緑広葉樹が優占して常緑広葉樹林帯（照葉樹林帯）を形成する。東南アジアの熱帯や亜熱帯の山地にはシイやクリガシの優占する山地常緑樹林帯がある。

(3) 葉の形による分類

　高等植物の普通葉の形は、扁平、針状、鱗片状などさまざまである。葉の形から見た場合、大きく広葉樹と針葉樹がある。

広葉樹（闊葉樹）broad-leaved tree, -s; broadleaf tree, -s; hardwood　形態的には幅の広い葉をもつ木をさし、具体的には被子植物の双子葉類の樹木を意味する。一般に木部には道管が発達して、材は比較的硬く**硬材** hardwood をつくり、根際で水平に伸びた後斜上する場合には、水平部分の幹の中心は下側にくるなどの特徴がある。

　イチョウやソテツ、ナギやマキは広葉をもつが広葉樹とは呼ばない。イチョウやソテツは広葉樹でも針葉樹でもなく、ナギやマキは針葉樹に含まれる。

広葉樹にはカバノキ、ブナ、ヤナギ各属のように落葉性のものも、タブノキ、シイノキ、ツバキ各属のように常緑性のものもあり、それぞれ**落葉広葉樹** deciduous broad-leaved tree, -s および**常緑広葉樹** evergreen broad-leaved tree, -s と呼ばれる。

針葉樹 needle-leaved tree, -s; conifer, -s; acicular tree, -s　形態的には針状の細い葉をもつ木をさし、具体的には裸子植物マツ目 Coniferales の樹木をさす。木部には仮道管があり、材は比較的柔らかく**軟材** softwood をつくり、根際で水平に伸びた後斜上する場合には、水平部分の幹の中心は上側にくるなどの特徴がある。

　ヒノキやイブキは鱗片葉をもつが針葉樹に入るし、ガンコウランやツガザクラは短い針状の葉をもつが広葉樹である。ヤシ類は羽状または掌状の大きな広い葉をもつが、広葉樹でも針葉樹でもない。

　針葉樹にはカラマツ、イヌカラマツ各属のように落葉性のものも、スギ属やヒノキ属のように常緑性のものもあり、それぞれ**落葉針葉樹** deciduous needle-leaved tree, -s、**常緑針葉樹** evergreen needle-leaved tree, -s と呼ばれる。

III 花に関連する用語

1 花のつくり

　花を明確に定義することはむずかしい。しかし、誰でもなんらかの花をイメージすることはできる。それは、普通には緑色の萼片ときれいな花弁（花びら）があり、その内側に雄しべ（雄ずい）と雌しべ（雌ずい）がある花だろう。そのような花をモデルに描いたのが、下の図である。実際には、花の各部分の有無、色、大きさ、数、形、質、相対的な位置、相互の癒合の程度がさまざまに変化することによって、多様な花ができ上がる。たとえば、サクラ属の花にはモデルには描かれていない萼筒があり、萼片ではなく萼裂片がある。
　花は定義のしかたによって裸子植物、シダ植物、コケ植物にも拡げて考える

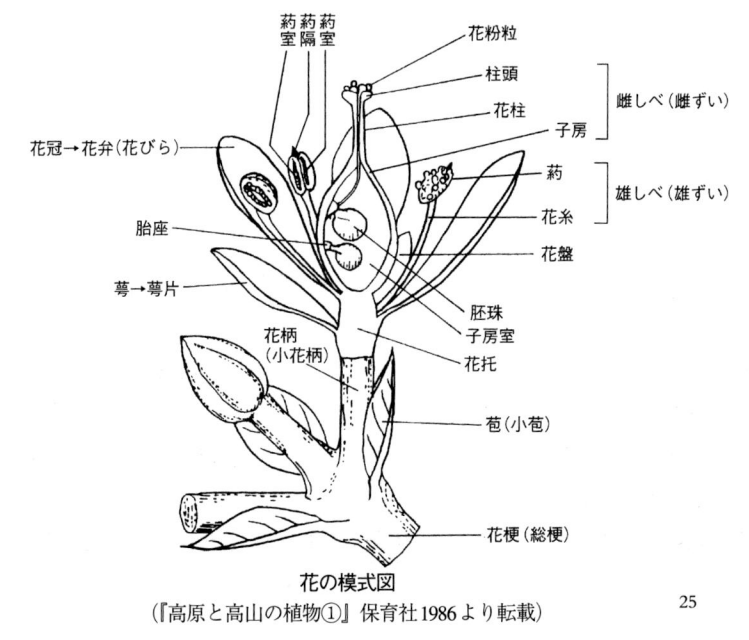

花の模式図
（『高原と高山の植物①』保育社1986より転載）

花に関連する用語

ことができる。ここでは、もっぱら被子植物の花について述べる。

花はいくつもの部分からつくられる。

花葉 floral leaf, — leaves　萼片・花弁・雄しべ・心皮など、花を構成する葉的な器官の総称。元来、これらの器官は葉に由来したとの考えによる。

萼片 sepal, -s と **萼** calyx, calyces　花の最外輪にある花葉の一つ一つを萼片といい、内側の花葉と質的に異なる場合をいう。萼は萼片全部をさす。したがって、萼と花弁という言い方は不適切である。

萼筒 calyx tube, -s と **萼裂片** calyx lobe, -s・**萼歯** calyx tooth, — teeth　サクラ属のように萼片が癒合し、筒形や皿形の部分ができる場合、その部分を萼筒、先につく裂片を萼裂片という。多くのマメ科植物、セリ科、シソ科、アカネ科などでは萼裂片は小さいので、萼歯と呼ぶ。

花弁 petal, -s と **花冠** corolla, -s; -lae　萼より内輪の花葉が花冠であり、花冠をつくる一つ一つの花葉が花弁である。花冠は萼とともに内側の雄しべおよび雌しべを保護するとともに、送粉者（花粉媒介者）の標的の役割を担う。

花被片 tepal, -s ; perianth segment, -s と **花被** perianth, -s（**花蓋** perigone, -s）　萼片および花弁をあわせて花被片と呼び、その全体を花被という。また、質や形が同じか似ている場合には、萼（片）・花冠（花弁）といわず、**外花被（片）** outer perianth, -s・**内花被（片）** inner perianth, -s という。ユリ属やアヤメ属がその好例である。

雄しべ（雄ずい） stamen, -s と **雄しべ群（雄ずい群）** androecium, -cia　花粉をつくる花葉を雄しべ、一つの花の雄しべ全部を雄しべ群と呼ぶ。ソメイヨシノの雄しべ群はほぼ35本の雄しべからなり、アブラナ科の雄しべ群は6本の雄しべからなる。

心皮 carpel, -s　胚珠をつける花葉をいい、雌しべおよび雌しべ群（雌ずい群）の構成要素である。

雌しべ（雌ずい） pistil, -s と **雌しべ群（雌ずい群）** gynoecium, -cia　1個の心皮または2個以上の心皮が合着して1本の雌しべをつくる。一つの花のすべての雌しべを雌しべ群（雌ずい群）と呼ぶ。サクラ属には1個の心皮からなる1本の雌しべがある。

花盤 disc, -s; disk, -s　雌しべ群の基部を取り巻く肉質の花蜜を分泌する器官。

花に関連する用語

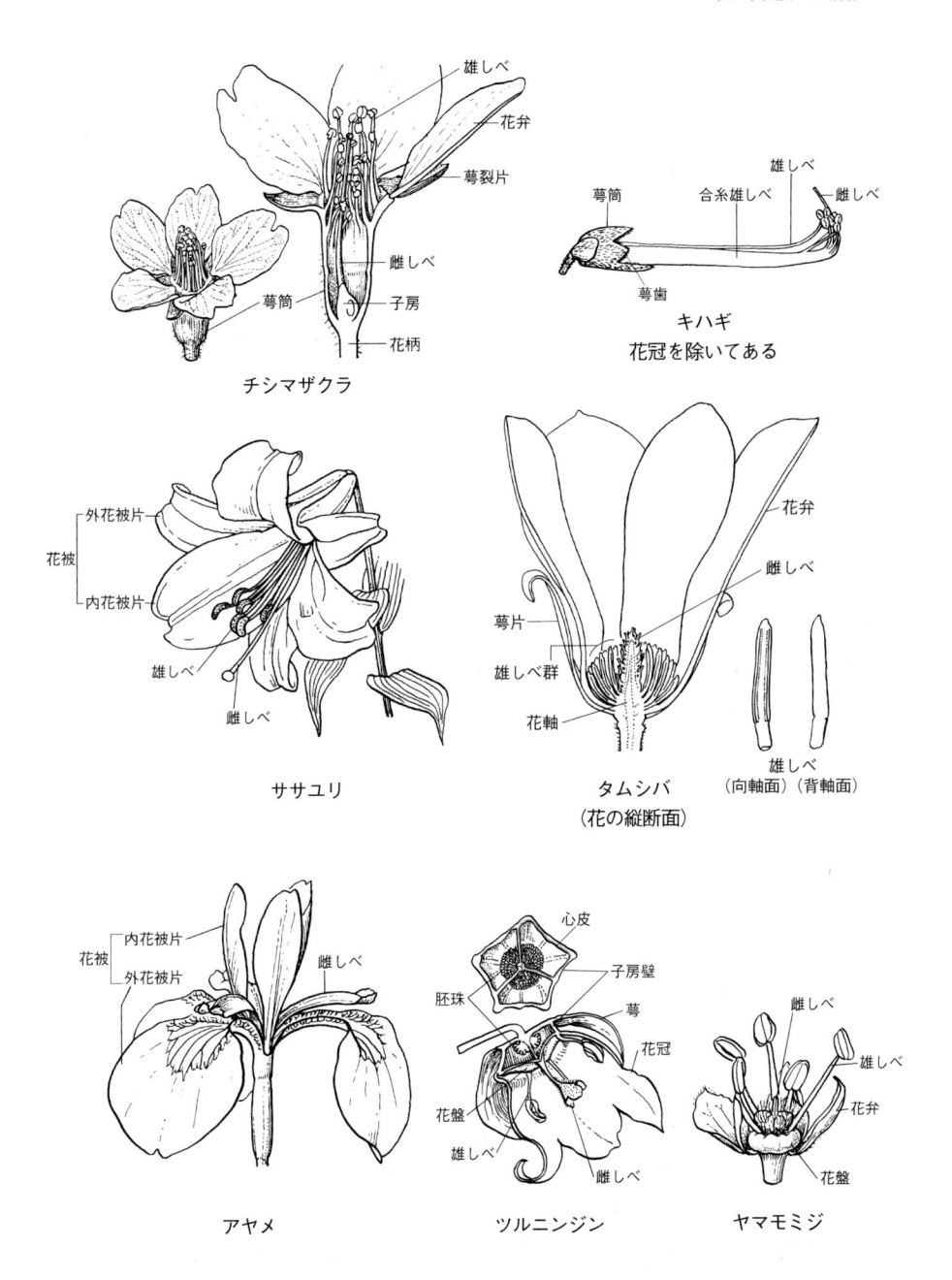

チシマザクラ

キハギ
花冠を除いてある

ササユリ

タムシバ
(花の縦断面)

雄しべ
(向軸面)(背軸面)

アヤメ

ツルニンジン

ヤマモミジ

カエデ科やニシキギ科には顕著に現れる。サクラ属には花盤はないが、蜜は萼筒の内側に分泌される。

花軸 floral axis, ―axes; rachis, -es, -ides と **花托** torus, -ri と **花床** receptacle, -s　一つの花の中で花葉がつく部分を花托といい、軸状の場合は花軸と呼ぶ。普通、花葉間はほとんど伸びないが、モクレン属では花軸は、果時には 10 cm にもなる。花床は多数の花をつける平面的に拡がった部分をいう。マツムシソウ属やキク科の頭花が好例である。花托と花床をまったく同義とする用法も多い。

心皮間柱 carpophore, -s と **花被間柱（子房柄）** gynophore, -s　花軸は各花葉間を均等に伸びるのではなく、部分的に長く伸びる場合がある。フウロソウ属では花軸は心皮の間を貫いて雌しべの基部から花柱に達する。これが心皮間柱である。ナデシコ属やマンテマ属、フシグロ属では、萼（外花被）と花冠（内花被）の間の花軸の部分が伸びて花被間柱になる。

花梗 peduncle, -s と **花柄** pedicel, -s と **小花柄** pedicelet, -s　一つの花を支える柄を花柄、複数の花を支える共通の柄を花梗という。花が小さくて密集する場合、花は小花、柄は小花柄である。ヤマザクラには花梗と花柄はあるが、小花柄はない。ウコギ科やセリ科の花の柄は小花柄の好例である。タンポポ属の頭花の柄やスミレの花柄は、花梗に当たるが、この場合は茎の一つの節間であり、**花茎** scape, -s と呼ぶ。花梗は花柄として用いることも多い。

2　花被

(1) 花被による花の分類

花は、花被の有無や種類によって次のように分類することができる。

　有花被花 chlamydeous flower, -s　少なくとも内外いずれかの花被がある花
　　両花被花 dichlamydeous flower, -s　内外両様の花被がある花
　　　異花被花 heterochlamydeous flower, -s　萼と花冠が区別できる花
　　　同花被花 homochlamydeous flower, -s　萼と花冠が区別できない花

花に関連する用語

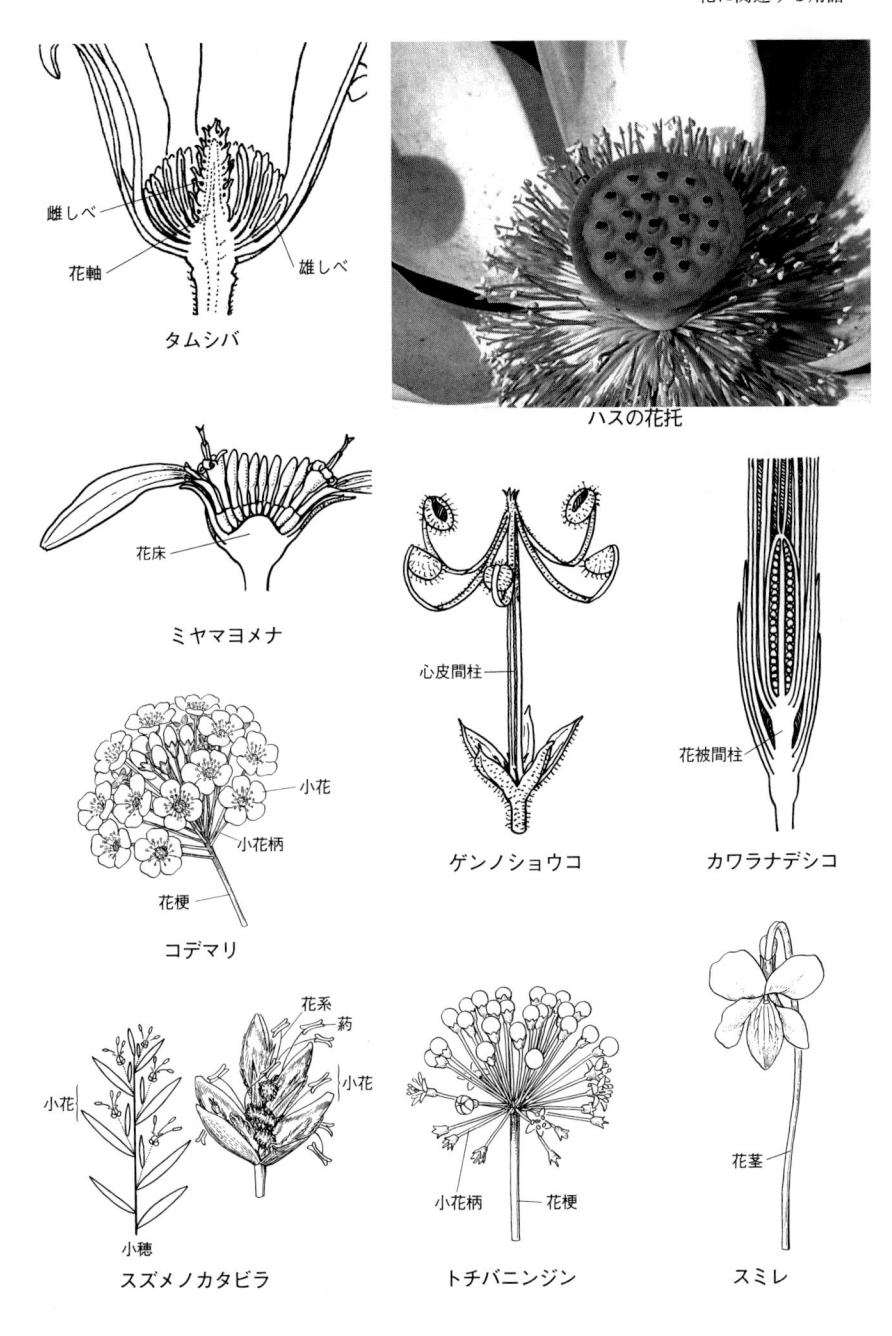

- タムシバ（雌しべ、花軸、雄しべ）
- ハスの花托
- ミヤマヨメナ（花床）
- ゲンノショウコ（心皮間柱）
- カワラナデシコ（花被間柱）
- コデマリ（小花、小花柄、花梗）
- スズメノカタビラ（小花、花系、葯、小花、小穂）
- トチバニンジン（小花柄、花梗）
- スミレ（花茎）

花に関連する用語

単花被花 monochlamydeous flower, -s; haplochlamydeous flower, -s　萼だけがある花

無花被花 achlamydeous flower, -s　花被がない花

　25頁のモデルに描いた花もサクラの花も異花被花である。異花被花はもっとも普通な花で、例外もあるがケシ科・マンサク科・ナデシコ科・スミレ科・バラ科・キク科・オモダカ科・ツユクサ科・ショウガ科・ラン科などにみられ、ウマノスズクサ科・ブナ科・シラネアオイ科・グミ科・ヤマトグサ科・ミクリ科の花は、単花被花である。無花被花は**裸花** naked flower, -s ともいい、センリョウ科・カツラ科・ヤナギ科・トウダイグサ科・ヒルムシロ科・ウキクサ科・ガマ科などにみられる。

　異花被花の中で、花弁が互いに離れている場合は**離弁花** choripetalous flower, -s; schizopetalous flower, -s といい、花弁が互いに合着した花冠をもつ場合は**合弁花** sympetalous flower, -s; gamopetalous flower, -s という。Eichler（1883）やEngler（1897）の分類によれば、双子葉植物は離弁花をもつ**離弁花類** Choripetalae; Schizopetalae と合弁花をもつ**合弁花類** Sympetalae; Gamopetalae の2群にまず大別される。離弁花類はより原始的な群とみなされ、**古生花被類** Archichlamydeae ともいうのに対して、合弁花類は**後生花被類** Metachlamydeae とも呼ぶ。ただ、離弁花類のすべての種類が離弁花をもっているのではなく、合弁花類のすべての種類が合弁花をもっているわけではない。ツリフネソウ属の多くの種類では5個の花弁のうち側方の2個ずつが合着しているので花弁は3個になっているが、離弁花とみなされるし、サワギキョウの花冠は背側では完全に切れているが合弁花とみなされる。

　イネ科の花は**穎花** glumous flower, -s といい、**外花穎**（外穎）inferior palea, -leae および**内花穎**（内穎）superior palea, -leae と呼ばれる背腹2個の鱗片、その内側にある2個の微小な透明質の**鱗被** lodicule, -s、3本（まれに6本）の雄しべ、1本の雌しべからなる。内花穎には常に2本の硬い肋があるので2個の外花被片が合着したもの、鱗被は内花被片、外花穎は苞と考えられる。3個ずつあったはずの内、外花被片のそれぞれ1個は退化したのである。小花は1個または2個以上が集まって**小穂** spikelet, -s と呼ぶ小さな花序をつくる。小穂の

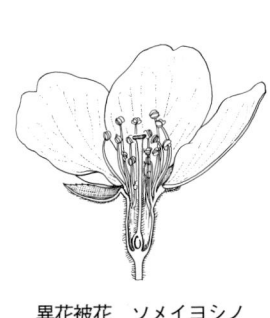

花に関連する用語

異花被花　ソメイヨシノ 　　同花被花　アヤメ 　　単花被花　アケビ

単花被花　ウスバサイシン 　　無花被花　ヒトリシズカ 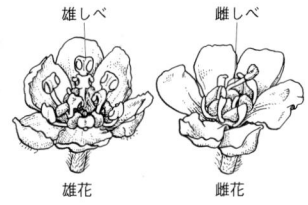　　同花被花　クロモジ
雄しべ　雌しべ
雄花　雌花

離弁花　ウシハコベ 　　合弁花　リンドウ 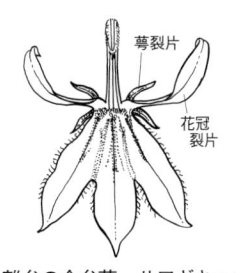　　離弁の合弁花　サワギキョウ
萼裂片
花冠裂片

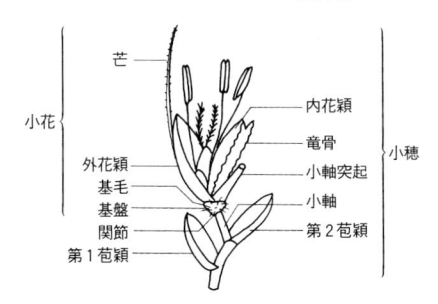

穎花の模式図
芒
小花
内花穎
竜骨
外花穎
小軸突起
基毛
小軸
基盤
第2包穎
関節
第1包穎
小穂

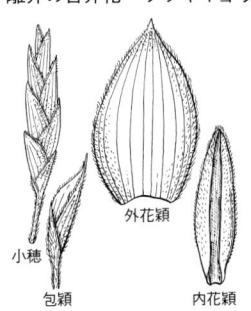

穎花　チシマザサ
小穂
包穎
外花穎
内花穎

基部には原則的に花をもたない2個の**苞穎** glume, -s; gluma, -s, -mae がある。

(2) 花の相称性

花は花冠の相称性によって、**放射相称花**（放射整正花）actinomorphic flower, -s、**左右相称花**（左右整正花）zygomorphic flower, -s、**非相称花** asymmetric flower, -s に分けられる。放射相称花は、花葉の変化の度合いが左右相称花より少ないことから、より原始的な花とみなされる。

花の相称性を考える場合、花弁または花冠裂片の相互の重なり方をみておくのがよい。蕾の中の**花葉の畳まれ方**（幼葉態、花芽内形態）aestivation には、**瓦重ね状** imbricate、**片巻き状**（回旋状）convolute、**敷石状**（扉状）valvate などがある。たとえば、バラ属の花弁は瓦重ね状に重なり厳密にいえば非相称であるが、これは放射相称とみなす。ヒルガオ科、リンドウ科、キョウチクトウ科では花が閉じると花冠の裂片が片巻き状になるが、やはり放射相称花である。

ツツジ属やクワガタソウ属の花は放射相称にみえるが、花冠の上側の裂片は明らかに他より大きく、模様も他の裂片と異なるので、左右相称花である。

非相称花の例は、トモエソウやオトギリソウ、シオガマギクやエゾシオガマにみられる。前者は、花弁自体が非相称形をなし花冠が巴形となる放射相称由来の非相称花、後者は唇形の花冠の下唇が左右にずれる左右相称花由来の非相称花である。

花が単花被の場合は、花被は萼であり、萼の形によって相称性を決めることになる。カンアオイ属やイチリンソウ属の花には花冠はないが放射相称花であり、ウマノスズクサ属は左右相称花をもつ。

花の相称性は、バラ科は放射相称、マメ科は左右相称というように一般に科の特徴となりうるが、ウマノスズクサ科、キンポウゲ科には両者があるし、セリ科、マツムシソウ科、キク科には同一花序に両様の花をもつ種がある。おしなべて、放射相称花は離弁花類に、左右相称花は合弁花類に多い。

(3) 萼

萼 calyx, calyces は一般に花葉の中でもっともよく葉の性質をそなえているが、その有無、形、合着や宿存性の程度はさまざまである。ボタン属やツバキ

花に関連する用語

片巻き状
ヒルガオ

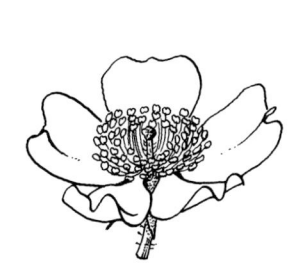

瓦重ね状の放射相称花
ノイバラ

片巻き状の放射相称花
フデリンドウ

瓦重ね状の左右相称花
ムシトリスミレ

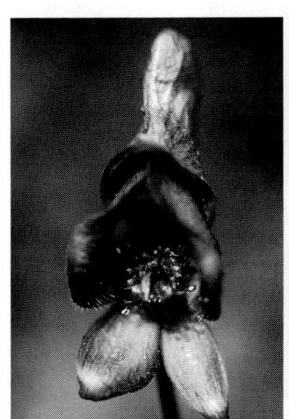

左右相称花　ヤマトリカブト（左）　ユキノシタ（中）　スイカズラ（右）

非相称花　トモエシオガマ

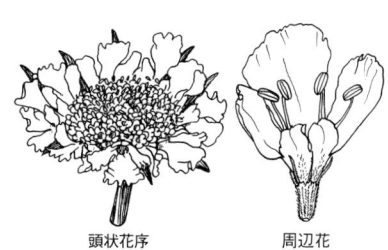

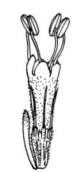

頭状花序　　周辺花　　中心花

左右相称花と放射相称花の両様の花をもつ例　マツムシソウ

属では萼片から花弁への移行形もみられる。

単花被花では存在する花被は萼とみなされるが、萼は最外輪の花葉であるので、たとえばセリ科のエゾボウフウ、シャク、セントウソウ、ホタルサイコ、ヤブニンジン、アカネ科のヤエムグラ属などは無萼の単花被花である。セリ科には最外輪に萼（萼歯）をもつ種も多く存在し、上記の種では萼と相同な器官が喪失したか、または未発達と考えられる。

萼はカラマツソウ属、例外もあるがアブラナ科やケシ科では開花前に落下するのに対し、キイチゴ属、キジムシロ属、バラ属、スミレ属、カキノキ属、ツツジ科、ツクバネウツギ属、シソ科、ムラサキ科、ナス科、クチナシ属では宿存するし、アジサイ属の装飾花の萼片は全株が枯死しても落ちない。これを**宿存萼** persistent calyx, − calyces という。

萼は宿存するだけでなく、ときには花後に成長し、果実の保護や分散に貢献する。イノコズチやハエドクソウは萼は果実を包むとともに、少なくとも一部の萼歯が鉤となって果実の分散に役立ち、ナス科のイガホオズキやハシリドコロは果実をぴったり包み、ホオズキは大きな袋になって果実を包み込む。

離萼（離片萼）chorisepal, -s; chorisepalous calyx, — calyces; dialysepalous calyx, − calyces; schizosepalous, − calyces 萼片が1枚ずつ離生する場合をいう。ナデシコ科のツメクサ、ミミナグサ、ハコベ属、キンポウゲ科、フウロソウ科、シラネアオイ科、オトギリソウ科、ツリフネソウ科などの離弁花類に多い。センブリ属やヒメセンブリ属は離萼の合弁花をもつ。トリカブト属やツリフネソウ属では、後萼片が特殊な形に発達する。

合萼（合片萼）gamosepal,-s; gamosepalous calyx, — calyces; symsepalous calyx, − calyces 萼片が多少とも互いに合着して筒状をなす場合をいう。筒状部は**萼筒** calyx tube, -s ともいう。カンアオイ属、ナデシコ属、マンテマ属、リンドウ科、サクラソウ科などは放射相称の合萼であり、上向きに咲く花に多い。これに対して、マメ科、シソ科、ゴマノハグサ科など横向きに咲く花では、萼の下側がより長く伸びて左右相称となり、しばしば二唇形を呈する。萼がいちじるしく変形したものに冠毛がある。

冠毛 pappus, -pi 菊果の頂部につく輪状に配列する萼と相同な、普通は毛状の器官をいう。大部分のキク科植物、カノコソウ属などにあり、菊果の分散に役

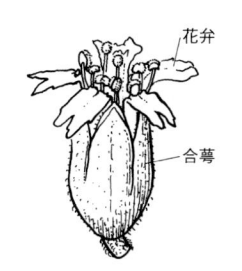

花に関連する用語

離弁花の合萼　　合弁花の離萼　　合萼　カワラナデシコ（左）とウスバサイシン（右）
ナンバンハコベ　　ヒメセンブリ

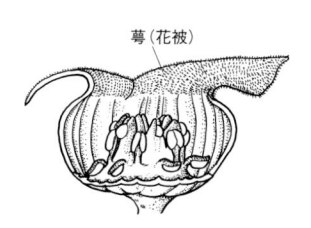

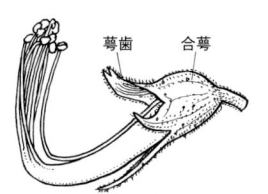

合萼　ノアズキ 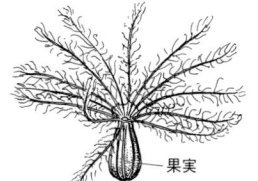　　羽状の冠毛　カノコソウ 　　副萼　オヘビイチゴ

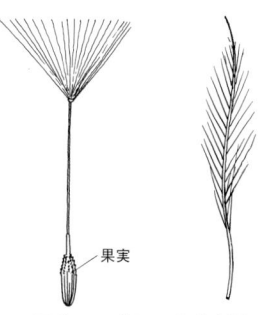

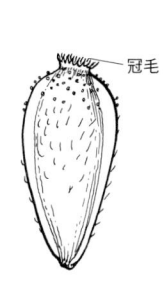

短剛毛状の冠毛　　冠毛　エゾタンポポ（左）　　ヒナタイノコズチの果実
ヨメナ　　とタチアザミ（右）

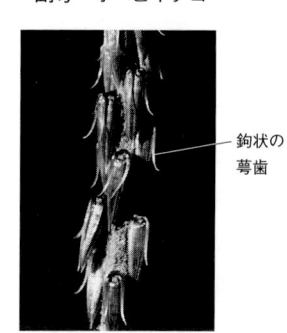

宿存萼　ホオズキ 　　宿存萼　オオツクバネウツギ

35

立つ。冠毛の形は、カノコソウ属、アザミ属、トウヒレン属などでは羽状、キオン属、ノゲシ属、タンポポ属では剛毛状であるが、必ずしも毛状のものだけでなく、鱗片状のもの（例、コゴメギク属）、棍棒状（例、ヌマダイコン属）のものもある。

副萼 epicalyx, -lyces; calyculus -li; accessory calyx, － calyces　異花被花において、萼の外輪にある萼状の構造物をいい、萼とともに開花前の花を保護する役割をもつ。バラ科のオランダイチゴ属、ヘビイチゴ属、キジムシロ属、ハゴロモグサ属に顕著にみられる。スミレ属やホタルブクロにある萼の付属物は副萼とはいわない。

(4) 花冠の形

花冠 corolla, -s は離弁花冠と合弁花冠、放射相称花冠と左右相称花冠に大別されるほか、分類群によっては特有の形となり、特別の呼称をもつ場合がある。また、厳密には花冠ではないが、萼が花冠より顕著な場合や同花被花の場合でも〜花冠と呼ばれる場合がある。

ナデシコ形花冠 caryophyllaceous corolla, -s　離弁・放射相称花冠。ナデシコ属のように、5個の花弁からなり、花弁は萼筒の中に収められた長い爪部と開出する舷部からなる花冠をいう。ナデシコ科ナデシコ亜科に特有である。

かぶと状花冠 galeate corolla, -s; helmet, -s　離弁・左右相称花冠。花弁ではなく後萼片がかぶと形になったトリカブト属の花形をいう。かぶと状萼というべきである。なお、オドリコソウ属の花冠の上唇もかぶと状となるのでかぶと状花冠と呼ぶこともある。

十字形花冠 cruciate corolla, -s　離弁・放射相称花冠。4個の花弁が一対ずつ十字形に対生する、アブラナ科に特有の花冠をいう。

バラ形花冠 rosaceous corolla, -s　離弁・放射相称花冠。バラ属やリンゴ属のようにほぼ円形で無爪またはごく短い爪部のある花弁が水平に開くもので、バラ科の花冠全般をさす。もちろん、単花被花は該当しない。

蝶形花冠 papilionaceous corolla, -s　離弁・左右相称花冠。マメ科マメ亜科 Papilioideae（狭義のマメ科 Fabaceae）の花冠をいう。上位（外側）の**旗弁** vexillum, -la; standard, -s 1個、中位の**翼弁** ala, alae; wing, -s 2個、下位（内側）

花に関連する用語

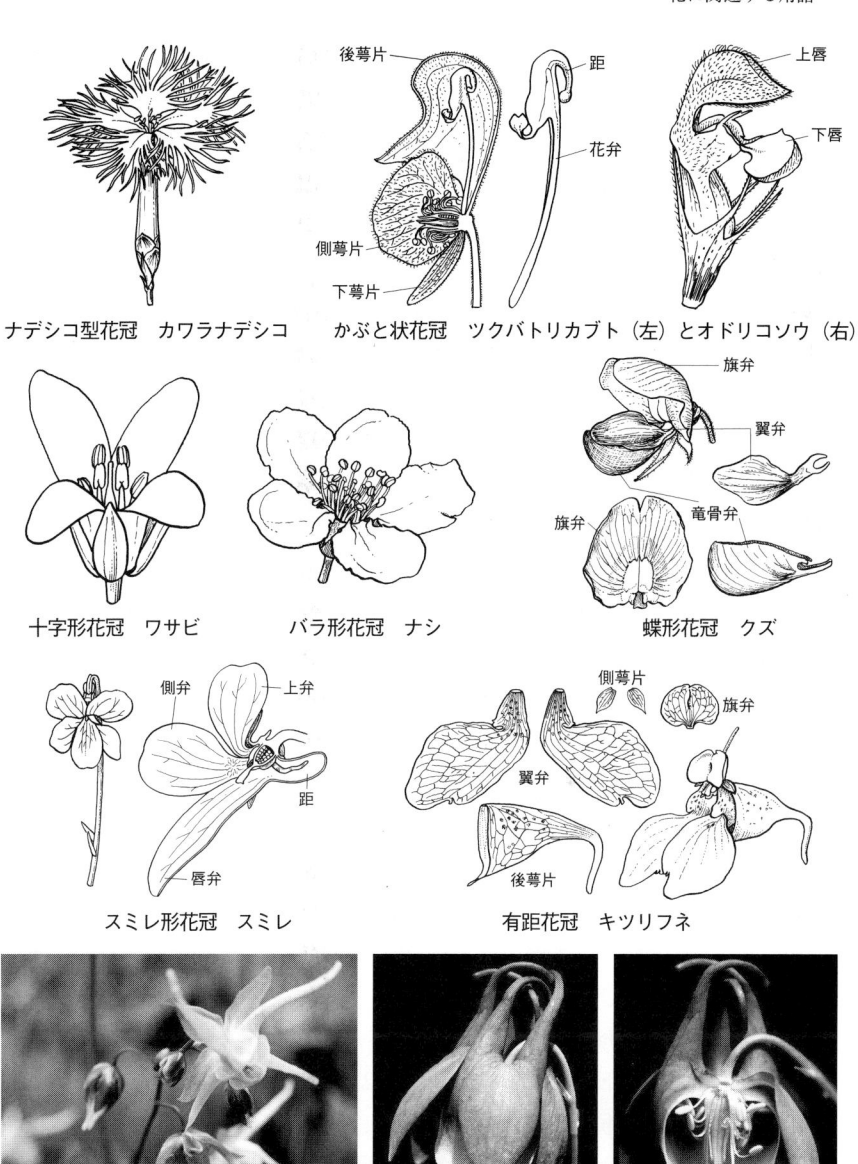

ナデシコ型花冠　カワラナデシコ　　かぶと状花冠　ツクバトリカブト（左）とオドリコソウ（右）

十字形花冠　ワサビ　　バラ形花冠　ナシ　　蝶形花冠　クズ

スミレ形花冠　スミレ　　有距花冠　キツリフネ

有距花冠　トキワイカリソウ　　有距花冠　オダマキ
右は手前の花被片を除いてある

37

の**竜骨弁**（舟弁）carina, -nae; keel, -s　2個からなる。竜骨弁の下縁は普通多少とも互いに合着し、爪と呼ばれる2本の柄に続く。

スミレ形花冠 violaceous corolla, -s　離弁・左右相称花冠。スミレ属の花冠をいう。上位一対の**上弁** upper petal, -s、中位一対の**側弁** lateral petal, -s、下位の**唇弁**（下弁）lip, -s; lower petal, -s; labium, -bia と呼ばれる距のある1個の花弁からなる。**距** spur, -s は花葉の基部が膨れるか伸張して盲管となり、蜜を貯える部分をいう。

有距花冠 calcarate corolla, -s　少なくとも一部の花弁が距をもつ花冠をいう。オダマキ属やイカリソウ属は離弁・放射相称花冠ですべての花弁に距があり、エンゴサク属は左右相称花冠で上側の1個の花弁が距をもつ。スミレ属は下弁に距のある有距花冠であるが、ふつうはスミレ形花冠という。ツリフネソウ属は後萼片が距をもつ有距花冠（厳密には、有距萼）である。有距花冠には科としてのまとまりはない。

壺形花冠 urceolate corolla, -s　合弁・放射相称花冠。花冠の上部が壺のように細くくびれ、くびれた部分から裂片が開出する。カキやヨウラクツツジ、ドウダンツツジ、アセビ、ハナヒリノキ、クロウスゴなどのツツジ科にみられる。

高坏形（高杯形・高盆形）**花冠** hypocraterimorphous corolla, -s; hypocrateriform corolla, -s　合弁・放射相称花冠。平開する花冠裂片と上下の太さの差のない細長い**花冠筒**（花冠筒部、花筒）corolla tube, -s からなる。サクラソウ属、フロックス属、クルマバソウ属、ツルアリドオシ属などにみられる。

漏斗形花冠 infundibular corolla, -s; funnelform corolla, -s　合弁・放射相称花冠。花冠筒が上方に向かって次第に拡がり、円形の開出部分につながる花冠。アサガオ属やヒルガオ属に典型的である。

唇形花冠 labiate corolla, -s; bilabiate corolla, -s　合弁・左右相称花冠。5数性の横向きの花冠で、上下に2深裂し、多くは2弁が上唇、3弁が下唇となる。上唇と下唇の間には**花喉**（咽喉、のど）throat, -s と呼ばれる子房につながる空隙がある。ゴマノハグサ科やシソ科の多くの種にみられる。中にはキランソウやニガクサのように上唇が発達せず、**一唇形** unilabiate になるものもある。

仮面状花冠 personate corolla, -s; masked corolla, -s　合弁・左右相称花冠。唇形花冠のうち、下唇が特に大きくせり上がって花喉をふさぎ、仮面状となるもの。

花に関連する用語

壺形花冠　アセビ

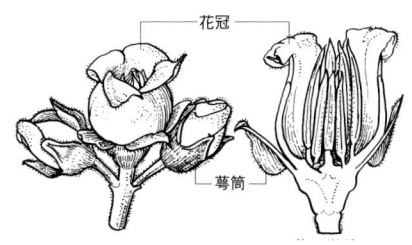

壺形花冠　カキノキ

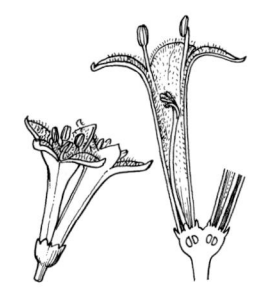

高杯形花冠　ツルアリドウシ

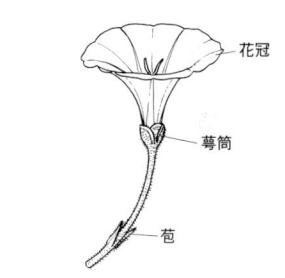

漏斗形花冠　セイヨウヒルガオ

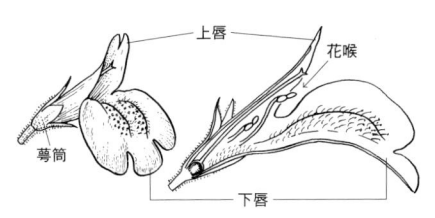

唇形花冠　ムラサキサギゴケ

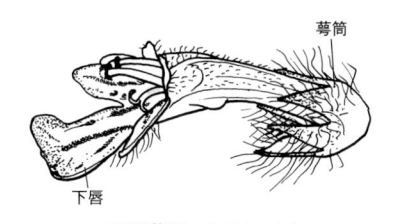

唇形花冠　キランソウ

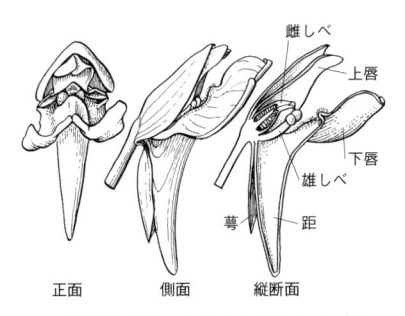

仮面状花冠　ムラサキミミカキグサ

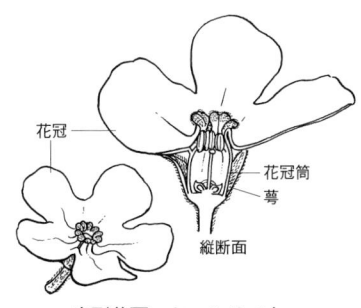

車形花冠　ヤマルリソウ

ウンラン属、キンギョソウ属、タヌキモ属などに知られる。

車形（輻状）花冠 rotate corolla, -s; wheelshaped corolla, -s　合弁・放射相称花冠。花冠筒がごく短くて、花冠のほとんど基部近くから裂片が開出するもの。ワスレナグサ属、キュウリグサ属、ミヤマムラサキ属、ルリソウ属などのムラサキ科、ナス属、ヤエムグラ属、アカネ属、ガマズミ属、レンプクソウ属などにみられる。

鐘形花冠 campanulate corolla, -s　合弁・放射相称花冠。花冠筒の長さは直径の2倍以下、筒状ないし上に向かって少し拡がるもの。サラサドウダン、コケモモなどのツツジ科、キキョウ属、ツリガネニンジン属にみられる。

筒状（管状）花冠 tubular corolla, -s　合弁・放射相称花冠。細い花冠筒と微小な裂片からなる。花冠裂片は必ずしも同じ大きさではない。タンポポ亜科を除くキク科に特徴的であり、多くの群で筒状花は頭花の**中心花** disk flower, -sとなる。

舌状花冠 ligulate corolla, -s　合弁・左右相称花冠。短い花冠筒と相対的に大きな弁状の部分からなる。キク科に特徴的にみられ、タンポポ亜科には舌状花しかないが、キク亜科の多くの群で舌状花は頭花の**周辺花** ray flower, -sとなる。ただし、キク亜科の中でもヨモギ属のように周辺花が筒状花である場合もある。

ユリ形花冠 liliaceous corolla, -s　放射相称花冠。6個の同質の花被片からなる鐘形または漏斗形のユリ科の花被を便宜的にユリ形花冠と呼ぶ。花被片の合生・離生は問わないので、ユリ属もスズラン属も含まれるが、大部分は離弁花冠である。

ラン形花冠 orchidaceous corolla, -s　左右相称花冠。3個の萼片と3個の花弁からなり、中央1個の花弁が特殊化して**唇弁** label, -s; labium, -biaとなったラン科の花被を便宜的にラン形花冠と呼ぶ。萼片や花弁の同類・異類合着の有無は問わない。

　花冠そのものではないが、花冠の一部や葯が変形してできた付属物は**副花冠**（副冠）corona, -s, -nae; crown, -s; paracorolla, -sと呼ばれる。マンテマ属の花弁の舷部基部につく2個の小鱗片、ミズタビラコ属やワスレナグサ属の花冠裂片基部の1個の突起、トケイソウ属の放射状に並ぶ糸状の付属物、ガガイモ科やスイセン属の環状の付属物などがある。

花に関連する用語

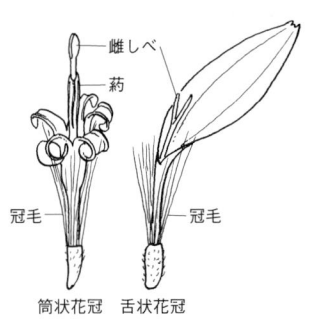

雌しべ
葯
冠毛　　冠毛
筒状花冠　舌状花冠

鐘形花冠　ホタルブクロ　　筒状花冠と舌状花冠　メタカラコウ　　アキノキリンソウ

ユリ形花冠　ヤマユリ　　ラン形花冠　クマガイソウ　　ラン形花冠　サギソウ

副花冠　ワスレナグサ　　副花冠　スイセン

花に関連する用語

3　雄しべ

(1) 雄しべ

　種子植物における**小胞子葉**microsporophyll, -s を**雄しべ**（雄ずい）stamen, -s, -minaという。小胞子葉とは、**小胞子嚢**microsporangium, -gia をつけ、**小胞子**microspore, -s をつくる葉的器官をいい、種子植物では発生が進めば小胞子嚢は**花粉嚢**pollen sac, -s に、小胞子は**花粉粒**pollen grain, -s になる。

　裸子植物では、小胞子葉を雄しべと呼び、小胞子嚢を花粉嚢と呼ぶことが多いが、葯や花糸の語はふつう使われない。

　被子植物の雄しべは葯と葯を支える花糸からなる。モクレン科やアケビ科にみられるもっとも原始的な葉状雄しべでは花糸は未分化のままである。雄しべの数や形、花糸の有無や長短、葯の花糸へのつき方、葯の裂け方などは、科あるいは属レベルにおける重要な分類形質になる。雄しべ（群）は雌しべ（群）の外側にあるが、メキシコ産のラカンドニア *Lacandonia* では、雌雄の位置が逆転している。一つの花の中の雄しべの数は、不特定多数（モクレン属、キンポウゲ属、バラ属など）、特定少数（ナデシコ属、リンドウ属、ユリ属など）から1本（ショウガ属、カンナ属など）のものまである。トウダイグサ属では1本の雄しべが1個の雄花となっている。スイレン属では外側の葉状の雄しべから内側の糸状の雄しべまで形は連続的に変化するし、ヒマ属では花糸が何回も分枝し、1室性の葯を無数につける。

(2) 雄しべを構成する部分

　典型的な雄しべは、葯と花糸からなる。

葯 anther, -s　雄しべの中で花粉を生成し、収納する部分を外形的にみた場合をいい、ふつう2個の半葯からなる。

半葯 theca, -cae　葯の中で花粉を収納する外形的な単位をいい、機能的には**葯室** anther cell, -s と同じである。theca はギリシア語でケースを意味する。ふつう半葯2個で1個の葯となるが、ツリフネソウ属の無茎種の中には3半葯の葯を

花に関連する用語

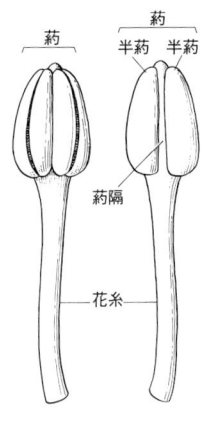

雄しべを構成する部分

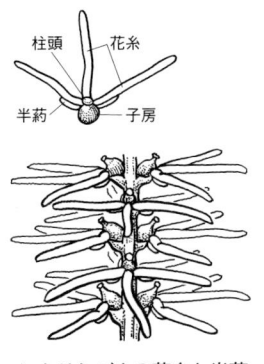

ヒトリシズカの花糸と半葯（上），下は花序

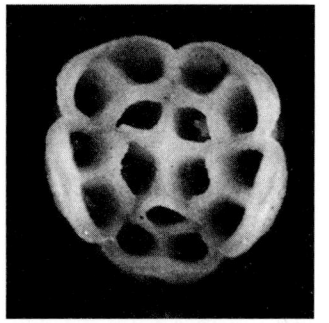

3半葯の葯
ツリフネソウ属無茎種

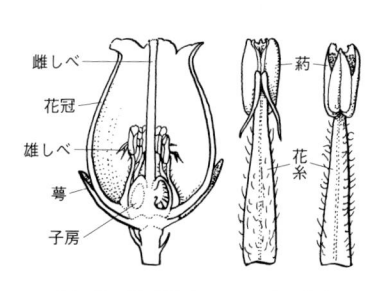

突起状の附属物をつアセビの葯室

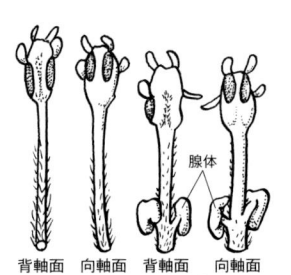

腺体をもつシロダモの花糸

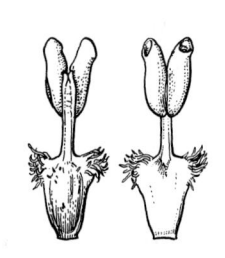

翼状に拡がったウメガサソウの花糸

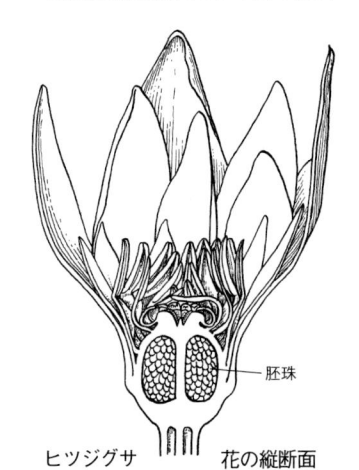

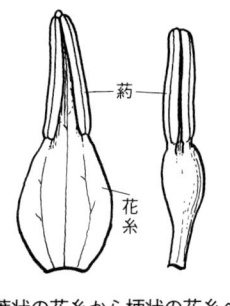

ヒツジグサ　花の縦断面

葉状の花糸から柄状の花糸へ
ヒツジグサ

腺毛がある
イワナシの花糸

もつ種があるし、イワブクロ属やムシトリスミレ属は半薬1個で1個の薬をつくり、アキギリ属では1個の半薬は退化して花粉をつくらないなど変化が多い。外形的には半薬は上端がスノキ属やヤチツツジ属のように管状に長く伸びたり、アセビ属、クロマメノキ、ネジキ属、ドウダンツツジ属のように突起状の附属物をもつなど変化がある。コゴメグサ属では下方の2本の雄しべにだけ半薬に突起をもつ。

花糸 filament, -s　雄しべの中で薬を支える部分をいい、ふつう柄状で明瞭であるが、やはり変化が多い。たとえば、モクレン科では雄しべはリボン状で薬と花糸との区分は明らかでなく、前述のようにスイレン属では葉状の花糸から柄状の花糸への移行がみられる。ヒトリシズカでは3本の合着した花糸の両側下部にだけ半薬がつき、中央の花糸には薬はつかない。ミズタビラコ属やワスレナグサ属では花糸はほとんど認められない。また、シロダモ属やクスノキ属では内輪の3本の雄しべには花糸の両側に腺体がつくし、ウメガサソウ属の花糸の下部は翼状に拡がる。そのほか、花糸に腺毛や軟毛がある例は数多い。花糸がない雄しべは**無柄雄しべ**（無柄雄ずい）sessile stamen, -s といい、センリョウ、ウマノスズクサ属、クルミ属、アマモ属、イバラモ属などにみられる。

(3) 薬

薬隔 connective, -s　半薬をつなぐ組織をいい、ふつう半薬間を占める細かい組織であるが、形態的な変化も大きい。たとえば、アキギリ属では上側の1対の雄しべは退化するが、下側の1対の雄しべの薬隔は花糸との連結箇所から上下に伸び、上に完全な半薬、下に退化した半薬をつける。送粉昆虫が下の半薬に触れると、てこの原理によって上の半薬が下りてきて昆虫の背に花粉をなすりつける仕組みになっている。スミレ属では薬隔の先は拡がって褐色膜質の付属体となる。ツクバネソウ属では、ツクバネソウの薬隔は薬より上に伸びないのに対して、クルマバツクバネソウの薬隔は薬の2倍ほどの長さになる。カラマツソウ属では、薬隔が突出するアキカラマツ群と突出しないカラマツソウ群に2分することができるなど、分類上重要な形質となっている。

外向薬 extrorse anther, -s　薬が花糸の背軸側または背軸面にあって、花冠に向いて開裂する場合をいう。ユリノキ、ウマノスズクサ科、イカリソウ、トガク

花に関連する用語

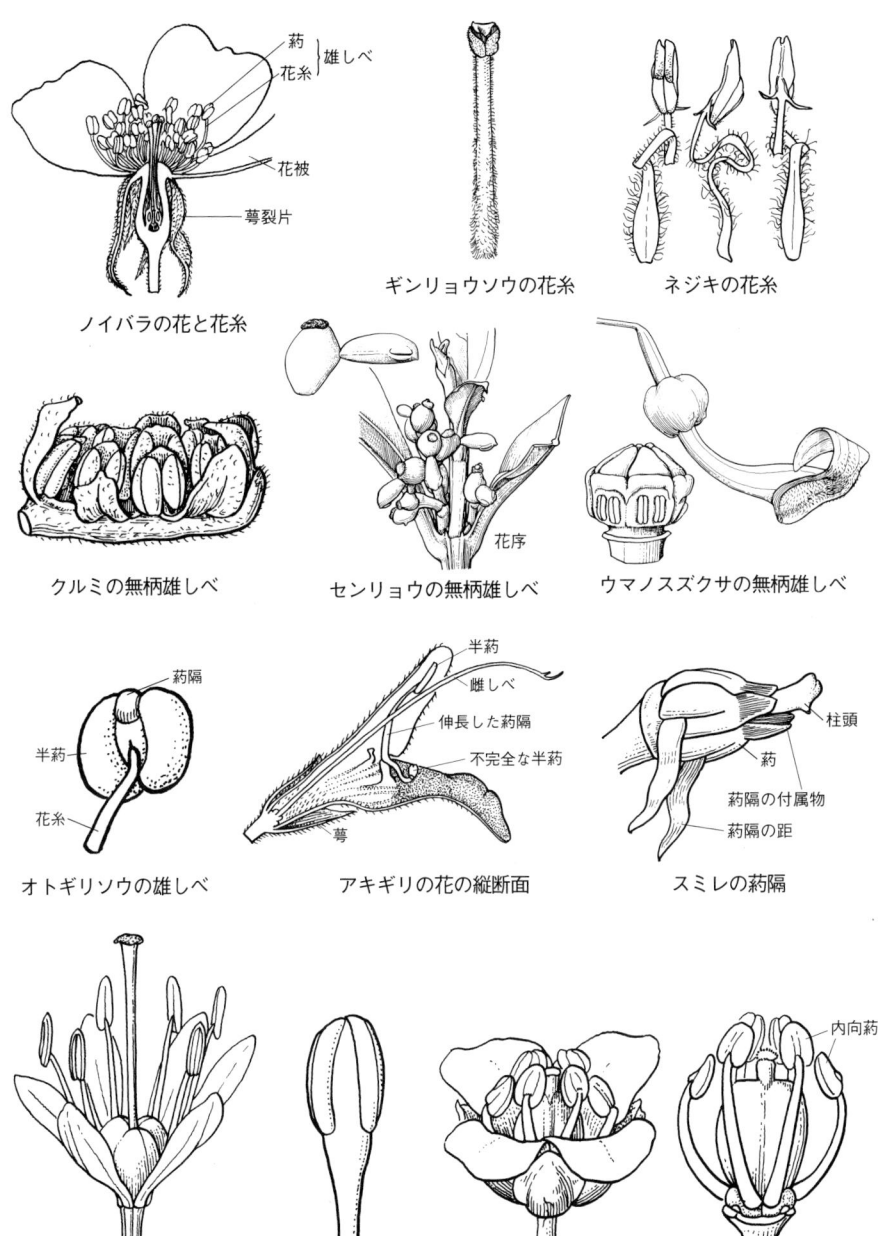

ノイバラの花と花糸 / 薬 花糸 }雄しべ / 花被 / 萼裂片

ギンリョウソウの花糸

ネジキの花糸

クルミの無柄雄しべ

センリョウの無柄雄しべ / 花序

ウマノスズクサの無柄雄しべ

オトギリソウの雄しべ / 薬隔 / 半薬 / 花糸

アキギリの花の縦断面 / 半薬 / 雌しべ / 伸長した薬隔 / 不完全な半薬 / 萼

スミレの薬隔 / 柱頭 / 薬 / 薬隔の付属物 / 薬隔の距

外向薬 ショウジョウバカマ

側向薬 バイカモ

ナズナの花 右は花弁を取り除いてある / 内向薬

45

シショウマ、サンカヨウ、アケビ科、ケマンソウ科、ヤマモモ科、モウセンゴケ、ヒルムシロ科、ホロムイソウ、ミズバショウ、ザゼンソウ、マムシグサ、イグサ、ショウジョウバカマ、チゴユリ、ツバメオモト、ノギラン、ホトトギス、アヤメ科などの各属にみられる。葯の向きは送粉昆虫の行動と密接な関係にあり、花の構造上昆虫が葯の背軸側で吸蜜する場合、花は外向葯をもつ。

側向葯 latrorse anther, -s; equifacial anther, -s　葯が花糸の側面につき、左右に向かって開裂する場合をいう。ヤマグルマ、マンサク科、スズカケノキ科、フサザクラ科、カツラ科など、マンサク亜綱の諸科には特徴的である。もっとも原始的な葯の形態とみなされており、外向葯や内向葯は側向葯から派生したとされる。

内向葯 interorse anther, -s　葯は花糸の向軸側または向軸面にあって、花の中心に向かって開裂する場合をいい、もっともふつうである。

葯の向きは、種によってすべて同じというわけではなく、クスノキ属やタブノキ属では第1、2輪の3個の葯は内向き、第3輪の3個の葯は外向きになるし、ツユクサ属では完全雄しべ2本は外向き、1本は内向きになる。ナデシコ科やフウロソウ科では、蕾の間は葯は内向きになっているが、開花時には外向きとなる。

(4) 葯のつき方

沿着 adnate　花糸と葯隔の組織的な不連続性はなく、葯の全長が向軸側、背軸側を問わず、花糸の側面についている場合をいう。もっともふつうの例である。

内着 innate　葯が花糸の組織に埋まっていて葯の組織が突出しない場合をいう。メギ属やサバノオ属にみられる。

底着 basifixed　花糸が上方に向かって細くなり、葯隔の下端部に連なる場合をいう。葯は風によってゆれ花粉を散布することができるので風媒花に適する。サカキ属、ヒサカキ属、カタクリ属、カヤツリグサ科、イネ科、ネギ属などにみられる。

丁字着 versatile　葯の向軸面・背軸面を問わず葯隔の1点で連なる場合をいう。底着同様に葯は風にゆれて花粉を散布することができる。底着より進化した形とみられている。ツバキ属、チャ属、ナツツバキ属、マツヨイグサ属、オオバコ属、ユリ属などが好例である。

花に関連する用語

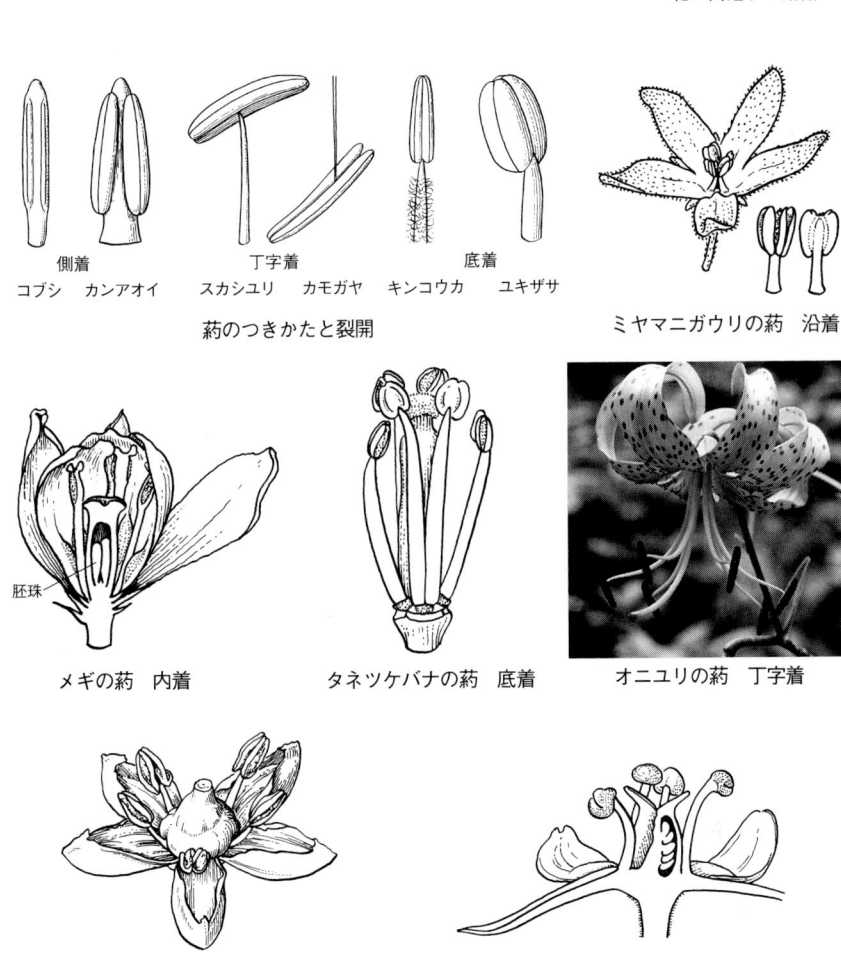

側着　　　　　　丁字着　　　　　　底着
コブシ　カンアオイ　スカシユリ　カモガヤ　キンコウカ　ユキザサ

葯のつきかたと裂開

ミヤマニガウリの葯　沿着

メギの葯　内着

タネツケバナの葯　底着

オニユリの葯　丁字着

ツタの縦裂葯

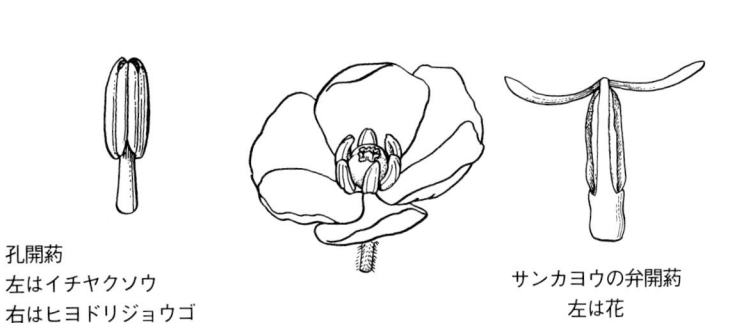

シュロソウ　横裂葯

孔開葯
左はイチヤクソウ
右はヒヨドリジョウゴ

サンカヨウの弁開葯
左は花

47

(5) 葯の裂開

葯は成熟すると裂開し、葯室内の花粉粒を放出する。裂開のしかたは何通りか知られている。

縦裂 longitudinal dehiscence　もっともふつうな場合で、葯室の側壁が縦に裂ける。葉状雄しべの場合は、4個の葯室は個々に裂開するのに対し、通常の場合は半葯の2個の胞子のう間の隔壁が破れて1個の葯室となり、その側面で縦裂する。

横裂 transverse dehiscence　ツリフネソウ属では葯の頂端の組織がめくれ、花粉は湧き出るようにあふれてくる。同じような例は、フヨウ属、ギンリョウソウ科、ネコノメソウ属、ハゴロモソウ属、トウダイグサ属などに系統とは関係なく散発的にみられる。

孔開 poricidal dehiscence; porous dehiscences　葯室の先端が細まり、その部分の組織が喪失して小孔を生ずる場合をいい、そのような葯は**孔開葯** poricidal anther, -s; porous dehiscent anther, -sという。イチヤクソウ科の全種、ノボタン科およびツツジ科の大部分、ナス属などにみられる。

弁開（弁状裂開） valvular dehiscence　葯室の側壁の一部分が弁状になってめくれ上がって裂開する場合をいい、そのような葯は**弁開葯** valvular anther, -sという。クスノキ科やメギ科の大部分の種にみられる。

(6) 雄しべの合着

雄しべには葯どうし、花糸どうしあるいは全体が合着(がっちゃく)する**同類合着** connation; cohesionおよび雄しべと花被あるいは雄しべと雌しべが合着する**異類合着** adnationがみられる。

1) 同類合着

集葯雄しべ（集葯雄ずい） syngenesious stamen, -s; synangium, -ia　葯が互いに合着した雄しべ群をいう。ツリフネソウ科やミゾカクシ属、キク科のオナモミ連を除くほとんどすべての種にみられ、5個の葯が合着して1輪となる。ツリフネソウ科では、花糸の上部も合着する。

合糸雄しべ（合糸雄ずい） adelphous stamen, -s　葯は離生するが、花糸の少な

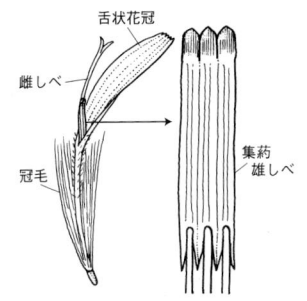

花に関連する用語

雄しべの合着　ノゲシ

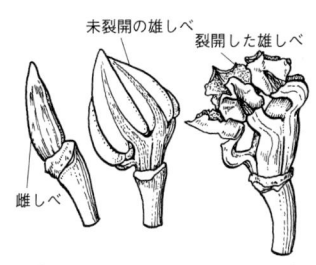

雄しべの合着　キツリフネ

合糸雄しべ　ハイビスカス

合糸雄しべ　ヤブツバキ

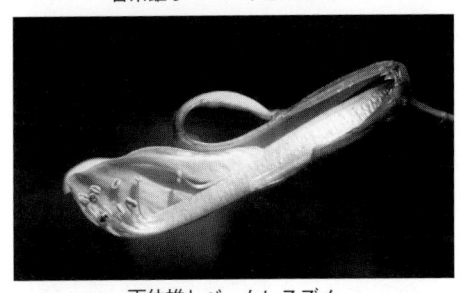

両体雄しべ　ムレスズメ

3体雄しべ　トモエソウ

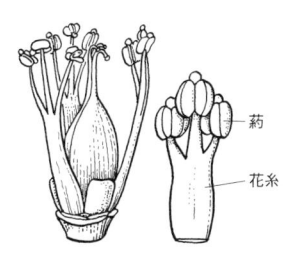

3体雄しべ　ミズオトギリ
左は花弁を除いてある。
右は1束の雄しべ

くとも一部が互いに合着した雄しべ群をいう。すべての雄しべが合着して1輪をなすものは、**単体雄しべ**（単体雄ずい）monadelphous stamen, -s、合着した花糸のつくる筒状の部分を**花糸筒** filamental tube, -s という。チャノキ属、ツバキ属、アオイ科、アマチャヅル属、ネムノキ科などのほか、ソラマメ属、ハギ属、レンリソウ属などの多くのマメ科にみられる。雄しべが合着して2組になるものは**両体雄しべ**（両体雄ずい）diadelphous stamen, -s で、ケマンソウ科では3本ずつ2組となった雄しべ群をつくり、イワオウギ属、オヤマノエンドウ属、シャジクソウ属、ソラマメ属、ホドイモ属、ヤブマメ属、レンゲ属などのマメ科植物では1本の雄しべが上側に離れ、9本が合着して下側にくる。**3体雄しべ**（3体雄ずい）triadelphous stamen, -s は、オトギリソウ属の多くの種にみられ、**5体雄しべ**（5体雄ずい）は、トモエソウやシナノキ属に例をみる。雄しべが3組以上となる場合は**多体雄しべ**（多体雄ずい）polyadelphous stamen, -s と呼ぶ。

合体雄しべ（合体雄ずい）synandreous stamen, -s　葯または花糸だけでなく、2本以上の雄しべの全体が合着する場合をいう。ミズカクシ属には葯は集葯、花糸は完全合糸となる種があるし、スズメウリ属、ミヤマニガウリ属では5本の雄しべのうち2本ずつが合体する。

2）異類合着

萼上生 episepalous　グミ属の雄しべは4個、萼筒の喉部に裂片と互生してつき、花糸はごく短い。ジンチョウゲ属では、雄しべは萼筒内部および喉部に2段につき、内部の雄しべは裂片と互生、喉部の雄しべは対生する。ミソハギ属では萼筒内に花弁の2倍数の長短2型の雄しべが交互に1輪につく。短い雄しべは花弁と対生し、長い雄しべは互生する。バラ科（ナシ亜科を除く）では、一般に筒状または皿状の萼筒が発達するが、その喉部に多数の雄しべがつく。

花冠上生 epipetalous　合弁花類においては、イワウメ、サクラソウ、ハナシノブ、ミツガシワ、リンドウ、ムラサキ、クマツヅラ、シソ、キョウチクトウ、ナス、ゴマノハグサ、イワタバコ、キツネノマゴ、ハエドクソウ、アカネ、レンプクソウ、オミナエシ、マツムシソウ、キク科など、大部分の科において雄しべは花冠筒内面につく。単子葉植物では、ホシクサ属の雄花にその例をみる。

花被上生 epitepalous　同花被花において、花被と雄しべが合着する場合をいう。

花に関連する用語

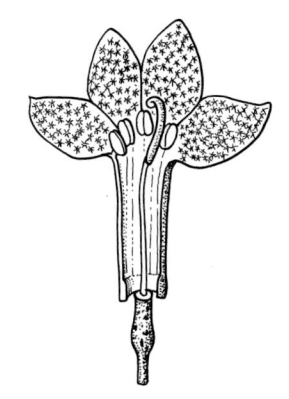

萼上生雄しべ　ナツグミ

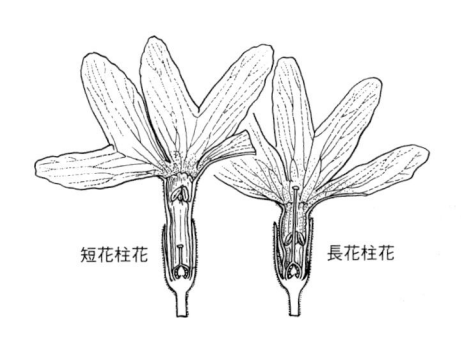

花冠上生雄しべ　ハクサンコザクラ
短花柱花　　長花柱花

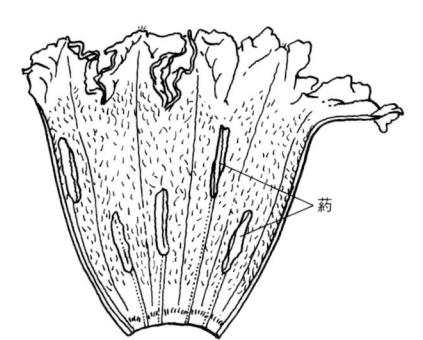

花冠上生雄しべ　ヤイトバナ
葯

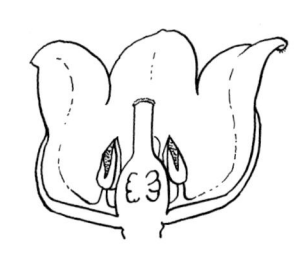

花被上生雄しべ　スズラン

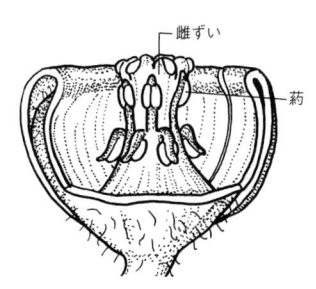

雄しべと雌しべ合着　フタバアオイ
雌ずい
葯

雄しべと雌しべ合着（蕊柱）　シラン

51

たとえば、アヤメ科ではアヤメ属やクロッカス属など3本の雄しべは花被筒の喉部に内花被片と互生してつき、フリージア属やグラジオラス属では花被筒内につく。ユリ科ではふつう雄しべは離生しているが、アマドコロ属では花被筒中部に、スズラン属やネバリノギラン属では花被筒内面基部に、キスゲ属では花被筒喉部につく。ユキザサ属やネギ属など花被片が離生するものでは、各花被片の基部に1本ずつ合着する。

雌ずい着生 epigynoecious; epigynous　雄しべが雌しべに合着するものをいい、ウマノスズクサ科やセンリョウ科にみられる。ウマノスズクサ科では花柱の2倍数の雄しべが1輪となって子房の肩につき、センリョウ科では合着した3本の雄しべが子房の背軸側につく。両者の合着が極度に進んだものがガガイモ科やラン科にみる蕊柱（ずいちゅう）column, -s; clinandrium, -ia である。

(7) 異形雄しべ

雄しべは1つの花の中で長さや形が異なる場合がある。これを**異形雄しべ**（異形雄ずい）heteromorphous stamen, -s という。ただし、不特定多数の雄しべをもつ花で、外側から内側に向かって連続的に長さが変わる場合は、異形雄しべとは呼ばない。異形雄しべは仮雄しべや化生雄しべは含まず、特定少数の雄しべをもつ花に限ってみられる。

1) 長さが異なる場合

2強雄しべ（2強雄ずい）didynamous stamen, -s　4本ある雄しべのうち、2本ずつ長短2対になるものをいう。シソ科やゴマノハグサ科では、雄しべは花冠裂片と互生する位置につくが、多くの種で最上位には雄しべを欠くか仮雄しべがあり、正常な雄しべは4本となる。シソ科のミソガワソウ属では雄しべは上側の1対が下側の1対より長く、逆にウツボグサ、ジャコウソウ、オドリコソウ、クルマバナ、シモバシラ、テンニンソウ、イブキジャコウソウ各属、ゴマノハグサ科のコゴメグサ、ミゾホオズキ、ママコナ、シオガマギク、ヒナノウスツボ、イワブクロ各属では下側の1対が長い。オニクやリンネソウも下側の1対が長い。

4強雄しべ（4強雄ずい）tetradynamous stamen, -s　6本ある雄しべのうち、4本が長い場合をいう。アブラナ科に特有であり、花弁と互生する外側の2本

花に関連する用語

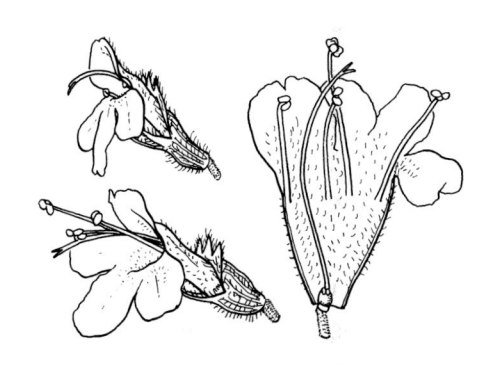

2強雄しべ　イブキジャコウソウ

2強雄しべ　ウツボグサ

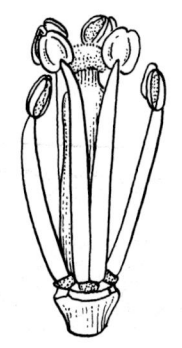

4強雄しべ　タネツケバナ

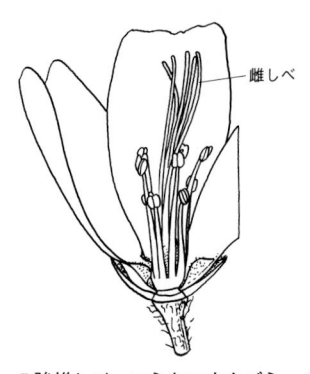

5強雄しべ　コミヤマカタバミ

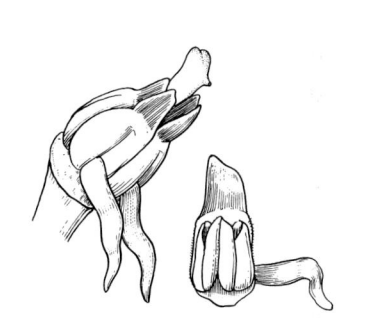

形が異なる雄しべ　スミレ

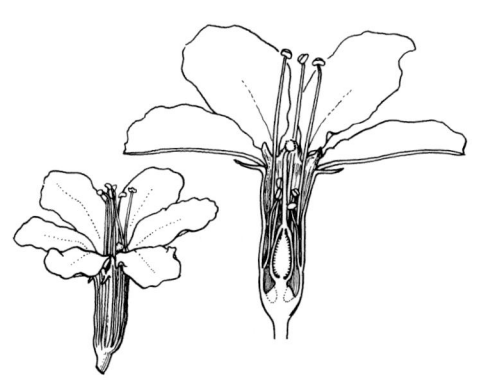

5強雄しべ　ミソハギ

が短く、花弁と対生する内輪の4本が長い。

5強雄しべ（5強雄ずい）pentadynamous stamen,-s　ミソハギ属やカタバミ属では、10本の雄しべのうち、花弁と互生する外輪の5本が長く、フウロソウ属では逆に内輪の5本が長い。

2）形が異なる場合

　特別な呼称はないが、1つの花の中で雄しべの形が異なる場合もある。たとえば、タツナミソウ属の雄しべは上側の葯は2室、下側の葯は1室であり、コゴメグサ属の下側の雄しべの葯室の下端に鋭い1個の突起があり、シオガマギク属の上側の2本の花糸には細かい毛がある。スミレ属では5本の雄しべのうち下側の2本では葯の基部が尾状の距となって唇弁の距に入る。ケシ科のコマクサ属では2室の葯をもつ雄しべ1本と1室の葯をもつ雄しべ2本が合着し、合糸雄しべをつくる。また、ウリ科の雄しべはふつう3本であるが、これはもともと5本であったものが2本ずつが合体し、1本はそのまま残った結果である。ウリ科の中でも、ゴキヅル属やオオスズメウリ属では雄しべは5本のまま、アマチャヅル属やアレチウリ属では全部が合体して合体雄しべ（合体雄ずい）となっている。

(8)　仮雄しべ

　多少とも形は残っているが退化して花粉をつくらなくなった雄しべを**仮雄しべ**（仮雄ずい・化生雄しべ・化生雄ずい）staminode, -s; staminodium, -dia という。この場合、同一花のすべての雄しべが退化するものと一部の雄しべが退化するものがある。雌雄異株のイタドリ属、カエデ属、ヤマノイモ類、ヒロハユキザサなどの雌花にはすべてが退化した雄しべがあるし、単性同株のオオヤマフスマ属の雌花、ムカゴユキノシタの両全花、フキの両性花の雄しべもすべて仮雄しべである。

　また、同一花の一部の雄しべが仮雄ずいとなる例は、内側の少数個が退化するオダマキ属、特定の雄しべだけが退化したクスノキ科、ラン科のほかアキギリ属、イワギリソウ属、ツユクサ属などにみることができる。

　これらの仮雄しべは特に機能はもたない。

　花粉をつくらなくなるとともに形態的に大きく変化した仮雄しべもある。オ

花に関連する用語

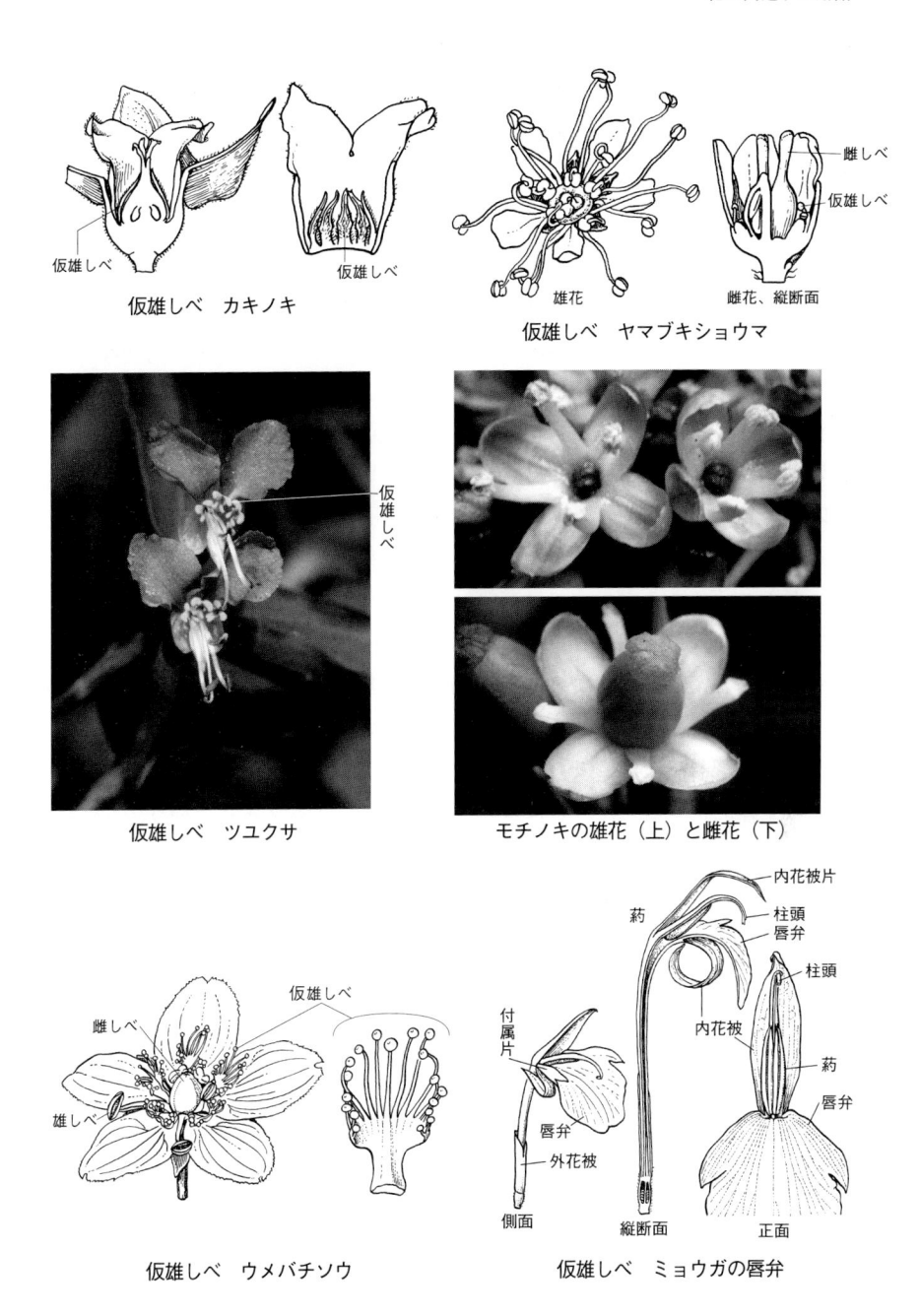

仮雄しべ　カキノキ

仮雄しべ　ヤマブキショウマ
雄花
雌花、縦断面
雌しべ
仮雄しべ

仮雄しべ　ツユクサ

モチノキの雄花（上）と雌花（下）

仮雄しべ　ウメバチソウ
雌しべ
雄しべ
仮雄しべ

仮雄しべ　ミョウガの唇弁
内花被片
柱頭
唇弁
柱頭
葯
内花被
葯
唇弁
付属片
唇弁
外花被
側面
縦断面
正面

55

ダマキ属の外輪2輪の10本の弁化した雄しべ、ウメバチソウ属の花弁と対生する燭台形で細裂する外輪5個の雄しべ、イワカガミ属の花筒の基部につき花冠裂片と対生する線状に伸びた内輪5個の雄しべ、ショウガ科の外輪2個、内輪2個が合着して1枚の唇弁となった雄しべなどがその例である。

(9) 花粉

種子植物の雄性配偶体を**花粉** pollen という。まず、葯室に生ずる花粉母細胞（小胞子母細胞）が減数分裂をおこない4個の単核性の**小胞子** microspore, -s をつくる。小胞子は裸子植物では数回の分裂後、生殖細胞と花粉管細胞からなる**花粉粒** pollen grain, -s に、被子植物では2回の分裂後、2個の精細胞と1個の花粉管細胞からなる花粉粒となる。

花粉四分子 pollen tetrad, -s　花粉母細胞（小胞子母細胞）の減数分裂によって生じた4個の小胞子の集合体をいう。小胞子が花粉粒となった段階では単粒となるのがふつうであるが、中には花粉粒が分離せず、くっついたままのものがある。たとえば、2個がくっついた場合は**2集粒** dyad, -s（例、ホロムイソウ）、4個が立体的または線状にくっついた場合は**4集粒** tetrad, -s（例、イシモチソウ、イチヤクソウ属、イチゲイチヤクソウ、ウメガサソウ属、ドウダンツツジ属を除くツツジ科、バシクルモン属、クチナシ属、スズメノヤリ、ガマ）、8個以上が立体的に合着した場合は**多集粒** polyad, -s（ネムノキ）という。

花粉塊 pollinium, -nia　多集粒の極にあるのが花粉塊である。ガガイモ科では葯室内のすべての花粉粒がくっついて、雄しべごとに2個の花粉塊をつくる。また、ラン科では2個（たとえば、ショウキラン属、オニノヤガラ属）、4個（ハクサンチドリ属、サギソウ属）、8個（シュンラン属、サイハイラン属）の花粉塊をつくり、花粉塊の数は属ごとに一定しているので、重要な分類形質の一つとなっている。

4. 雌しべ

被子植物における**大胞子葉** macrosporophyll, -s; megasporophyll, -s を心皮

carpel, -s という。心皮は**大胞子のう**macrosporangium, -gia; megasporangium, -gia をつけ、**大胞子**macrospore, -s; megaspore, -s をつくる葉的な器官で、雌しべをつくる花葉である。**雌しべ**（雌ずい）pistil, -s は、1個または複数個の心皮が合着して袋状の構造となり、胚珠を包み込んで、これを保護し、雌性の生殖器官として受粉・受精に直接関わる。

　雌しべが1個の心皮からつくられる場合は**単一雌しべ**（単一雌ずい）simple pistil, -s といい、複数の心皮からつくられる場合は**複合雌しべ**（複合雌ずい）compound pistil, -s という。雌しべ全体をさすときは、単一雌しべの場合は**離生心皮雌しべ群**apocarpous gynoecium, -cia、複合雌しべの場合は**合生心皮雌しべ群**syncarpous gynoecium, -cia と呼ぶ。複合雌しべは、発生の初期には離生しているが、次第に合着して雌しべを完成し、成熟後は果実としてふたたび心皮ごとに裂開して離生するものが多い。

(1) 雌しべを構成する部分

　典型的な雌しべは、柱頭・花柱・子房の3つの部分からなり、子房内に胚珠を容れる。受粉・受精のためには、柱頭と子房は不可欠である。

柱頭stigma, -mata, -s　受粉をおこなう雌しべの表面部分をいい、粘液を分泌したり、突起があったり、中には接触刺激によって運動し、花粉粒を包み込むなど、受粉しやすい仕組みになっている。たいていは、花柱の先端にあって点状、線状、頭状、面状、盤状、嘴状をなす。

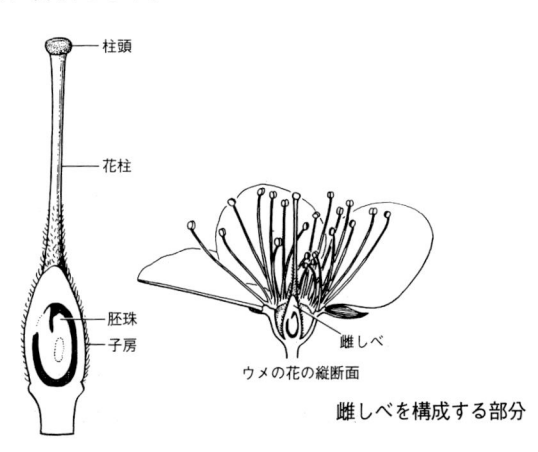

ウメの花の縦断面

雌しべを構成する部分

花柱 style, -s　柱頭と子房をつなぐ部分をいい、通常は柱状であるが、中にはまったくない場合、花柱分枝 stylar branch, -es となる場合もある。

花柱内部は中実または中空である。中実の場合は内部は伝達組織 transmitting tissue, -s で満たされて花粉管の通路となり、中空の場合は花柱溝 stylar canal, -s と呼び、その表面の組織に沿って花粉管が伸長する。

子房 ovary, -ries　単一雌しべの場合は、心皮1個からなる単一子房 simple ovary、複合雌しべの場合は2個以上の心皮からなる複合子房 compound ovary となる。単一子房では子房室は原則として1室であるが、複合子房では、子房室は分類群によって1室ないし心皮数の2倍数までさまざまに変化する。

単一雌ずいでは、心皮が完全に閉合せず、隙間のある場合（例　オウレン属）や単に接合して組織的に合着しない場合（例　アケビ属）があり、これらは原始的な特徴とみられる。

心皮は、縁辺または中肋、あるいは子房の基部・中央・上端に胎座を生じて胚珠をつくる。

(2) 柱頭

単一雌しべの柱頭の形は比較的単純である。たとえば、モクレン属やキンポウゲ属などでは花柱と柱頭の区分は明らかでなく、心皮の縫合線上部両側に線状につく。オダマキ属でも同様であるが、長い花柱の向軸側にある。サクラ属・バラ属では頭状、シモツケ属では花柱の頂部が拡張し、盤状となる。マメ科では、クズ・ソラマメ・フジ属などは頭状、ニセアカシアは頭状の柱頭下に房状の上向きの細毛がある。

単子葉植物の単一雌しべは、ヒルムシロ属やガマ属にみられ、これらは心皮の頂端縫合線上に舌状の柱頭がある。

複合雌しべの柱頭は多彩であり、しばしば分類形質として用いられる。タデ科では、スイバ属およびジンヨウスイバ属では子房の稜上にあって房状に細裂するのに対し、タデ属では花柱の先端にあって頭状をなし、イラクサ科ではカラムシ属やムカゴイラクサ属は糸状、ミズ属やイラクサ属は頭髪状の柱頭をもち、それぞれ属の特徴を表す。スミレ属では花柱上部を含む柱頭の形が節や種の分類形質として重要であり、アカバナ属では柱頭が深く4裂するか、分裂せ

花に関連する用語

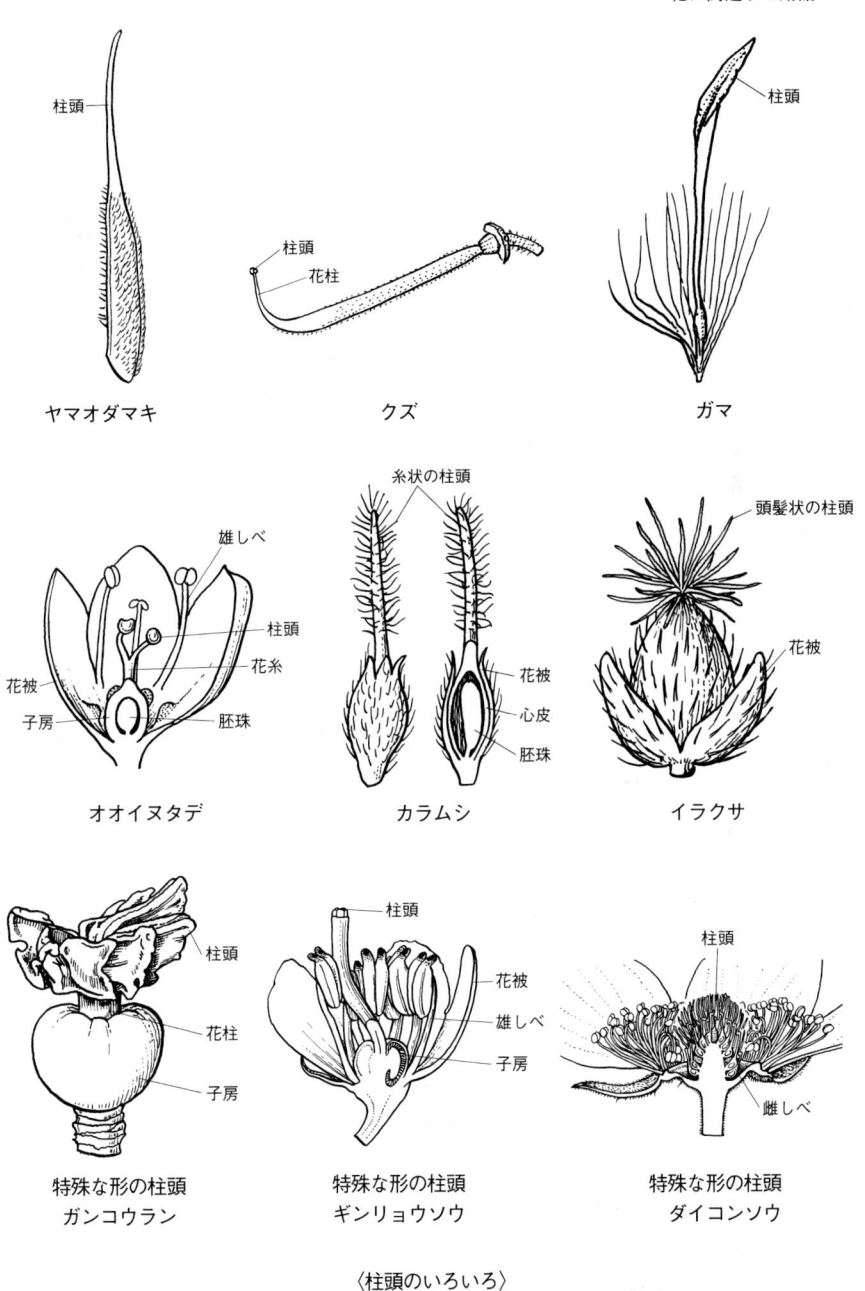

ヤマオダマキ / クズ / ガマ

オオイヌタデ / カラムシ / イラクサ

特殊な形の柱頭
ガンコウラン

特殊な形の柱頭
ギンリョウソウ

特殊な形の柱頭
ダイコンソウ

〈柱頭のいろいろ〉

ず頭状になるか棍棒状になるかは、種の区別の手がかりになるし、ミクリ属の種の区分には柱頭が楕円形か糸状かが重要である。

　頭状、棍棒状、糸状の柱頭は比較的一般的であるが、特殊な形のものもある。たとえば、クワガタソウ属では板状で受粉すると二つ折れになって閉じ、ガンコウランでは多裂し、ツツジ属では小盤状で上面に5～7個の瘤が放射状に並び、ギンリョウソウ属では漏斗状で上面がくぼみ、ダイコンソウやオオダイコンソウでは柱頭は糸状で花柱と関節によって連なり、リンドウ属では2裂して舌状となり、ムシトリスミレ属では大小2片に分裂し、ホロムイソウ属ではとさか状、イネ科では羽状、カタクリ属では3裂して舌状となる。

柱頭盤 stigma disk, -s; stigma disc, -s　複合雌しべにおいて、複数の柱頭が合着して盤状となったものをいう。たとえば、トウワタ属では2個の心皮が柱頭部分だけで合着して柱頭盤をつくる。受粉面は側面の雄しべと互生する位置にある。コウホネ属やスイレン属では、数個～十数個の心皮が合着して1個の雌しべとなり、先端に柱頭盤をつくる。盤上には心皮数と同数の線形の柱頭が放射状に並ぶ。

偽柱頭 pseudostigma, -mata, -s　柱頭の外側につく突起をいう。たとえば、スイレン属では合着した各柱頭の外側に付属物を生じて偽柱頭となり、内側に折れて柱頭をおおう。

(3) 花柱

花柱の有無　単一雌しべの場合、モクレン属やキンポウゲ属では花柱と柱頭の区別は明瞭でなく、アケビ属やフサザクラ属ではまったくない。複合雌しべの場合、ミズ属やイラクサ属（**偽単一雌しべ** pseudomonomerous pistil, -s）、ウマノスズクサ属、ブナ属、アオキ属、モチノキ属、センブリ属、ニワトコ属、ガマズミ属、ホロムイソウ属、ヒルムシロ属などでは花柱は明らかでなく、花柱をもたない例は少なくない。ガガイモ科やラン科などずい柱をもつ場合はもちろん花柱はない。

花柱枝（花柱分枝）stylodium, -dia; stylar branch, -es　複合雌しべにおいて、1本の花柱が上部で分枝する場合、分枝した部分をいい、柱頭としての役割ももつ。フウロソウ科では、花柱分枝は5本または2、3本あり、内面に乳頭突起

花に関連する用語

柱頭盤 ヒメコオホネ

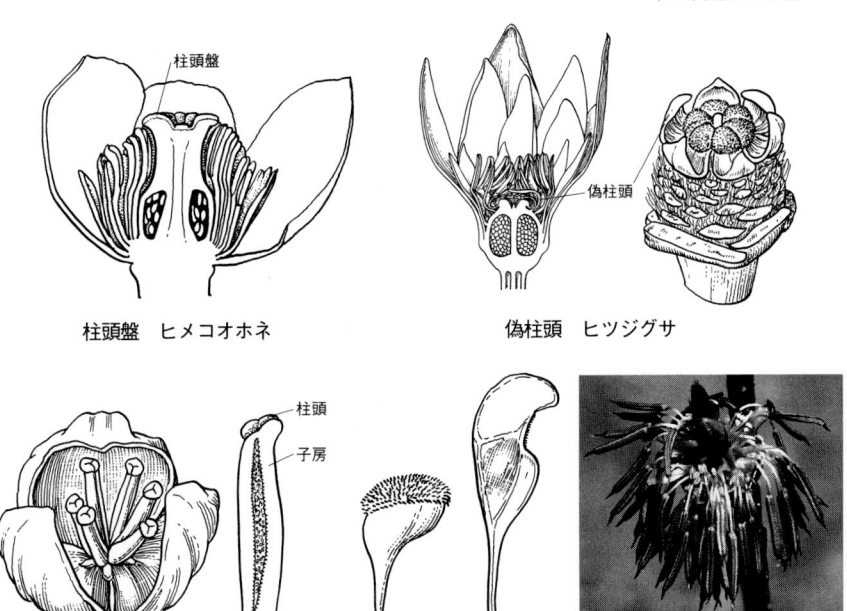

偽柱頭 ヒツジグサ

花柱のない雌しべ アケビ

花柱のない雌しべ フサザクラ(左), 右は花

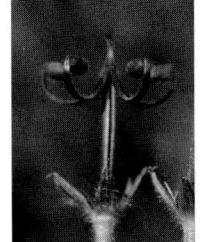

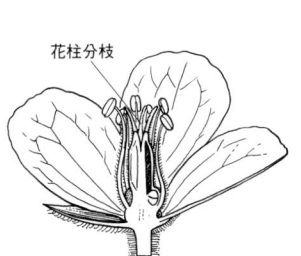

花柱分枝 ゲンノショウコ

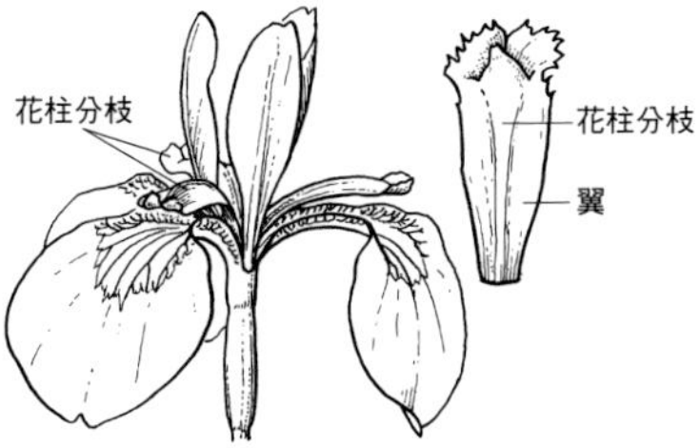

花柱分枝 アヤメ

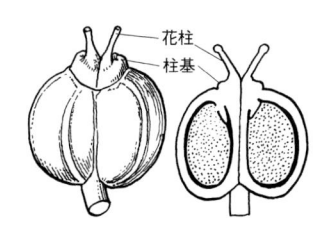

柱基 チドメグサの果実

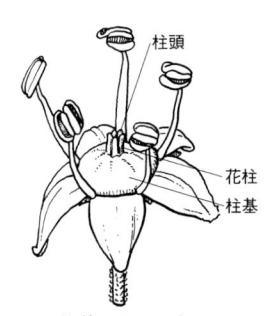

柱基 タラノキ

がある。キク科では通常2本あるが、その形態は連の形質として用いられる。アヤメ科は3本、多かれ少なかれ扁平で内側に巻いて管状の柱頭組織をおおい、左右に翼がある。特に、アヤメ属の花柱分枝の翼は弁状に発達している。イグサ科では3本、カヤツリグサ科では2、3本、ともに向軸側全面に乳頭状突起を密布して柱頭組織になる。イネ科では2、3本、羽毛状である。花柱分枝の数はおおむね心皮数と一致し、雌しべを構成する心皮数の推定に役立つ。

柱基（柱脚）stylopodium, -dia　花柱の基部を取り巻く柱状の構造をいう。花盤と同様、ふつう蜜を分泌する。ウコギ科やセリ科にみられる。

(4) 子房

　雌しべの胚珠を容れる部分をいう。雌しべが1個の心皮からなる場合は、子房は**単一子房**（単子房）simple ovary, -riesであり、複数の心皮からなる場合は**複合子房**（複子房）compound ovary, -riesである。子房を囲む部分の心皮は、**子房壁** ovarian wall, -s または**側壁** lateral wall, -s という。

子房室 ovarian locule, -s; ovarian cell, -s　子房内部の胚珠を容れる部屋をいう。単一子房の場合は原則として1室であるが、複合子房の場合は多様であり、必ずしも心皮数と一致しない。たとえば、モクレン科、キンポウゲ科、アケビ科などでは心皮1個で子房室は1個、ヤナギ科やキク科の子房は心皮2個の複合子房で子房室は1個である。

隔壁 septum, -ta　複合子房において子房室を仕切る内壁をいい、維管束はない。たとえば、アブラナ科では、2心皮性の子房が中央の薄い隔壁で2室に分けられる。ミカンの袋は1つの子房室に相当し、放射方向の皮は隔壁、接線方向の皮は内果皮である。隔壁が完全でなく、子房室が完全に仕切られていない場合はとくに**偽隔壁** pseudoseptum, -taという。たとえば、マンテマ属にはフシグロやビランジのように、かつてフシグロ属とされた分類群は子房は5心皮性の1室であるのに対し、シロバナマンテマやタカネマンテマなど狭義のマンテマ属では子房の下部だけが偽隔壁によって3～5室に仕切られている。

(5) 子房の位置

子房と他の花葉の相対的な位置関係は、分類群ごとに一定していて、亜綱・目

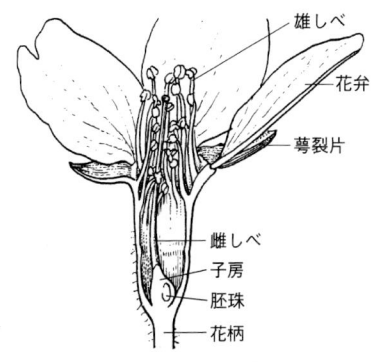

花に関連する用語

花のつくりと子房の位置
チシマザクラ

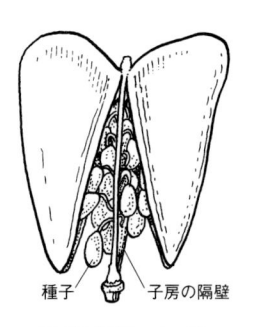

子房の隔壁　ナズナ

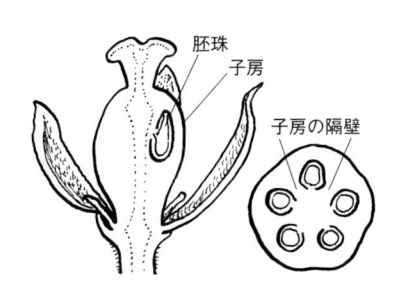

子房の隔壁　キハダ

ユズの果実の横断面

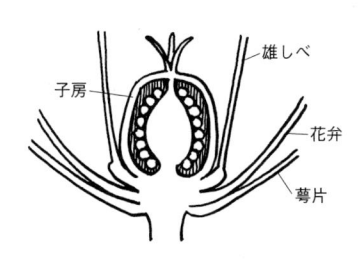

子房上位　コハコベ

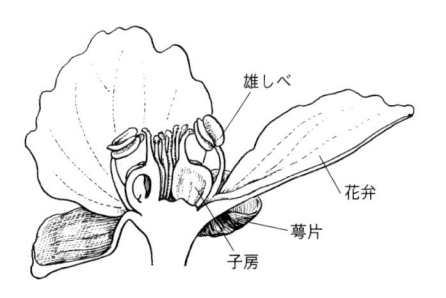

子房上位　ヘラオモダカ

63

や科レベルの分類形質にもなりうる重要な形質である。**上位** superior というとき、子房上位であれば他の花葉は**下位** inferior となる。ただし、中位のときは子房も他の花葉も同様に中位である。

子房上位 superior　子房が他の花葉より上にある場合をいい、他の花葉は子房の下位、つまり**子房下生** hypogynous である。双子葉植物ではモクレン亜綱、マンサク亜綱、ナデシコ亜綱などは子房上位であり、原始的な特徴とみなされる。ビワモドキ亜綱やバラ亜綱はおおむね子房上位であるが、フトモモ目の多くやセリ目などは子房下位であり、ツツジ目のツツジ科やバラ目のバラ科、ユキノシタ科、アジサイ科では子房の位置は多様である。単子葉植物では、オモダカ亜綱（トチカガミ目を除く）やヤシ亜綱、ツユクサ亜綱は子房上位であるが、ユリ亜綱のユリ目ではユリ科は子房上位、アヤメ科やヤマノイモ科は下位である。

子房下位 inferior　花托が子房を取り囲んで癒合し、子房の上部に他の花葉をつける場合をいい、他の花葉は**子房上生** epignous である。双子葉植物ではキク亜綱のうち、キキョウ目・アカネ目・マツムシソウ目・キク目などにみられ、派生的な形質とみなされる。

　その他、ビワモドキ亜綱ではヤブコウジ科、イズセンリョウ属、バラ亜綱ではスグリ科、アカバナ科、ビャクダン科、ウコギ科、セリ科、オモダカ亜綱のトチカガミ科、ユリ亜綱のアヤメ科、ヤマノイモ科、ラン科などが子房下位である。

子房周位と**子房中位** perigynous　バラ科サクラ属では、子房は萼筒に収まり、萼筒の上縁に花弁や雄しべがつく。子房と萼筒は合着しない。この場合、子房は花弁や雄しべに対し周位であるといい、花弁や雄しべは**子房周位生** perigynous であるという。ただし、萼筒は子房下生である。同様に、ワレモコウ、ハゴロモグサ、キンミズヒキ属も子房周位であり、バラ属は萼筒（花床筒ともいう）が発達するがやはり子房周位である。これに対し、萼筒が子房の中位まで合着する場合は子房中位、雄しべや花冠は子房中位生であるという。周位と中位の英語による区別はない。たとえば、ユキノシタ属の一部、ズダヤクシュ属、ヤグルマソウ属、ヤワタソウ属は子房中位であり、アジサイ属ではツルアジサイやタマアジサイ、ヤハズアジサイなどは子房下位であるのに対し、

花に関連する用語

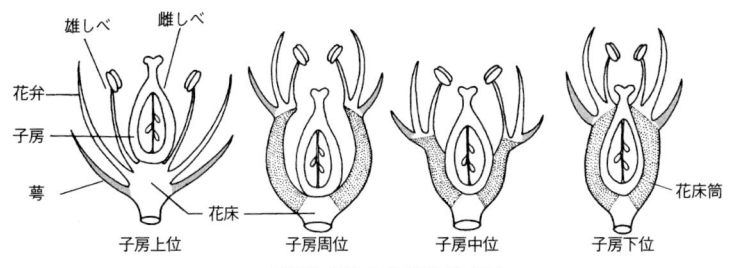

雄しべ　雌しべ
花弁
子房
萼　　　花床　　花床筒

子房上位　　子房周位　　子房中位　　子房下位

子房と胚珠の位置の模式図

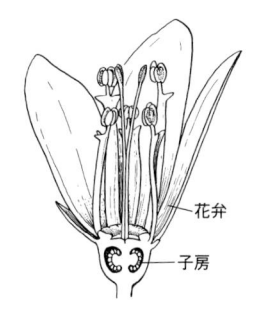

花弁
子房

子房下位　ウツギ

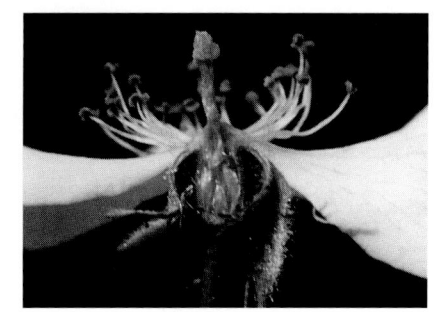

子房周位　ノイバラ

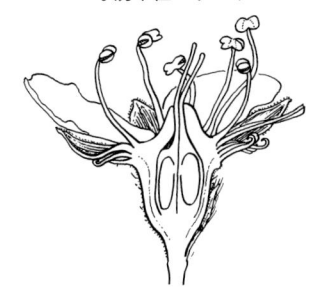

子房周位　キンミズヒキ

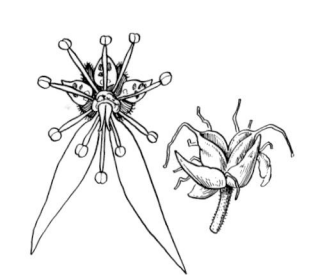

子房上位　ユキノシタ

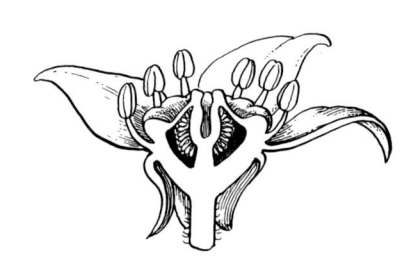

子房中位　クロクモソウ

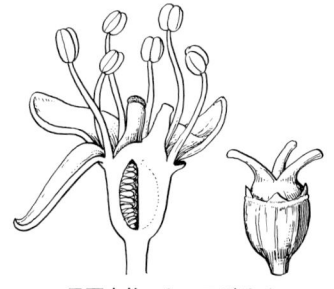

子房中位　ヤマアジサイ

65

ノリウツギ、ガクアジサイ、ヤマアジサイ、コアジサイなどは子房中位となる。
　子房中位を子房と萼筒が合着する高さによって区別し、子房の中部から下で合着する場合は**半上位**half-superior、中部から上で合着する場合を**半下位**half-inferiorということもある。上記のユキノシタ科の例でいえば、ヤワタソウ、ズダヤクシュは半上位であり、アジサイ科のアジサイ属は半下位である。

(6) 胎座

　子房の中にあって胚珠のつく子房壁の表面を**胎座**placenta, -s, -taeという。元来、心皮の縁辺が互いに癒合し、肥厚して生じた部分をさすが、とくに肥厚しなくてもこの用語を用いる。この用語は、哺乳動物の胎盤からの類推によって植物でも用いられることになった。かつて、spermophorumとされたこともある。また、胎座の分布様式は**胎座型**（日本語では、胎座ともいう）placentationという。胎座型は面生胎座から縁辺胎座・中軸胎座を経てそれぞれ胚珠の減数と胎座型の単純化を通して懸垂胎座または基底胎座へと進化したものと考えられている。

面生胎座（心皮面胎座）laminar placentation　胚珠が心皮内面全面に散在する場合をいう。スイレン科、アケビ科、ハナイ科、トチカガミ科など原始的とみられる単一子房に限られる。ハゴロモモ科ではハゴロモモ属が2個、ジュンサイ属が4個、マツモ科では1個まで胚珠数は減数しているが、これは面生胎座の極端型である。

縁辺胎座 submarginal placentation; marginal placentation　胚珠が単一子房の心皮の縁辺近くに2列に並ぶ場合をいう。面生胎座の中央部分の胚珠が減数した結果生じたと考えられている。オダマキ属、トリカブト属、サラシナショウマ属、レンゲショウマ属、メギ科、マメ科、ヤマブキショウマ属などにみられる。

側膜胎座 parietal placentation　胚珠が複合子房の心皮の縁辺近くにつく場合をいう。子房室は原則として1室である。ヤナギ科、アブラナ科（隔壁によって子房室は2室）、スミレ科、ズダヤクシュ属、ネコノメソウ属、チャルメルソウ属、ウメバチソウ属、モウセンゴケ科、ミツガシワ科、リンドウ科、イグサ科、ラン科などにみられる。

中軸胎座 axial placentation; axile placentation　胚珠が複合子房の心皮の縁辺が内

花に関連する用語

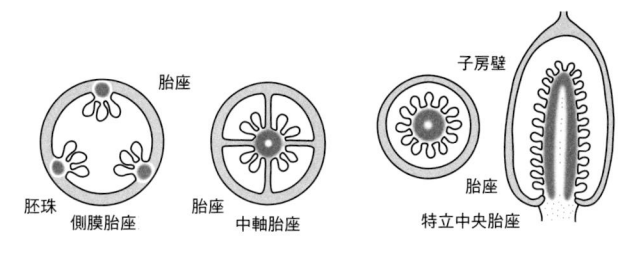

胎座の模式図

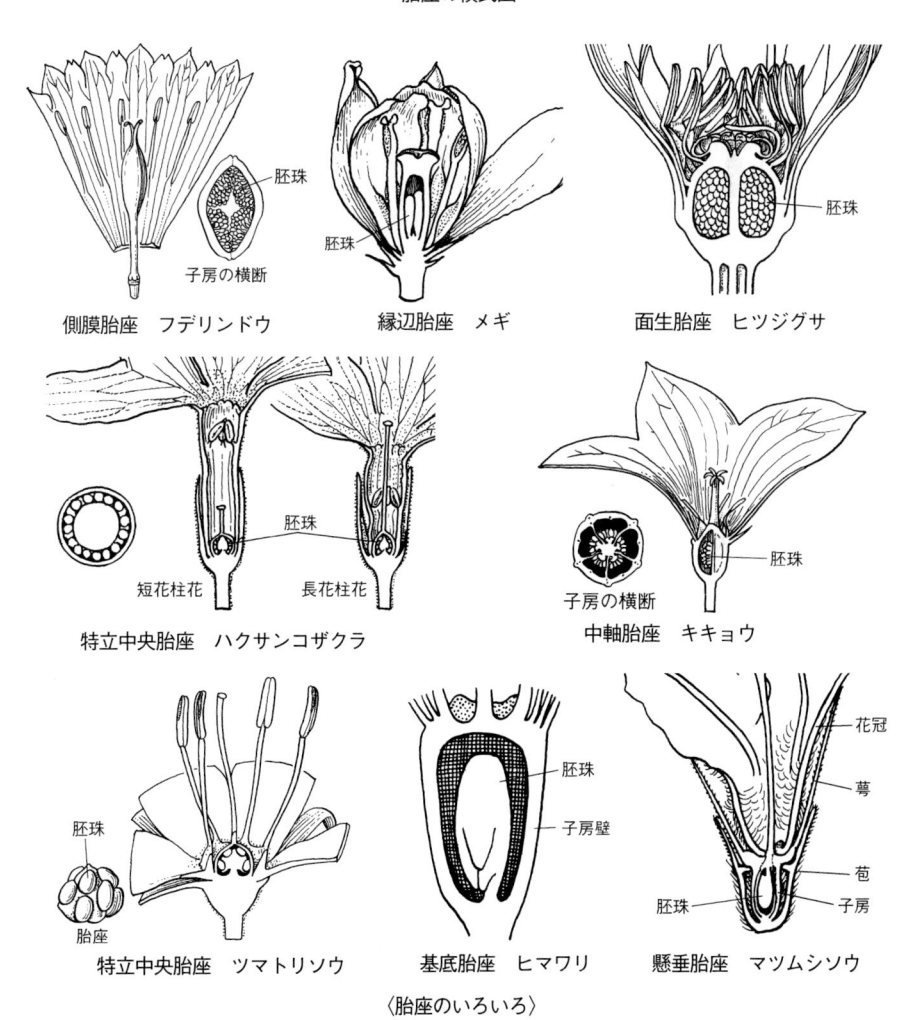

- 側膜胎座（胚珠）
- 中軸胎座（胎座）
- 特立中央胎座（子房壁・胎座）

〈胎座のいろいろ〉

- 側膜胎座　フデリンドウ（胚珠／子房の横断）
- 縁辺胎座　メギ（胚珠）
- 面生胎座　ヒツジグサ（胚珠）
- 特立中央胎座　ハクサンコザクラ（短花柱花／長花柱花／胚珠）
- 中軸胎座　キキョウ（子房の横断／胚珠）
- 特立中央胎座　ツマトリソウ（胚珠／胎座）
- 基底胎座　ヒマワリ（胚珠／子房壁）
- 懸垂胎座　マツムシソウ（花冠／萼／苞／胚珠／子房）

67

側に巻き込んでつくられた中軸につく場合をいう。子房室は原則として心皮数と同数である。ウマノスズクサ科、オトギリソウ科、ツツジ科、イチヤクソウ科、イワウメ科、アラシグサ属、チダケサシ属、ヤグルマソウ属、ユキノシタ属、アカバナ科、カタバミ科、フウロソウ科、ツリフネソウ科、ハナシノブ科、オオバコ科、ゴマノハグサ科、タヌキモ科、キキョウ科、ユリ科、アヤメ科などにみられる。

特立中央胎座（独立中央胎座）free central placentation　胚珠は中軸につくが、子房室を隔てる心皮の隔壁部分が喪失し、中軸が遊離した場合をいう。中軸胎座から派生したものと考えられる。ナデシコ科やサクラソウ科にみられる。

基底胎座 basal placentation　単一子房の縁辺胎座、複合子房の側膜胎座または中軸胎座の胚珠数が減少し、残った1～少数個の胚珠が子房の基底部にある場合をいう。前者ではキタダケソウ属、キンポウゲ属、モミジカラマツ属、オランダイチゴ属、キイチゴ属、キジムシロ属、サクラ属、チングルマ属、チョウノスケソウ属、バラ属、後者ではコショウ科、イラクサ科、タデ科、ムラサキ科、シソ科、キク科、ミクリ科、ホシクサ科、カヤツリグサ科などにみられる。

懸垂胎座 pendulous (apical) placentation　単一子房の縁辺胎座、複合子房の中軸胎座の胚珠数が減少し、残った1～少数個の胚珠が子房室の頂端にある場合をいう。前者はイチリンソウ属、センニンソウ属、カラマツソウ属、後者はミズキ科、セリ科、ウコギ科、スイカズラ科、オミナエシ科、マツムシソウ科、サトイモ科などにみられる。

(7) 心皮

被子植物において雌しべを構成する花葉を**心皮** carpel, s- という。心皮は大胞子葉と相同で、大胞子のうを包み込んだ胚珠をおおって保護する器官となる。雌しべの成り立ちを理解する上で心皮の概念は有効である。なお、裸子植物にあっても大胞子葉を心皮と呼ぶこともあるが、胚珠を包み込む構造とはならない。

単心皮 monocarpellary と**多心皮** polycarpellary　1本の雌しべが1本の心皮でつくられる場合、単心皮（性）の雌しべ（例　モクレン科、マメ科）といい、1本の雌しべが2、3、4、5個の心皮でつくられる場合、それぞれ2心皮（例

花に関連する用語

単心皮　オウレンの果実

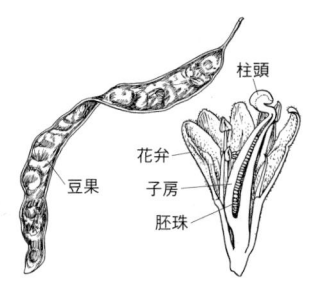

単心皮　サイカチの花の縦断面と果実

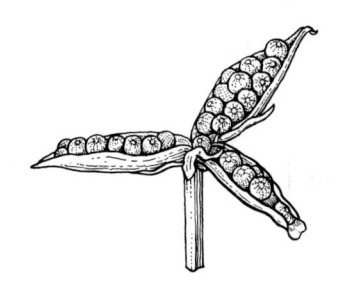

3心皮　スミレの果実

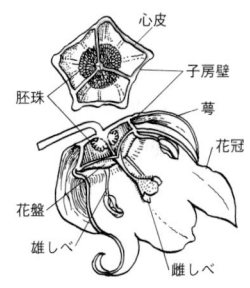

3心皮　ツルニンジン

4心皮　マイヅルソウの子房の横断と花（左）

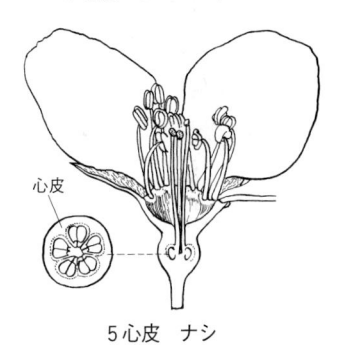

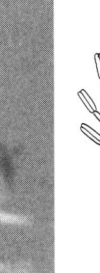

5心皮　ナシ

多心皮の雌しべ　ヨウシュヤマゴボウ

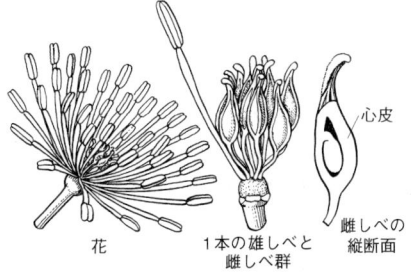

多心皮類　カラマツソウ

キク科)、3心皮(例　スミレ科)、4心皮(例　マイヅルソウ属)、5心皮(例　リンゴ属)の雌しべといい、不特定多数の心皮でつくられる場合は多心皮の雌しべという。

　なお、モクレン科やキンポウゲ科のように単一雌しべを不特定数有する群は**多心皮類**Polycarpellatae（Bentham & Hooker, 1862～1883）として一括され、被子植物の中でもっとも原始的な群とみなされる。しかし、多心皮類の範囲は必ずしも一定せず、単一雌しべをもつクスノキ科やメギ科なども含められることもある。多心皮類は、単一雌しべをもつ原始的な群と解釈するのがよい。ちなみにマメ科は単一雌しべをもつが、多心皮類として扱われることはない。

離生心皮 apocarpous carpel, -sと**合生心皮** syncarpous carpel, -s　単一雌しべをつくる心皮は1個または複数個あっても合生しないので離生心皮、合生して複合雌しべをつくる心皮は合生心皮という。合生心皮は常に1本の雌しべをつくり、複数の複合雌しべをつくることはない。

内縫線 inner suture, -sと**外縫線** outer suture, -s　単一雌しべの場合、1枚の心皮が内側に折り畳まれて両縁はふつう向軸側で癒合する。このとき、癒合した部分を**内縫線**または**腹縫線** ventral suture, -sといい、内縫線にそって胚珠がつくられる。これに対して背軸側にある心皮の中肋は一見縫合線のように見えるので**外縫線**または**背縫線** dorsal suture, -sという。外縫線には胚珠はできない。

　このように、ふつう心皮の縫合線は向軸側にあるが、カツラ属では例外的に背軸側にある。このことからカツラ属の雌花は4個の雌しべからなるとする考えに対し、1個の雌しべが1つの雌花を構成し、4個の雌しべの集まりは花序であるとする考え方がある。

5. 胚珠

　胚珠 ovule, -s; ovulum, -laは心皮内面の組織が隆起してつくられた構造で、受精によりその内部で胚を形成し、成熟して種子となる器官である。

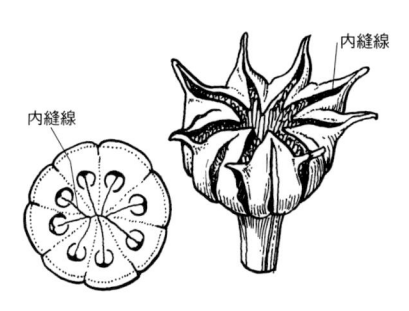

花に関連する用語

心皮の内縫線　ヤマグルマ

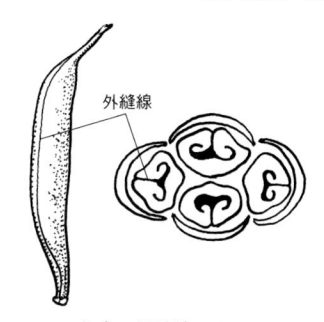

心皮の外縫線　カツラ

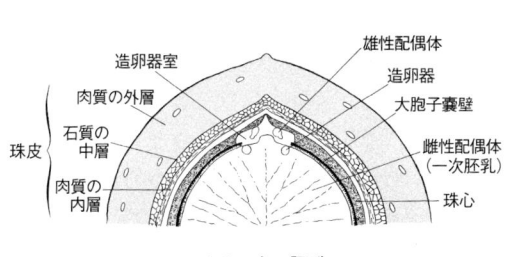

イチョウの胚珠

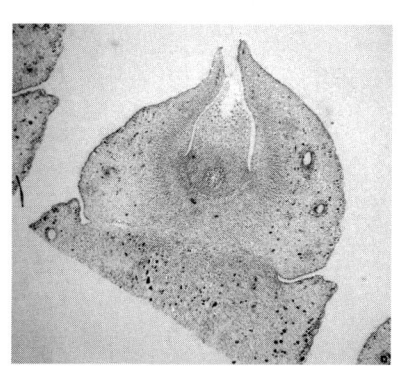

イチョウの胚珠

（1）胚珠を構成する部分

　胚珠は珠柄・珠皮・珠心からなり、胚珠の先端の開孔部は珠孔、基部にあってこれら3者が合流する個所は合点(ごうてん)と呼ぶ。

珠柄 funicle, -s; funiculus, -li; ovule stalk, -s　胚珠の本体と胎座をつなぐ部分をいい、その有無や長短、形に変化がある。胚珠が直生する場合は、珠柄はその直下にあり、タデ科やイラクサ科では明瞭であるのに対し、クルミ科では無柄となる。胚珠が湾生ないし倒生する場合は、珠柄は必ず存在し、珠皮と合着してその側面にそって合点にいたる**背線** raphe, -s を形成する。

珠皮 integument, -s　胚珠の外周にあって珠心を保護する組織で、被子植物では2枚または1枚ある。ヤドリギ科やツチトリモチ科にはない。原始的な双子葉植物および単子葉植物では、一般に珠皮は内外2枚からなり、それぞれ**内珠皮** inner integument, -s、**外珠皮** outer integument, -sと呼ばれる。これに対して、進

花に関連する用語

化した群ではいずれか一方が未発達あるいは両者の癒合の結果、珠皮は1枚となっている。たとえば、モクレン亜綱では珠皮は2枚、キク亜綱では1枚が原則である。しかし、この形質は厳密に系統を反映したものではなく、キンポウゲ科やバラ科には珠皮1枚の属が散見されるし、ヤナギ科ではヤマナラシ属の2種およびヤナギ属が1枚、モクレン亜綱のコショウ科ではサダソウ属が1枚、マンサク亜綱のクルミ科でも1枚となっている。

　裸子植物の珠皮は1枚であるが、イチョウでは肉質の外層と内層、硬質の中層からなる3層構造を示す。

珠心 nucellus, -li　大胞子のうと相同の組織で、内部に1（～数）個の大胞子母細胞（胚のう母細胞）を分化し、大胞子（胚のう細胞）を経て胚のうを形成する。珠心の表皮下に直接大胞子母細胞がある場合は**薄層型** tenuinucellate の珠心、表皮と大胞子母細胞の間に細胞層がある場合は**厚層型** crassinucellate の珠心という。

　薄層型は進化した型で、厚層珠心の単純化によって導かれたとみなされ、より進化した分類群にみられる。たとえば、双子葉植物では、モクレン亜綱、マンサク亜綱、ナデシコ亜綱は厚層型、キク亜綱は薄層型の珠心をもつ。また、単子葉植物ではオモダカ亜綱、ヤシ亜綱、ショウガ亜綱、ユリ亜綱ユリ目は厚層型であるのに対し、ユリ亜綱ラン目は薄層型である。

合点 chalaza, -s, -ae　胚珠の基部にあって、珠心および珠皮が合流する個所をいう。被子植物において**合点受精** chalazogamy, chalaza fertilization をおこなう場合は、花粉管の通路となる。合点受精は、モクマオウ目、クルミ目、ブナ目、ヤナギ目など、尾状花序群にいくつかの例が知られている。

珠孔 micropyle, -s　胚珠の先端部にあって珠皮の開孔部をいう。被子植物において**珠孔受精** porogamy; micropylar fertilization をおこなう場合は花粉管の胚珠への進入口となる。

　裸子植物では受粉時の花粉の胚珠への進入口となり、マツ属、トウヒ属、イトスギ属、イチイ属、ウェルウィッチア属では受粉時に開孔して水滴状の**受粉滴**（受粉液）pollination drop, -s ; pollination droplet, -s を分泌し、受粉後には閉じる。

花に関連する用語

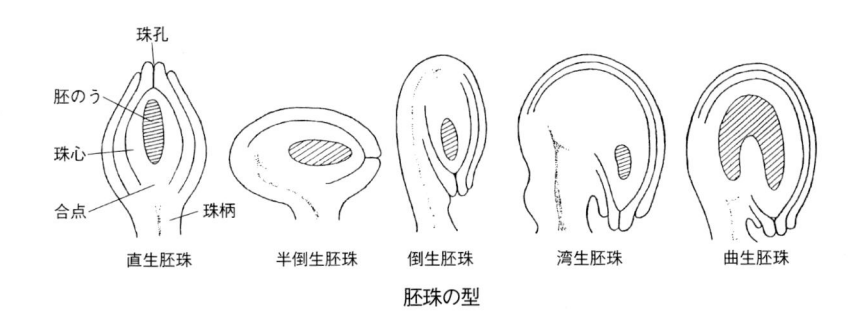

珠孔
胚のう
珠心
合点
珠柄

直生胚珠　半倒生胚珠　倒生胚珠　湾生胚珠　曲生胚珠

胚珠の型

(2) 胚珠の型

　胚珠は形と姿勢によっていくつかの型に分けられる。

直生胚珠 orthotropous ovule, -s; atropous ovule, -s; erect ovule, -s　胎座、合点、珠孔を結ぶ線が上向きの直線を示す型で、胚珠は直立する。イラクサ科、クルミ科、タデ科、ハンニチバナ科、イバラモ科にみられる。

倒生胚珠 anatropous ovule, -s　珠柄が合点付近でほぼ180°湾曲し、合点、珠孔を結ぶ線が下向きの直線を示す型で、胚珠は倒立する。被子植物でもっとも普通にみられる。

半倒生胚珠 hemitropous ovule, -s　前二者の中間で、合点、珠孔を結ぶ線は胎座と平行する型で、胚珠は横向きである。マメ科やサクラソウ科にみられる。

　上記の3型は、胚珠本体の形は基本的に同形で、左右相称形を示すのに対し、次の2型では胚珠本体が湾曲し、左右非相称となる。

湾生胚珠 campylotropous ovule, -s　倒生胚珠同様、胚珠は倒立して珠孔は胎座近くに位置するが、内部の珠心組織が湾曲する型である。アカザ科、ナデシコ科、フウチョウソウ科、アブラナ科、マメ科などにみられる。

曲生胚珠 amphitropous ovule, -s　倒生胚珠同様、胚珠は倒立して珠孔は胎座近くに位置するが、内部の珠心組織および胚のうの両者が湾曲する型である。ナズナ属に典型的な例がみられる。

　裸子植物の胚珠はすべて直生型である。ソテツ科やイチョウでは、珠孔内部に**花粉室** pollen chamber, -s と呼ばれる空隙があり、受粉後、花粉粒は花粉室内にあって成熟する。

6. 花式と花式図

　花の基本的なつくりを記号や図式で表すと、わかりやすい。そのような試みは古くからなされており、Grisebach は 1854 年に花式を、Turpin は 1819 年に花式図を提案した。花式も花式図にも書き方に決められた方式があるわけではなく、いろいろな工夫や改良がなされているが、ここでは基本的に花式は Grisebach、花式図は Eichler に従う。

　花式も花式図も、種間の相違を表すことは困難であるが、ほぼ属レベルの特徴を表しており、属の特徴や属間の形質の相違を理解する上で便利である。花式や花式図を書くことは、花の構造を理解することでもある。

花式 floral formula, -s, -lae　花の部分のうち、萼、花冠、雄しべ（群）、雌ずい（群）は、ドイツ語の頭文字をとって、それぞれ K=Kelch、C=Krone、A=Androeceum、G=Gynoeceum で表し、右下に小字でその員数（∞は不特定多数）を示す。ただし、花冠の頭文字は萼と同じになるので C を用いる。萼と花冠が区別できない同花被花の場合は、両者をまとめて P=Perianth で表す。内外両花被がある場合は P_{3+3} のように書く。花が放射相称なら☆、左右相称なら↓のマークを頭につけ、各花葉に同類合着がみられる場合は、その員数を（ ）に入れる。

花式図 floral diagram, -s　花葉の配置と数をいくつかの同心円上に図示する方式をとる。異花被花の場合は、萼には縦線、花冠は黒塗りとして区別し、同花被花の場合はいずれも萼と同様縦線を入れて表す。苞がある場合には、下側に白抜きで示す。

　花式図では、蕾のときの萼片や花弁の畳まれ方や位置関係、雄しべの向きや葯室の数、胎座や果実の裂開個所など、花式では表現できない多くの情報を盛り込むことができる。ただし、花葉の上下の位置関係や相対的な大きさは示すことができない。例として、8 属について花式を以下に、花式図を次頁に示す。

例 1．キンポウゲ科キンポウゲ属　花式 ☆ $K_5C_5A_\infty G_\infty$

例 2．ナデシコ科ナデシコ属　花式 ☆ $K_{(5)}C_5A_{10}G_{(2)}$

例 3．スミレ科スミレ属　花式 ↓ $K_5C_5A_5G_{(3)}$

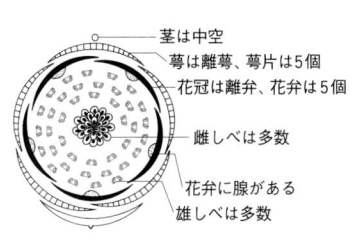

花に関連する用語

キンポウゲ属
- 茎は中空
- 萼は離萼、萼片は5個
- 花冠は離弁、花弁は5個
- 雌しべは多数
- 花弁に腺がある
- 雄しべは多数

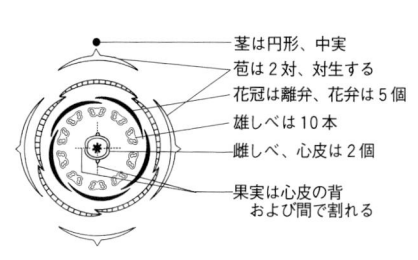

ナデシコ属
- 茎は円形、中実
- 苞は2対、対生する
- 花冠は離弁、花弁は5個
- 雄しべは10本
- 雌しべ、心皮は2個
- 果実は心皮の背および間で割れる

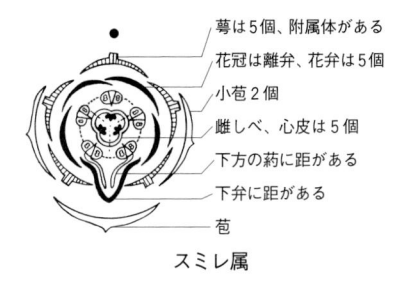

スミレ属
- 萼は5個、附属体がある
- 花冠は離弁、花弁は5個
- 小苞2個
- 雌しべ、心皮は5個
- 下方の葯に距がある
- 下弁に距がある
- 苞

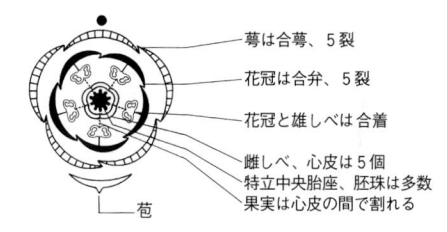

サクラソウ属
- 萼は合萼、5裂
- 花冠は合弁、5裂
- 花冠と雄しべは合着
- 雌しべ、心皮は5個
- 特立中央胎座、胚珠は多数
- 果実は心皮の間で割れる
- 苞

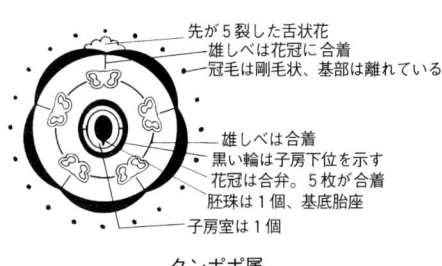

タンポポ属
- 先が5裂した舌状花
- 雄しべは花冠に合着
- 冠毛は剛毛状、基部は離れている
- 雄しべは合着
- 黒い輪は子房下位を示す
- 花冠は合弁。5枚が合着
- 胚珠は1個、基底胎座
- 子房室は1個

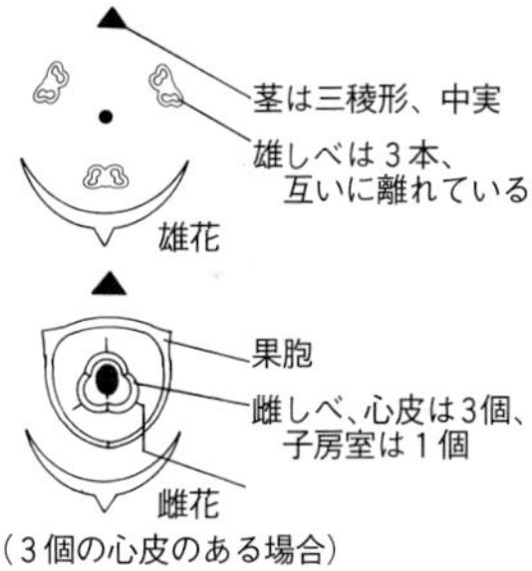

スゲ属
- 茎は三稜形、中実
- 雄しべは3本、互いに離れている
- 雄花
- 果胞
- 雌しべ、心皮は3個、子房室は1個
- 雌花
（3個の心皮のある場合）

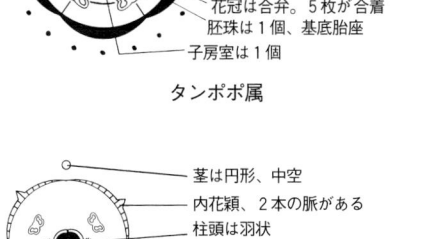

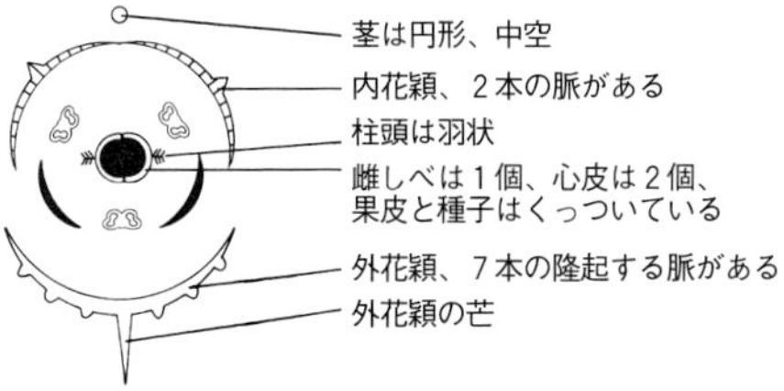

エゾムギ属
- 茎は円形、中空
- 内花穎、2本の脈がある
- 柱頭は羽状
- 雌しべは1個、心皮は2個、果皮と種子はくっついている
- 外花穎、7本の隆起する脈がある
- 外花穎の芒

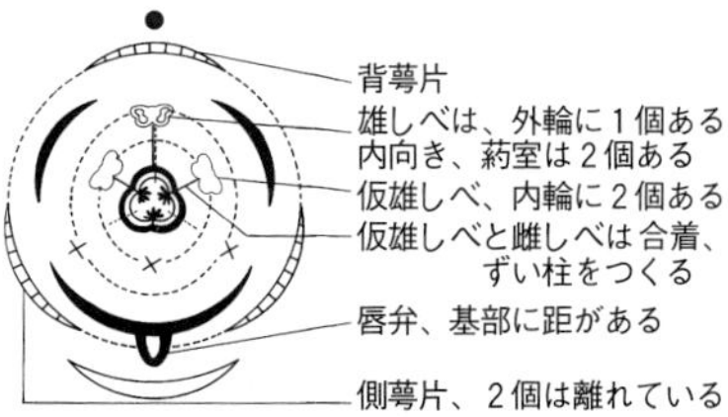

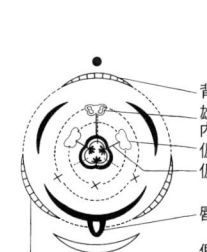

ツレサギソウ属
- 背萼片
- 雄しべは、外輪に1個ある内向き、葯室は2個ある
- 仮雄しべ、内輪に2個ある
- 仮雄しべと雌しべは合着、ずい柱をつくる
- 唇弁、基部に距がある
- 側萼片、2個は離れている

〈花式図のいろいろ〉

75

例4．サクラソウ科サクラソウ属　花式☆$K_{(5)}C_{(5)}-A_5G_{(5)}$

例5．キク科タンポポ属　花式↓$K\infty C_{(5)}-A_{(5)}G_{(2)}$

例6．カヤツリグサ科スゲ属　花式　雄花　A_3　雌花　$G_{(2,3)}$

例7．イネ科エゾムギ属　花式↓$K_{(2)}C_2A_3G_{(2)}$

例8．ラン科ツレサギソウ属　花式↓$K_3C_{2+1}A_1+_2\overline{G}_{(3)}$

7．花序

　花は植物の種類ごとに一定の方式に従って配列する。この場合、花のついた枝全体および花のつき方をあわせて**花序** inflorescence, -s という。花序は果期には果序 infructescence, -s と呼ばれる。

(1) 花序のつくり
1) 花序を構成する部分
花梗（総梗）peduncle, -s　花序が複数の花からなる場合、これらを支持する共通の柄をいう。花序が分枝すれば二次、三次の花梗が認められ、最終的に**花柄** pedicel, -s に続く。たとえば、サクラ属ではソメイヨシノやエドヒガンでは花は散状について花梗はないが、ヤマザクラやミヤマザクラでは明瞭な花梗を有し、花は互生してつく。花が単生する場合は、花の柄は花柄であり、かつ総梗となる。

苞 bract, -s と**小苞** bracteole, -s　花の基部、または花柄上にあって、質、色が多少とも変形した葉を、それぞれ、苞および小苞と呼ぶ。ドクダミでは、花序の基部に4枚の白色花弁状の苞があり、キク科では花序の基部に鱗片状の多数の苞がある。これらはあわせて**総苞** involucre, -s、それぞれの苞片は**総苞片** involucral segment, -s; involucral bract, -s; involucral leaf, − leaves; involucral scale, -s と呼ばれる。ドクダミの小花の基部には微細な緑色の苞があるが、タンポポ属には苞はない。ミズバショウ属やテンナンショウ属では、花序をおおう特異な大形の苞があり、特に**仏炎苞** spathe, -s；spatha, -s と呼ばれる。小苞はない。また、アブラナ科ではワサビ属など少数の例を除けば、苞も小苞も発達

花に関連する用語

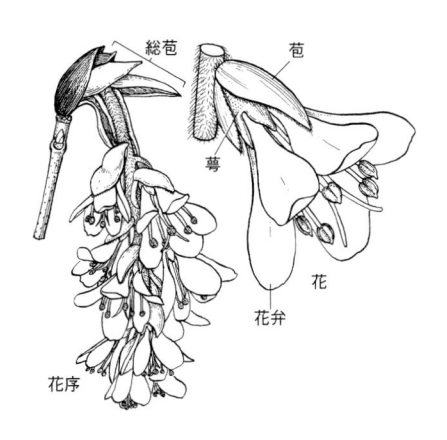

花序を構成する部分　トサミズキ

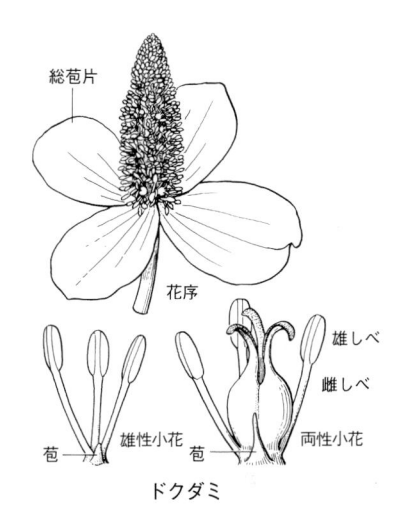

ドクダミ

花梗と花柄　ヤマザクラ

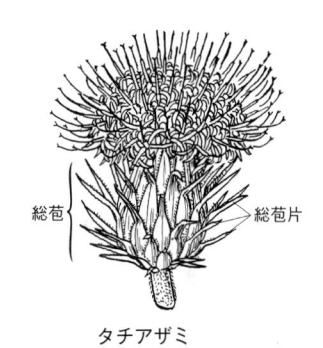

タチアザミ

花梗のない花序　サトザクラ「大明」

花梗と花柄　アマドコロ

しない。

花序軸rachis, -ies, -ides　花序が複数の花をつける場合、花梗の延長で、花序の中心にある軸をいう。たとえば、クルミ科、カバノキ科、ヤナギ科などでは花序の中心軸に直接花がつくので、花序軸は明瞭である。花序軸が短縮し拡張すれば、花序は頭状となり、花序軸は**花床**receptacle, -sとなる。イネ科、カヤツリグサ科、イグサ科では花序の単位は**小穂**spikelet, -sと呼ばれる特殊な構造であり、その中心軸は**小軸**rachilla, -laeという。

2）花と花序の関係

頂花terminal flower, -sと**側花**lateral flower, -s　一つの花序の頂端に形成される花を頂花、その他の花を側花といい、側花が苞に腋生する場合は**腋花**axillary flower, -sという。花序が単一である場合は頂花は1個、側花はふつう複数個であるが、複合花序の場合はそれを構成する花序の数だけ頂花が存在する。花が葉腋に単生する場合は、頂花1個とみなすことができる。しかし、キキョウやホタルブクロのように、花序の範囲や普通葉と苞の区別が明らかでなく、したがって頂花か腋花かの区分が不明確な場合も少なくない。

　頂花はしばしば側花とは異なる形質をもつ。たとえば、ドクダミの頂花は両性花であるのに対し、頂花付近の側花（この場合は腋花）は雄花である。また、フキの雌株の頂花は両性花であるが側花は雌花である。

偽花pseudoanthium, -ia　一つの花序でありながら、花が小さくかつひとまとまりになっていて一見一つの花に見える場合をいう。たとえば、ドクダミの穂状花序、トウダイグサ属の杯状花序、タニワタリノキ属、カギカズラ属、マツムシソウ科やキク科の頭状花序（頭花）はその好例である。

穂spike, -sと**小穂**spikelet, -s; spicula, -lae; spicule, -s　長い花序軸に多数の無柄または短柄のある側花を密生した花序を穂と呼ぶ。形態学上の穂状花序と同義ではなく、より広い呼称である。タデ属、キンミズヒキ属・ワレモコウ属、オオバコ属、カワミドリ属・ナギナタコウジュ属、ガマ属など多くの群にみられる。クルミ科、ブナ科、カバノキ科、ヤナギ科の穂は尾状花序、サトイモ科やヤシ科の穂は肉穂花序という特別の呼称をもつ。

　また、イネ科、カヤツリグサ科、イグサ科では鱗片葉に腋生する1～数個の花が集まり、小穂と呼ぶまとまった花序の単位をつくる。

花に関連する用語

マムシグサ（仏炎苞／花序の付属物）

カンガレイ（葉状苞／小穂）

イヌコリヤナギ（雄花）

コウリンカの頭花の縦断面

カラスムギ

ツリバナの花序　頂花と側花

キキョウの花序

マツムシソウ（偽花）

ヘラオオバコの穂

ヒメガマの穂

小花 floret,-s　偽花や穂や小穂のように小形の花が緊密に集合して花序をつくる場合、それぞれの花を小花という。

(2) 無限花序と有限花序

　花序の形は多様であるが、大きくは**無限花序** indefinite inflorescence, -s; indeterminate inflorescence, -sと**有限花序** definite inflorescence, -s; determinate inflorescence, -sに分類され、これらはさらにいくつかの花序型に分けられる。花序の型は属や科のレベルでほぼ一定しており、重要な分類形質の一つとなっている。

　無限花序は**求心性花序** centripetal inflorescence, -sとも呼ばれ、花はふつう下から上に向かって咲き進み、最後に最上の花が咲く場合で、分枝様式からすれば単軸分枝によって形成され、形態学的には**総穂花序（総房花序）** botrys, -esとしてまとめられる。これに対し、有限花序は**遠心性花序** centrifugal inflorescence, -sとも呼ばれ、花は頂花から咲き始めて下に向かって咲き進む場合で、分枝様式からいえば仮軸分枝によって形成され、形態学的には**集散花序** cyme, -s; cymose inflorescence, -sとしてまとめられる。しかし、花序の分枝の仕方と開花順は必ずしも厳密には一致しない。たとえば、ワレモコウ属の花序は総穂花序であるが、ワレモコウやカライトソウでは有限花序、タカネトウウチソウでは無限花序となっている。

1) 無限花序の種類

総状花序 raceme, -s　花は多数、有柄で、花序軸にほぼ均等につき、花柄の長さはほぼ等しいもの　例　サラシナショウマ・レイジンソウ、アケビ属、ユズリハ属、ヤマゴボウ属、アブラナ科ナズナ属、アブラナ属、イヌナズナ属など（花時には散房花序、果期に伸びて総状花序）、アマチャヅル、イチヤクソウ科、コケモモ属、ドウダンツツジ属、イワカガミ属、オカトラノオ、ヌマトラノオ、チャルメルソウ属、キンミズヒキ属、ヤマブキショウマ属、ビワ属・コゴメウツギ属、ナシ属、リンゴ属、アカバナ属、ウリハダカエデ、コクサギ、オニドコロ、ギボウシ属、スズラン属、ユキザサ属、マイヅルソウ属、ジャノヒゲ属、オニノヤガラ

穂状花序（広義） spike, -s　花は多数、無柄で、花序軸にほぼ均等につくもの。

花に関連する用語

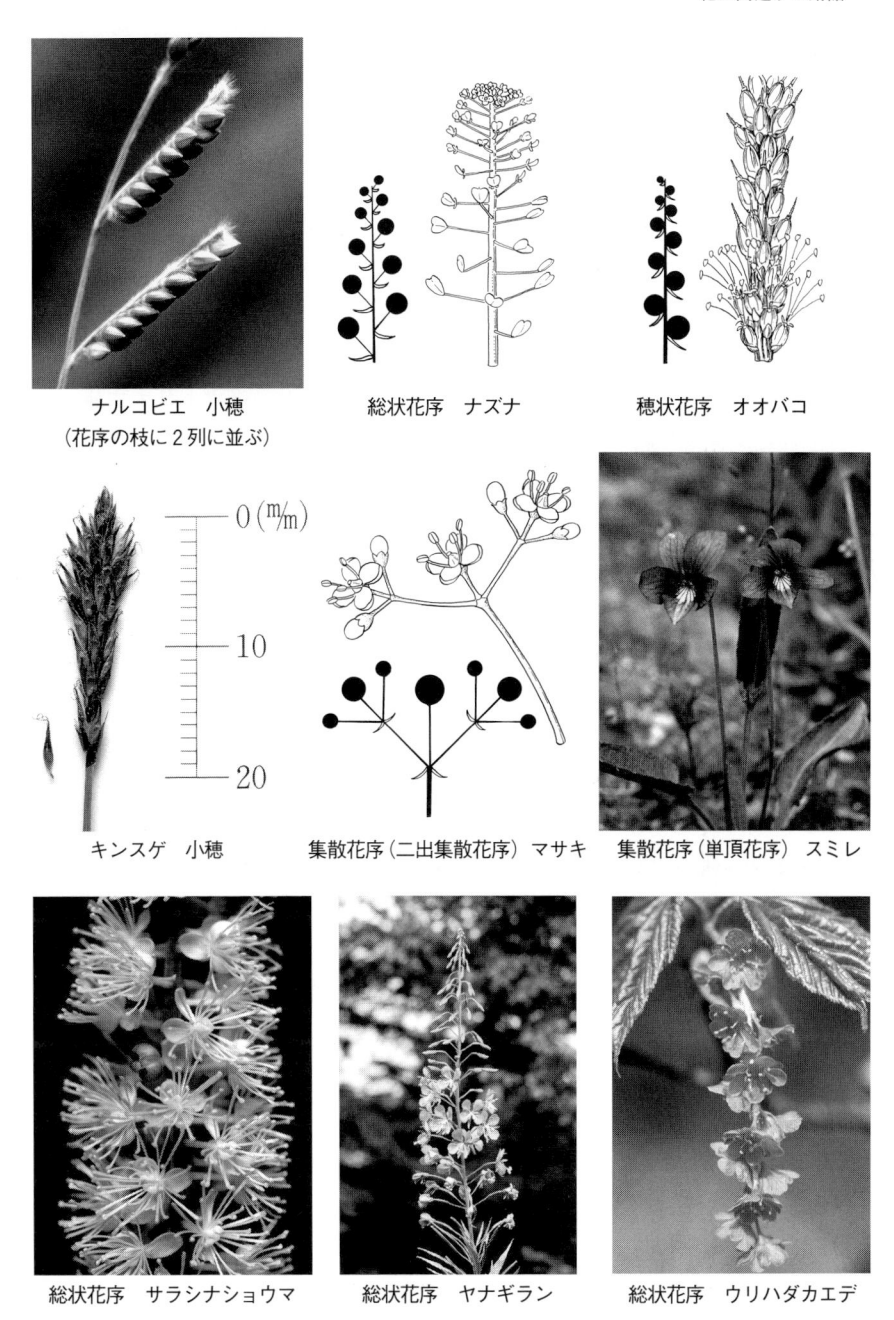

ナルコビエ 小穂
（花序の枝に2列に並ぶ）

総状花序 ナズナ

穂状花序 オオバコ

キンスゲ 小穂

集散花序（二出集散花序） マサキ

集散花序（単頂花序） スミレ

総状花序 サラシナショウマ

総状花序 ヤナギラン

総状花序 ウリハダカエデ

81

花に関連する用語

穂状花序 spike, -s　花序は細くほぼ直立するもの　例　オオバショウマ、ドクダミ、ハンゲショウ、フタリシズカ、ヒトリシズカ、クワ属、イノコズチ属、キブシ、ワレモコウ属、フッキソウ、オオバコ属、ハマウツボ属、ヒルムシロ属、ミョウガ、シライトソウ属

尾状花序 ament, -s; amentum, -ta; catkin, -s　花序は細く、無花被または単花被の単性花を穂状につけ、ふつう下垂するもの　例　クルミ属、サワグルミ属、コナラ属、シイ属・クリ属、ハシバミ属、ヤシャブシ属、カバノキ属・シデ属の雄花序、ヤナギ属、ハコヤナギ属

肉穂花序 spadix, -ices　花序軸が多肉になるもの　例　ツチトリモチ属、シュロ、ショウブ属、ミズバショウ属・サトイモ・テンナンショウ属・ザゼンソウ属、オモト

小穂 spikelet, -s　花は小形で、乾質鱗片状の苞葉に腋生し、苞葉は重なり合うもの　例　前出

散房花序 corymb, -s　花は多数、有柄で互生するが、下の花柄ほど長く、全体がほぼ倒円錐形になるもの　例　チョウセンゴミシ、フサザクラ、ツツジ属の大部分、エゴノキ属、ボケ属、イワガサ、コデマリ、シモツケ、サンザシ、ヤマザクラ

散形花序 umbel, -s　散房花序に似ているが、節間がまったく伸長せず、傘形になるもの　例　ゴゼンタチバナ（小花序）、トチバニンジン、チドメグサ属・ウマノミツバ属・ツボクサ属、サクラソウ・ハクサンコザクラ・ユキワリソウ・イワザクラ、イケマ、カモメヅル、ショウジョウバカマ・ツバメオモト・ハマオモト・ネギ属・ヒガンバナ属、サルトリイバラ属

頭状花序（頭花）capitulum, -la; head, -s　花序軸の先に2個以上の無柄の花がつくもの　例　レンプクソウ、ナベナ、マツムシソウ、キク科（1花の場合もある）、ホシクサ科

2) **有限花序のいろいろ**

単頂花序 uniflowered inflorescence, -s　花茎の先に単生する場合と葉腋や枝先に単生する場合がある。たとえば、ハス、ヒツジグサ・コオホネ・オニバス、ミスミソウ・オキナグサ、スミレ・ニオイスミレ・コスミレなどの無茎種、カタクリ・チシマアマナなどでは花茎につき、ホオノキ・コブシ、

花に関連する用語

尾状花序　オニグルミ

穂状花序　オオバコ

穂状花序　オオバショウマ

尾状花序　シラカンバの雄花序

肉穂花序　サトイモ

肉穂花序　ミズバショウ

散房花序　コデマリ

散房花序　エゴノキ

散形状の総状花序　アオナシ

花に関連する用語

チョウセンゴミシ・ビナンカズラ、バイカモ、ヤブツバキ、カキノキ、ギンリョウソウ、ヘビイチゴ・ヒメヘビイチゴ・チングルマ・チョウノスケソウ、ハナイカダ（雌）、バイモ、オオバタケシマラン、アツモリソウ属などでは葉腋や枝頂につく。

単出集散花序 monochasium, -ia; monochasial cyme, -s　枝は1節に1本生じるもの。

 単散花序（狭義）monochasium, -ia　枝は主軸に互生するもの　例　ヌカボシソウ、ミヤマイ

 巻散花序（鎌形花序、鎌状集散花序）drepanium, -ia　主軸に対して常に遠い側に分枝し、一平面に渦巻きになるもの　例　ワスレナグサ・キュウリグサ・サワルリソウ・エゾルリソウ・ムラサキ・ヒレハリソウ・ミヤマムラサキ・イワムラサキ・オオルリソウ・ルリソウ

 扇状花序（扇状集散花序）rhipidium, -ia　一平面内で左右交互に分枝するもの。例：ゴクラクチョウカ

 かたつむり形花序（かたつむり状集散花序）bostryx, -rices　同一方向に直角な面に分枝し、立体的な渦巻きになるもの　例　キスゲ属

 さそり形花序（さそり状集散花序、互散花序）cincinnus, -ni　左右相互に直角な面で分枝し、立体的になるもの　例　ムラサキツユクサ・ツユクサ

二出集散花序（岐散花序）dichasium, -ia; dichasial cyme, -s　枝は1節に2本生じるもの　例　センニンソウ属、ツメクサ属・タカネツメクサ属・ナデシコ属・フシグロ属、ヤドリギ属、ニシキギ属・ツルウメモドキ属

多出集散花序（多散花序）pleiochasium, -ia; pleiochasial cyme, -s　枝は、1節に3本以上生じるもの

 多散花序（狭義）pleiochasium, -ia　節間や花柄が明らかなもの　例　キリンソウ属、コアジサイ、アジサイ、シナノキ、ヤブガラシ、ミズキ、ガマズミ属

 団散花序（団集花序）glomerule, -s　節間や花柄が短縮し、はっきりしないもの　例　ミズ属・ウワバミソウ属、レンプクソウ属

 椀状花序（杯状花序、壺状花序）cyathium, -ia　花はすべて頂生し、椀状

花に関連する用語

散形花序　トチバニンジン　　散形花序　シオデ　　散形花序　マンジュシャゲ

頭状花序　イエギク　　頭状花序　ナベナ　　頭状花序　ノアザミ

単頂花序　オキナグサ　　単頂花序　バイモ　　蘭状花序　イグサ

花に関連する用語

の総苞に包まれるもの。中心に1個の雌花、周辺に複数の雄花がある。花序一つが花のようにみえるので偽花とみなされる　例　トウダイグサ属

隠頭花序（イチジク状花序）hypanthium, -ia　花序軸が多肉化し、中央がくぼんで壺形になったもの　例　イチジク属

(3) 単一花序と複合花序

上述の花序が単独で存在する場合は**単一花序** simple inflorescence, -sであるが、いくつかの花序が組み合わさってできた花序は、**複合花序** compound inflorescence, -sという

同形複合花序 isomorphous compound inflorescence, -s　同じ単一花序が組み合わさったもの

複総状花序 compound raceme, -s　総状花序が組み合わさったもの　例　アオキ属、ユキノシタ属、ホツツジ属

複散房花序 compound corymb, -s　散房花序が組み合わさったもの　例　トベラ属、ナナカマド属・シモツケ

複散形花序 compound umbel, -s　散形花序が組み合わさったもの　例　オウレン属、大部分のセリ科

複穂状花序 compound spike, -s　穂状花序が組み合わさったもの　例　カモジグサ属・ドクムギ属

複集散花序 compound cyme, -s　集散花序が組み合わさったもの　例　オミナエシ・カノコソウ属、アカネ属・ヘクソカズラ属

蘭状花序 juncoid cyme, -s　単散花序が組み合わさった複集散花序であるが、2出集散花序のように、花序の側軸が主軸より長く伸びたもの　例　イ・ミヤマヌカボシソウ

輪散花序（輪状集散花序）verticillaster, -s　対生する葉の腋に生ずる2個の集散花序を合わせたもの　例　ハッカ属・オドリコソウ属・ラショウモンカズラ・クルマバナ・ミソガワソウ

異形複合花序 heteromorphous compound inflorescence, -s　2種類以上の花序が組み合わさったもの

花に関連する用語

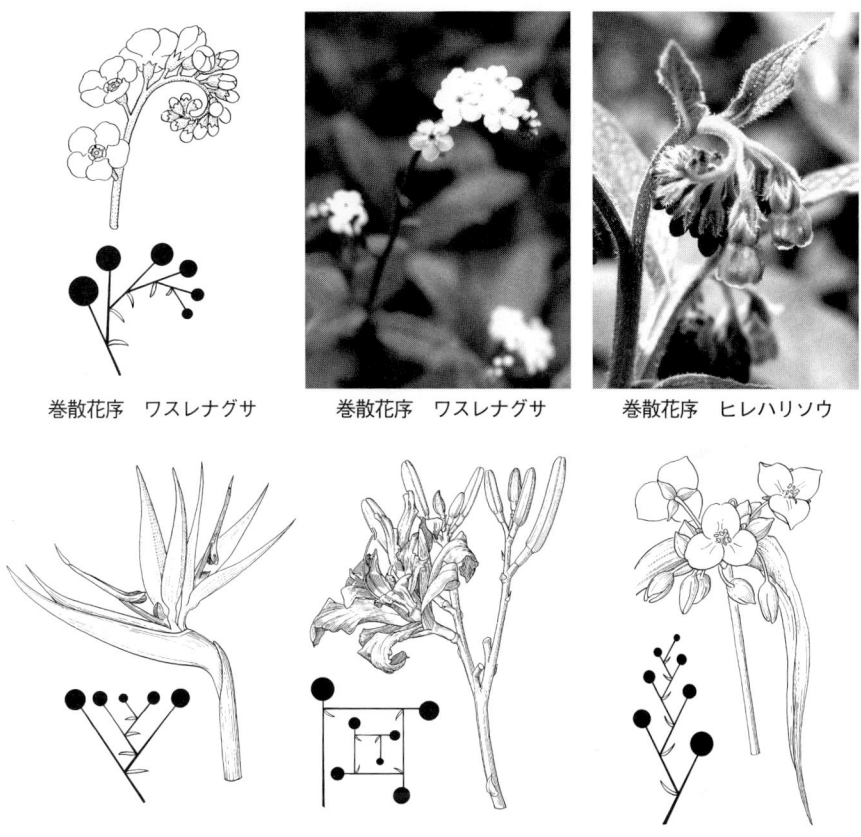

巻散花序　ワスレナグサ　　　　巻散花序　ワスレナグサ　　　　巻散花序　ヒレハリソウ

扇状花序　ゴクラクチョウカ　　かたつむり形花序　ヤブカンゾウ　さそり形花序　ムラサキツユクサ

多散花序　ミズキ　　　　多(出集)散花序　チョウジガマズミ　　団散花序　ミズ

花に関連する用語

散形総状花序 umble-raceme, -s　散形花序が総状に配列したもの　例　ウド・ヤツデ・タラノキ

さそり形総状花序 drepanium-raceme, -s　巻散花序が総状に配列したもの　例　トチノキ属

頭状総状花序 capitulum-raceme, -s　頭状花序が総状に配列したもの　例　オタカラコウ属

頭状穂状花序 capitulum-spike, -s　頭状花序が穂状に配列したもの　例　モミジハグマ属

頭状散房花序 capitulum-corymb, -s　頭状花序が散房状に配列したもの　例　ヒメヒゴタイ・キクアザミ・キオン・サワギク・シラヤマギク

穂状頭状花序 spike-capitulum, -la　穂状花序が頭状に配列したもの　例　ホタルイ、マツカサススキ

穂状総状花序 spike-raceme, -s　穂状花序が総状に配列したもの　例　スゲ属の大部分、ヤマカモジグサ属・ホガエリガヤ属

頭状集散花序 capitulum-cyme, -s　頭状花序が集散状に配列したもの　例　タカネスズメノヒエ・コウガイゼキショウ・ミヤマホソコウガイゼキショウ

密錐花序 thyrse, -s　2出集散花序が総状に配列したもの　例　ヤナギトラノオ、ナギナタコウジュ属

円錐花序 panicle, -s　複合花序のうち、枝の分枝回数や長さは問わないが、下方の枝が上方の枝より長く、花序全体が円錐形になるもの

①複総状花序に由来するもの　例　ノリウツギ、アオキ、ユキノシタ、ネズミモチ

②穂状総状花序に由来するもの　例　ササ属・ヌカボ属・カニツリグサ属・コメススキ属

③散形総状花序に由来するもの　例　ウド・タラノキ

④頭状穂状花序に由来するもの　例　アキノキリンソウ・セイタカアワダチソウ

花に関連する用語

二出集散花序　カワラナデシコ

多散花序　タマアジサイ

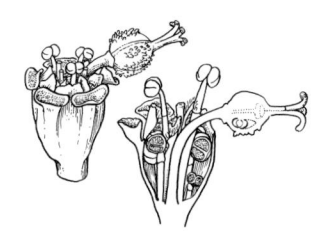

椀状花序　ノウルシ

椀状花序　タカトウダイ

複総状花序　アオキ

複散形花序　セリ

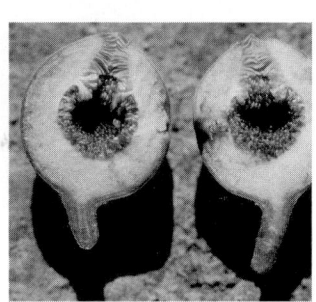

隠頭花序　ヒメイタビ

複穂状花序　オヒシバ

複集散花序　オミナエシ

複散房花序　コハウチワカエデ

花に関連する用語

穂状頭状花序　ホタルイ　　　輪散花序　キセワタ　　　輪散花序　オドリコソウ

散形総状花序　キヅタ　　　さそり形総状花序　トチノキ　　　頭状総状花序　オタカラコウ

穂状総状花序　コメガヤ　　　穂状総状花序　メガルカヤ　　　頭状穂状花序　オクモミジハグマ

花に関連する用語

頭状散房花序　ハルジオン

密錐花序　ナギナタコウジュ

密錐花序　ヤナギトラノオ

円錐花序（複総状花序）ハシドイ

円錐花序　ネズミモチ

円錐花序　ノリウツギ

円錐花序　ミヤマノガリヤス

円錐花序　ウド

円錐花序　アキノキリンソウ

Ⅳ　果実と種子に関連する用語

1. 果実

　果実 fruit は成熟した子房または子房群、あるいはそれらを含むひとまとまりの構造をいう。したがって、果実は被子植物特有の器官であり、裸子植物には存在しない。

　果実は花と並び、重要な分類形質をもつ。果実の型は、分類群なかんずく科レベルの分類形質であることが多く、一つの科に2型以上の果実をもつ科は、キンポウゲ科、アブラナ科、ツツジ科、ユキノシタ科、バラ科、マメ科、ミカン科、アカネ科、スイカズラ科、キキョウ科、ユリ科など比較的少数の大きな科に限られる。少なくとも、ヒユ属などわずかな例外を除き、果実の型が異なる2種は同属とはみなされない。

(1) 果実を構成する部分

果皮 pericarp, -s; fruit coat, -s　子房壁が成熟したものをいい、ふつう中に種子を容れる。果皮が2層からなる場合、外層は**外果皮** exocarp, -s、内層は**内果皮** endocarp, -s という。外果皮が比較的うすいかフィルム状を呈する場合は、epicarp, -s（和訳は同じ外果皮）、内果皮が肉質または多汁質の場合は**果肉** sarcocarp, -s として区別する。たとえば、ブドウの果実は**外果皮** epicarp, -s と果肉からなる。

　果皮が3層をなす場合、中層は**中果皮** mesocarp, -s といい、内果皮が硬化する場合は特に**核** stone, -s; putamen, -mina と呼ぶ。たとえば、モモやセイヨウミザクラの可食部分、ココヤシの果実をとりまく繊維層は中果皮であり、モモやセイヨウミザクラ、ココヤシの内果皮は核となる。

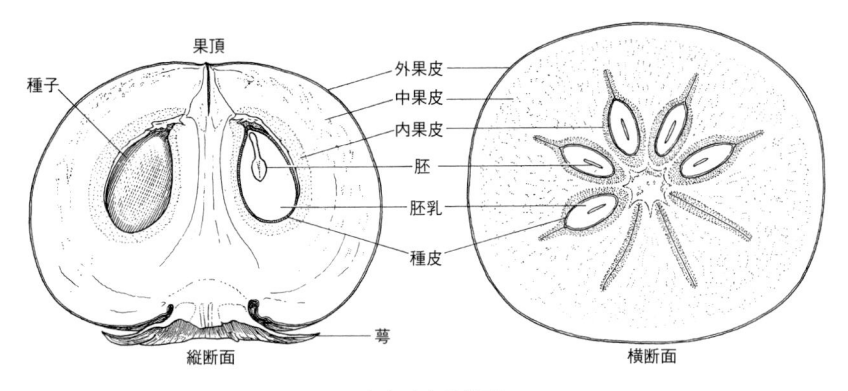

果実と種子に関連する用語

カキノキの果実

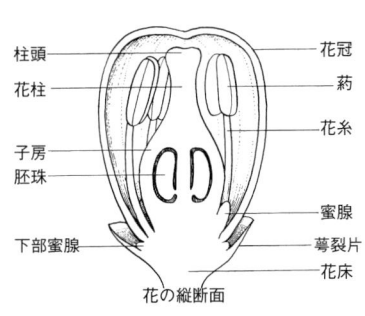

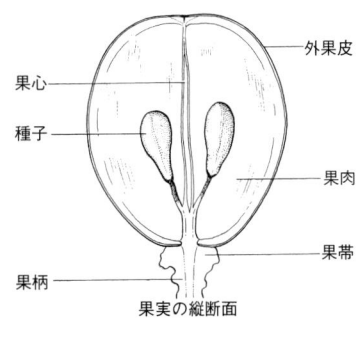

縦断面ラベル: 種子、果頂、外果皮、中果皮、内果皮、胚、胚乳、種皮、萼

横断面

ブドウの花と果実
花の縦断面ラベル: 柱頭、花柱、子房、胚珠、下部蜜腺、花冠、葯、花糸、蜜腺、萼裂片、花床

果実の縦断面ラベル: 果心、種子、果柄、外果皮、果肉、果帯

シナノガキの果実の縦断面

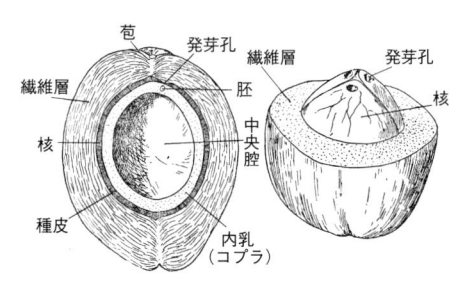

ココヤシの果実
ラベル: 苞、発芽孔、繊維層、核、種皮、胚、中央腔、内乳（コプラ）

93

果柄pedicel, -s; pedicle, -sと果梗peduncle, -s　果実の柄を果柄といい、2個以上の果実に共通する柄を果梗という。英語は果柄にpedicle, -sを用いることもあるが、pedicelと同じ意味で、特に花柄および花梗と区別した用い方はされていない。

その他の附属物　雌しべや子房は花後に各部が必ずしも均等に成熟するわけではなく、部分的に成長して果実の附属物をつくることが多い。花柱が伸長して羽毛状となるセンニンソウ属、チョウノスケソウ属、チングルマ属、一方向の翼をつくるカエデ属、トネリコ属、全面に鉤毛をつけるミズタマソウ属、ヤブジラミ属、ヤエムグラ属の大部分、さまざまに稜を発達させるセリ科、アキノノゲシ属、多様な冠毛をつくるキク科などはその例である。これらの附属物の有無や形状は当該あるいは近縁分類群とのあいだの重要な分類形質となる。

(2) 構成要素からみた果実の分類

真果true fruitと偽果（仮果、副果）false fruit; pseudocarp, -s; accessory fruit; anthocarpous fruit　果実の大部分が成熟した果皮からなる場合を真果、大部分が果皮以外の附属物で占められる場合を偽果という。たとえば、センニンソウ属やチングルマ属の果実は先に羽毛がついていても真果、カキノキの果実は宿存性のがくがついていても真果である。これに対し、クワ属の果実は多数の花の集まりであり、しかも果実の主要部分は成熟した萼が占めているので偽果、キンミズヒキ属やワレモコウ属の果実は萼筒が成長したもの、シラタマノキ属

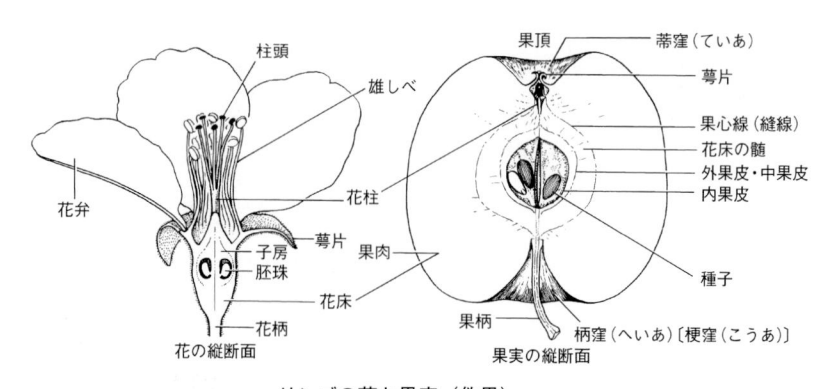

リンゴの花と果実（偽果）

果実と種子に関連する用語

果梗と果柄　ヤマウコギ　　　痩果　クサボタン　　　翼果　アサノハカエデ

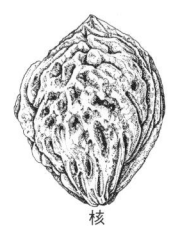

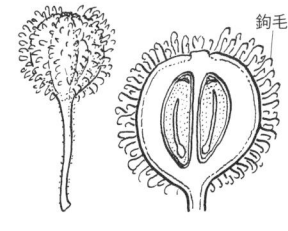

核　　　核の側面

内果皮
種子

核の縦断面

鉤毛

ミズタマソウの果実、右は縦断面

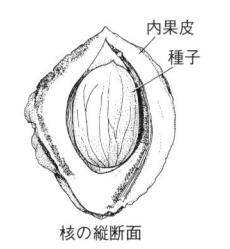

鉤毛

双懸果　ヤブジラミ

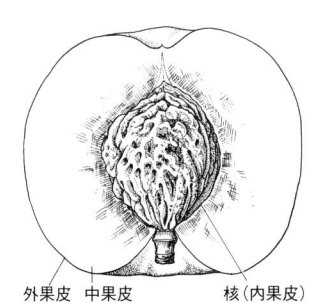

外果皮　中果皮　核（内果皮）

モモの果実（真果）

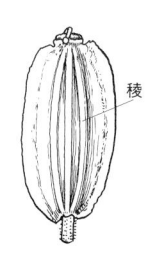

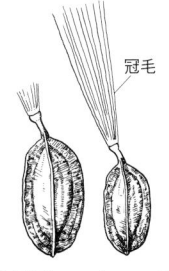

稜

双懸果　シシウド

冠毛

下位痩果　アキノノゲシ

95

の果実は萼が肥大したもので、いずれも偽果である。

単花果 monothalamic fruit と **多花果** multiple fruit; polyanthocarp fruit; polyanthocarp, -s　一つの果実が1個の花の子房または子房群に由来する場合を単花果という。真果はすべて単花果であるが、単花果は必ずしも真果ではない。先に偽果として例にあげたキンミズヒキ属・ワレモコウ属、シラタマノキ属の果実はいずれも単花果である。これに対し、一つの果実が複数の花の子房または子房群に由来する場合は**多花果**または**複合果** collective fruit という。たとえば、カナムグラ属やカバノキ属・シデ属・ハンノキ属の果実は、螺旋状に配列した苞葉を含む果序全体をさす場合は**ストロビル** strobile, -s; strobilus, -li、クワ属の果実は一つの果序由来の**クワ状果** sorosis, -sis; sorose, -s、イヌビワ属の果実は一つの壺状花序（果嚢）に由来する**イチジク状果** syconium, -nia; sycon, -s; syconus, -ni という特別な名称で呼ばれる多花果であり、いずれも偽果である。ストロビルは球花と訳されることもあるが、球花はもっぱら裸子植物の球花を意味し、適訳が見当たらないので、ここでは単にストロビルと記した。

単果 simple fruit と**集合果** aggregate fruit　単花果の中で、果実が1個の単一子房または1個の複合子房に由来する場合は単果、複数の単一子房に由来する場合は集合果という。たとえば、マメ科の果実は単一子房由来の単果、カキノキの果実は複合子房由来の単果である。これに対し、キンポウゲ属、キイチゴ属の果実は不特定多数の単一子房由来の集合果であり、真果である。また、オランダイチゴ属やヘビイチゴ属も集合果をつくるが、この場合は花托が伸長、肥大するので偽果であり、**イチゴ状果** etaerio, -es（狭義）と呼ばれる。

(3) 果皮の形質からみた果実の分類

単果かつ真果の果皮の形質から、下記のように、いくつかの果実の基本型を認めることができる。

A1　**乾果** dry fruit　果皮が比較的うすく、乾燥しているもの
　B1　**裂開果** dehiscent fruit　成熟すると特定の個所で裂けるもの
　　C1　**蒴果** capsule, -s　複数の心皮からなり、複数の種子があるもの
　　　D1　**長角果** silique, -s; siliqua, -ae　2心皮性の蒴果で間に隔膜 replum, -la があり、長く縦に2片に割れるもの　例　アブラナ属・オランダ

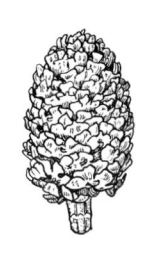

果実と種子に関連する用語

ストロビル ハンノキ 　　偽果 シラタマノキ 　　偽果 キンミズヒキ

イチジク状果 イヌビワ 　　痩果（集合果） ケキツネノボタン 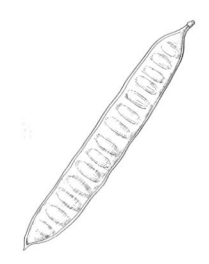　　豆果 ネムノキ

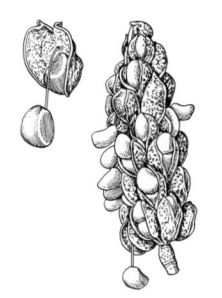

袋果（集合果） タムシバ 　　袋果（集合果） コブシ 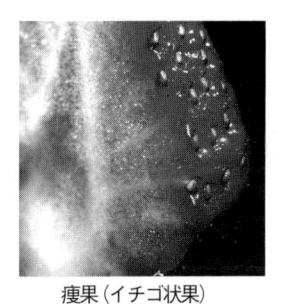　　痩果（イチゴ状果）オランダイチゴの果実の縦断面

長角果 イヌガラシ 　　短角果 グンバイナズナ

〈果実のいろいろ〉

ガラシ属・シロイヌナズナ属・ハタザオ属

  D2 **短角果**silicle, -s; silicule, -s 前者と同じだが、長さは幅の２、３倍以下で短いもの 例 イヌナズナ属・グンバイナズナ属・ナズナ属・マメグンバイナズナ属

  D3 **胞背**（室背）**裂開蒴果**loculicidal capsule, -s 心皮背面の中央線にそって裂けるもの 例 ウメバチソウ属、スミレ属、アセビ属、ドウダンツツジ属、トチノキ属、イグサ属、ユリ属、ラン科

  D4 **胞間**（室間）**裂開蒴果**septicidal capsule, -s 心皮ごとにその境界で裂けるもの 例 オトギリソウ属、ヤナギ属、サクラソウ属、センブリ属、ツツジ属・ホツツジ属、ユキノシタ属

  D5 **胞軸裂開蒴果**septifragal capsule, -s 心皮の背面および心皮間の隔壁が縦裂するもの 例 ミゾハコベ属、ヒオウギ属

  D6 **蓋果**（横裂果）pyxis, -xides 横に割れて上半分が蓋のように開くもの 例 オオバコ属、ゴキヅル属、ネナシカズラ属、ルリハコベ属

  D7 **孔開蒴果**（孔蒴、有孔蒴）poricidal capsule, -s; porous capsule, -s 先端や側壁に孔があくもの 例 ケシ属、キキョウ属・ツリガネニンジン属

 C2 **横裂胞果**pyxidium, -dia; circumciscissile utricle, -s 果皮は１個の種子をゆるく包み、横に割れるもの（pyxidiumの語はしばしばpyxisと同義に用いられるが、元来ヒユ属の果実に当てられた用語である） 例 アオゲイトウ・ケイトウ属・ハリビユ・ホソアオゲイトウ

 C3 **袋果**（蓇葖）follicle, -s １心皮からなり、向軸側あるいは背軸側のどちらかで縦裂するもの 例 シキミ科、モクレン属、オウレン属・トリカブト属、ボタン科、シモツケ属

 C4 **豆果**（莢果）legume, -s １心皮からなり、背腹両側で縦裂するもの 例 大部分のマメ科

B2 **閉果**（不裂開果）indehiscent fruit 成熟しても裂開しないもの

 C1 **痩果**achene, -s; akene, -s １心皮からなり、１種子を含むもの。一見、種子のように見える 例 イラクサ科、カラマツソウ属、キンポ

果実と種子に関連する用語

蒴果　ウバユリ

蒴果　ウラジロヨウラク

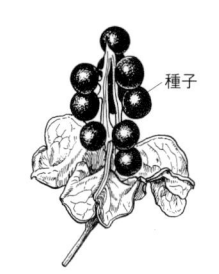

蒴果　ヒオウギ　種子

蓋果　オオバコ

蓋果　ゴキヅル

孔開蒴果　オニゲシ

袋果　カツラ

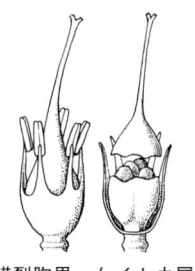

横裂胞果　ケイトウ属

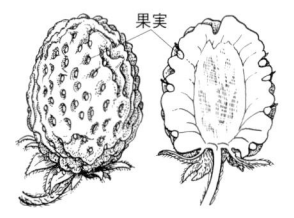

イチゴ状果　ノウゴウイチゴ　果実

豆果　ヤハズノエンドウ

99

ウゲ属、センニンソウ属、オランダイチゴ属、シモツケソウ属、ヘビイチゴ属

C2 **下位痩果**（菊果）cypsela, -s　複数の心皮からなり、子房下位で果皮が萼筒と癒合するもの。偽果の一つ。1種子を含み、一見種子のように見える点では痩果と同じで、単に痩果として扱われることも多い　例　オミナエシ科、マツムシソウ科、キク科

C3 **穎果**（穀果）caryopsis, -sis　2、3心皮性で1個の種子を含み、果皮と種子が癒合し互いにはずれないもの　例　イネ科

C4 **胞果** utricle, -s　2、3心皮性で、果皮は種皮と分離してゆるく1種子を包むもの　例　アカザ科、アオビユ、イヌビユ、イノコズチ属
横裂する場合は、上記のように、特に横裂胞果という

C5 **堅果** nut, -s; glans, -es　複数の心皮からなり、果皮が木質になって、1個の種子を包むもの　例　カシ属、ブナ属、クリ属、ハシバミ属

C6 **小堅果** nutlet, -s; nucula, -s; nucule, -s; nuculanium, -ia　堅果の小粒のもの。痩果に含める場合もある。　例　カバノキ科、タデ科、カヤツリグサ科

C7 **分離果** schizocarp, -s　1個の果実が縦にくびれて複数の**分果** mericarp, -s; coccus, -ci に分かれるもの。分果は1種子を含み、裂開しない　例　カエデ科、シソ科、ムラサキ科

C8 **双懸果** cremocarp, -s　1個の果実が縦に2つに分離し、ぶら下がるもの　例　セリ科

C9 **節果**（分節果、節莢果）loment, -s　分離果の一つで、莢が縦に連なったいくつかの部屋に仕切られて分果をつくるもの。分果は1種子

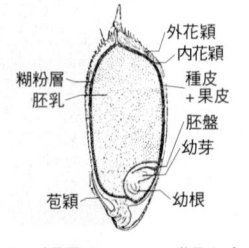

イネの穎果のつくり（穎を含む）　　　チマキザサの果実

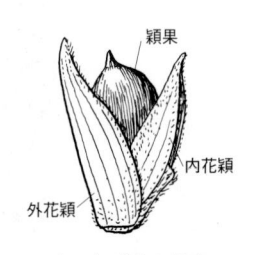

果実と種子に関連する用語

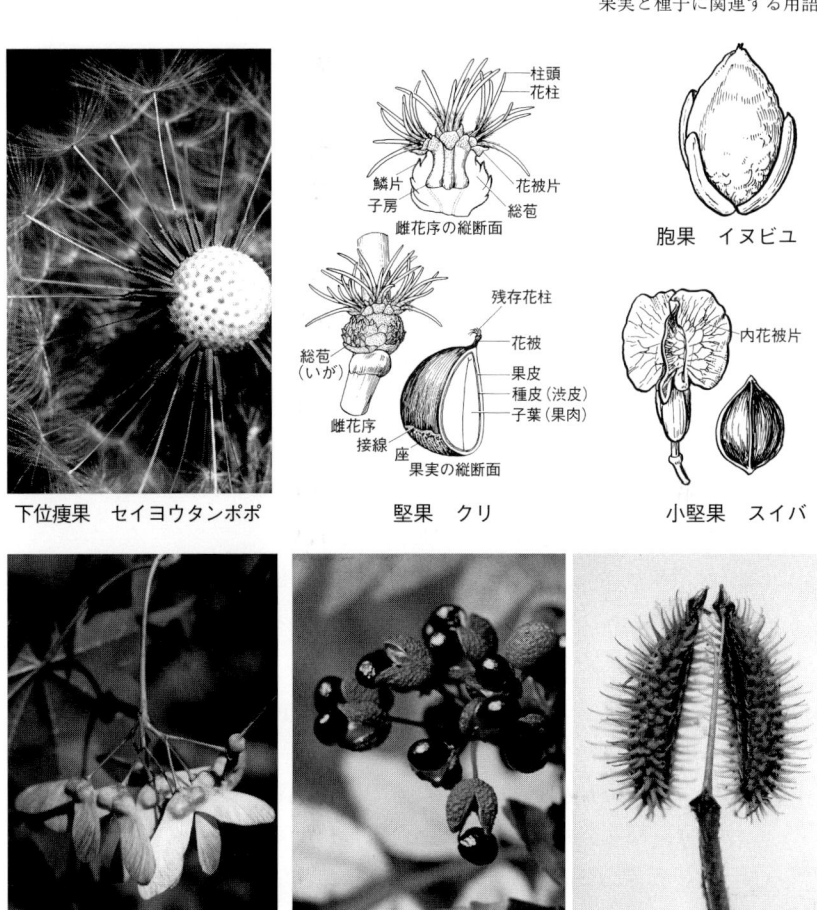

柱頭
花柱
鱗片
子房
花被片
総苞
雌花序の縦断面

残存花柱
花被
果皮
種皮（渋皮）
子葉（果肉）
総苞（いが）
雌花序
接線
座
果実の縦断面

内花被片

下位痩果　セイヨウタンポポ

堅果　クリ

小堅果　スイバ

分離果　オオモミジ

分離果　サンショウ

双懸果　オヤブジラミ

種子

節果　クサネム

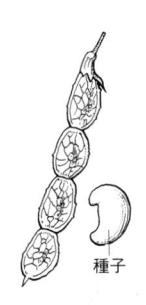

節果　イワオウギ

節果　ヌスビトハギ

101

を含み裂開しない　例　イワオウギ属、クサネム属、ヌスビトハギ属、モダマ属などのマメ科

　C10　翼果（翅果）samara, -s; key, -s; key fruit　果皮の一部が花後に成長し、翼になるもの。果実の本体の形状は問わない　例　フサザクラ属、ニレ科、カバノキ属（小堅果でもある）、カエデ科（分離果でもある）、クロヅル属、トネリコ属

A2　液果（多肉果）sap fruit ; succulent fruit　少なくとも中果皮が多肉質または液質で水分を多く含み、裂開しないもの

　B1　漿果（真正液果）berry, -ries; bacca, -cae　内果皮も中果皮も多肉質または液質のもの

　　C1　単漿果 simple berry, -ries　1心皮のもの　例　マツブサ科、メギ属、ヒイラギナンテン属、ミヤマトベラ属

　　C2　複漿果 compound berry, -ries　多心皮のもの。ふつう単に漿果という　例　ブドウ科、スノキ属、ナス属・ホオズキ属、サルトリイバラ属、スズラン属

　　C3　ミカン状果（柑果）hesperidium, -dia; hespidium, -dia　多心皮からなり、油胞細胞を含む緻密な外果皮（フラベド flavedo）、白色の海綿状の中果皮（アルベド albedo）、膜質の内果皮および内果皮に生じた果汁に富んだ毛をもつもの　例　ミカン科ミカン連

　　C4　ウリ状果（瓠果）pepo, -s　3心皮からなり外果皮は花床筒と癒合して硬化し、中・内果皮は多肉質で内部に海綿状の広い胎座が発達し、

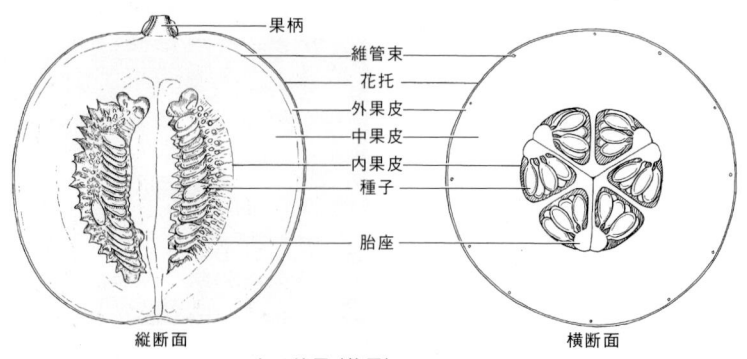

ウリ状果（偽果）　メロン

果実と種子に関連する用語

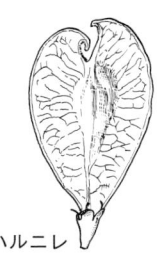

翼果　ハルニレ

単漿果(集合果)　サネカズラ

ストロビル　ヤエガワカンバ

翼果　クロヅル

単漿果　クスノキ 　　複漿果(複合果)　サルトリイバラ 　　複漿果　マタタビ

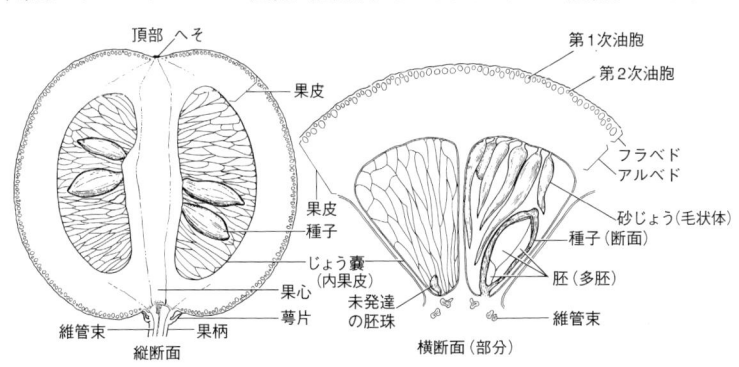

ミカン状果

（縦断面ラベル）頂部　へそ　果皮　果皮　種子　じょう囊(内果皮)　果心　萼片　維管束　果柄　縦断面

（横断面ラベル）第1次油胞　第2次油胞　フラベド　アルベド　砂じょう(毛状体)　種子(断面)　胚(多胚)　維管束　未発達の胚珠　横断面(部分)

果実と種子に関連する用語

多数の種子をもつもの　例　ウリ科トウナス連
- B2　**核果**（石果）drupe, -s　本来は1心皮性で1種子を含み、内果皮が木質化して**核**（果核）stone, -s; putamen, -mina となったものをいう　例　サクラ属、ウルシ属

しかし、ふつう似た形状を示す果実を広く核果と呼ぶ。たとえば、センダンの心皮は4〜5個、核は1個で4〜5室、モチノキ科では心皮は3〜5個、核も3〜5個であって各1室、イボタノキ属やモクセイ属では心皮は2個、核は1個で2室ある。また、ミズキ科、ガマズミ属、スイカズラ属、ニワトコ属では、果実は花床筒由来の偽果皮を含むので厳密には下位核果というべきであるが、同様に単に核果と呼ばれる。

- B3　**小核果**（小石果）drupelet, -s; drupel, -s　果実も核も小粒で1心皮性のもの。集合果をつくる　例　キイチゴ属

表3-1　果実の型と相互関係

		単花果		多花果
		単果	集合果	（複合果）
真果	蒴果　堅果　痩果	集合痩果		
	胞果　分離果　袋果	集合袋果		
	豆果　節果　漿果	集合漿果		
	穎果　　　　核果	集合核果		
偽果	ナシ状果	バラ状果	ストロビル	
	その他	イチゴ状果	クワ状果	
		ハス状果	イチジク状果	

(4) 果実各型の相互関係

先に述べたように真果かつ単果を基本とし、果実の構成要素を考慮すると、いくつかの組み合わせができる。中には特別の名称が与えられる場合もある。

- A1　**真果状の集合果**　一つの花托に複数個の小粒の真果が集合し、1個の果実のように見えるもの。果実の大部分を真果が占める。花托は小さい
  - B1　**集合痩果** etaerio(-es) of achenes　多数の痩果が集合したもの　例　キンポウゲ属・イチリンソウ属、ダイコンソウ属・キジムシロ属
  - B2　**集合袋果** etaerio(-es) of follicles　多数の袋果が集合したもの　例　シキミ科、モクレン属、オダマキ属、ヤマグルマ属、アケビ属

果実と種子に関連する用語

核果の断面　ウメ　　　　核果　モチノキ　　　　　核果　ヤマウルシ

小核

小核果（集合核果）ナワシロイチゴ　　小核果（集合核果）カジイチゴ　　瘦果（集合瘦果）オオダイコンソウ

袋果（集合袋果）ホオノキ　　漿果（集合漿果）サネカズラ　　漿果（集合漿果）チョウセンゴミシ

105

果実と種子に関連する用語

  B3 集合漿果 etaerio(-es) of berries 多数の漿果が集合したもの 例 サネカズラ属・マツブサ属

  B4 集合核果 etaerio(-es) of drupelets 多数の小核果が集合したもの 例 キイチゴ属、キイチゴ状果ともいう。

 A2 偽果状の集合果 一つの花托に複数個の小粒の真果が集合するが、花托がさまざまに肥大して果実の大部分を占めるもの

  B1 バラ状果 cynarrhodium, -dia 壺状の萼筒（花床筒）が肥大したもの。内部に多数の骨質の痩果がある 例 バラ属

  B2 イチゴ状果 etaerio, -es（狭義） 花托が肥大して液質になり、その表面に多数の痩果があるもの 例 オランダイチゴ属、ヘビイチゴ属

  B3 ハス状果 nelumboid aggregate fruit 多数の堅果が海綿状に肥厚したジョウゴ形の花托の孔の中に1個ずつ埋まるもの 例 ハス科

 A3 偽果状の単果 一つの花の各部が肥大して偽果となるもの

  B1 ナシ状果 pome, -s 花托が肥大するもの 例 バラ科ナシ亜科

  B2 萼筒の基部がくびれて、子房を包み漿果状に肥大するもの 例 グミ属

  B3 萼裂片が肥厚して中の蒴果を包むもの 例 シラタマノキ属

  B4 萼筒が成長して中の痩果を包むもの 例 キンミズヒキ属、ワレモコウ属、ハゴロモソウ属

 A4 多花果（複合果）multiple fruit; collective fruit; polyanthocarp, -s 複数の花が複合して生じたもので、果序が一つに果実のように見えるもの。すべて偽果である。

  B1 ストロビル strobile, -s; strobilus, -li 痩果または小堅果が乾燥した螺旋状に配列した果苞の腋にあり、果序全体が球果状になるもの 例 カナムグラ属、カバノキ属、ハンノキ属、シデ属

  B2 クワ状果 sorosis, -sis; sorose, -s 多肉質または液質の多花果。一つ一つの果実は萼が肥厚して痩果を包んだ偽果である 例 クワ属・カジノキ属・ハリグワ属、パイナップル

  B3 イチジク状果 synconium, -nia 壺状肉質の果序が成熟したもの。中に多数の痩果がある 例 イチジク属

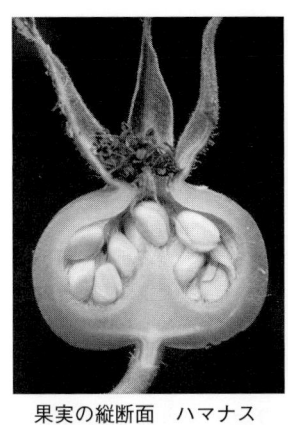

果実と種子に関連する用語

果実の縦断面　ハマナス 　　　バラ状果　ハマナス 　　　イチゴ状果　ヘビイチゴ

ハス状果　ハス 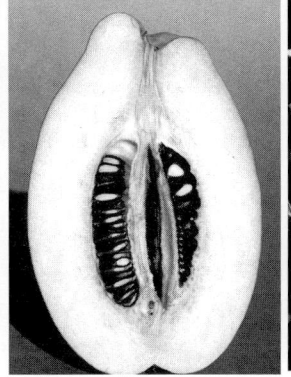　　　ナシ状果の縦断面　カリン 　　　偽果　トウグミ

クワ状果　クワ 　　　　　　集合袋果　アケビ

B4　蒴果型多花果（multiple fruit of achenes on nutlets）　頭状果序が成熟したもの。一つ一つの果実は蒴果　例　タニワタリノキ属・カギカズラ属・ヘツカニガキ属、フウ属

B5　痩果型多花果（multiple fruit of capsules）　頭状果序が成熟したもの。一つ一つの果実は痩果または小堅果　例　スズカケノキ属、ナベナ属

B6　核果型多花果 multiple fruit of drupelets　多くの小核果からなる頭状果序が成熟し、一つの果実のように見えるもの　例　ヤマボウシ

B7　液果型多花果 multiple fruit of berries　多くの液果からなる頭状果序が成熟し、一つの果実のように見えるもの　例　ヤエヤマアオキ属

B8　袋果型多花果 multiple fruit of follicles　多くの袋果からなる頭状果序が成熟し、一つの果実のように見えるもの　例　カツラ科

(5)　裸子植物の"果実"

　果実は厳密には、被子植物の子房およびその周辺器官が発達したものをいう。しかし、裸子植物においても種子を囲んで発達した器官を果実 fruit と呼ぶこともある。たとえば、カラハナソウ属の果序はストロビルと呼ばれるが、この用語は"まつかさ"にも適用される。

球果 strobile, -s; strobilus, -li; cone, -s　裸子植物の中でマツ属やスギ属などのつくるまつかさ状の構造物をいう。球果は1本の木質化した軸に数個ないし多数の木質化した鱗片が螺生または対生してついたもので、これらの鱗片はふつう**種鱗** seed scale, -s; ovuliferous scale, -s; seminiferous scale, -s と**苞鱗** bract scale, -s; bracteal scale, -s の内外2個の鱗片が癒合してできている。両者を併せて、**種鱗複合体** ovuliferous scale complex, -es または**果鱗** fructiferous scale, -s; cone scale, -s という。種子は種鱗の向軸面につく。ビャクシン属のように種鱗が液質になった場合は**漿質**（肉質）**球果** fleshy cone, -s という。

　成熟前の球果は球花であるが、これは一つの花ではなく、花序とみなされる。なぜなら種鱗と苞鱗の維管束が互いに相対していて、種鱗は苞鱗の腋芽として生じたとみなされるからである。つまり、種鱗と胚珠の1組が一つの花ということになる。

仮種皮果 arillocarpium, -pia　胚珠が成熟するにつれて胎座が肥厚して仮種皮と

果実と種子に関連する用語

雄球花　クロマツ

雌球花　クロマツ

球果　クロマツ

種翼　クロマツ

仮種皮果　イチイ

雌球花　マキ

球果の縦断面　マキ

雄花をつけた枝

花糸

雄花と1つ
の雄しべ

葯胞

雌花をつけた枝

胚珠

雌花

種子
（種皮の一部を除く）

雌花・雄花・種子　イチョウ

109

なって種子を包み込んで、果実のようになるもの。イチイ属では漿果状の、カヤ属では核果状の仮種皮果をつくる。これに似ているがマキ属では種鱗が変形し、肥大して**套皮** epimatium, -tia となって種子を包み、液果状を呈する。

種子果 seminicarpium, -pia　イチョウ科、ソテツ科、イヌガヤ科のように、外種皮の外層が肥厚して肉質となって核果状を呈するもの。また、マオウ科やグネツム科では、硬い種皮の外側を1対の苞葉が包み込み、この苞葉が肥厚して肉質になるため、核果状を呈し、種子果に似る。

2　種子

種子 seed,-s は胚珠が成熟したもので、中に胚を含み、ふつう、一定の休眠後に発芽する。外側は種皮に包まれ、中には胚の養分となる胚乳があるのが一般的である。裸子植物および被子植物、つまり種子植物に特有の繁殖器官である。

(1) 種子を構成する部分

種皮 seed coat, -s; testa, -tae　珠皮がさまざまに変化、発達し、種子の周囲を占める皮膜状の構造をいう。ふつう1枚か2枚あり、2枚の場合は外側のものは**外種皮** outer seed coat, -s; testa, -ae; episperm, -s; external seed coat, -s、内側のものは**内種皮** inner seed coat, -s; tegmen, -mina; endopleura, -s; internal seed coat, -s とい

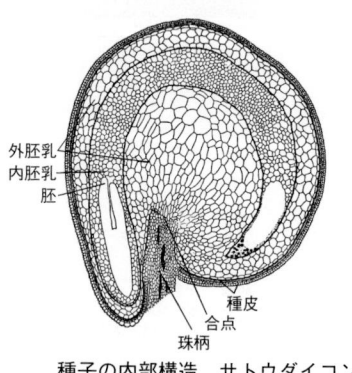

種子の内部構造　サトウダイコン

う。一般に双子葉植物においては原始的な分類群では2枚、進化した群では1枚である。たとえば、モクレン亜綱ではたいてい2枚である。しかし、コショウ科のサダソウ属、マツモ科、キンポウゲ科やツヅラフジ科の一部、トチュウ科、クルミ科、ヤマモモ科、カバノキ科では1枚であるなど、例外も多い。バラ亜綱もたいてい2枚であるが、中には、胚珠自体が退化し、種皮をもたないカナビキソウ属、ヤドリギ科、オオバヤドリギ科、ツチトリモチ科など、ビャクダン目の寄生・半寄生植物の例もある。これに対し、キク亜綱では、種皮はすべて1枚である。単子葉植物では、種皮は2枚が一般的であり、ユリ科などに例外的に1枚の場合が見られるにすぎない。

　裸子植物の種皮は、1枚であり、多くの場合、外・中・内の3層に分化する。たとえば、イチョウの種子では外層は液質、中層は木質、内層は膜質である。

　珠皮は、受精後、種皮として発育する過程で、大きさの増大、組織の分化、仮種皮・翼・毛様体の発達、珠柄の伸長や変形など、多様に変化する。中でも、種皮につくられる機械的組織の位置や質のちがいは重要な分類形質となる。

胚乳 albumen　種子の中にあって養分を貯蔵し、胚を取り囲んで、発芽時に胚に養分を供給する組織群をいい、その全体を**胚乳体** xeniophyte, -s という。裸子植物では、大胞子が分裂して数百個の細胞からなる雌性配偶体がつくられるが、造卵器以外の細胞群が胚乳となる。受精前につくられるので**一次胚乳** primary albumen と呼ばれ、核相は単相である。これに対し、被子植物では、雌性配偶体（胚嚢）に2極核の融合によって生じた中心核が受精してつくられるので、**二次胚乳** secondary albumen, -s という。したがって、核相は3相となる。一次胚乳、二次胚乳とも雌性配偶体内に生ずるという意味で、**内胚乳**（内乳） endosperm, -s ともいう。

　裸子植物の一次胚乳は、核分裂後、細胞壁が一時に形成されて胚乳体となる。一方、被子植物では、多細胞の胚乳体をつくる場合（**造壁型** cellular type）と細胞壁ができずに多核の胚乳体となる場合（**遊離核型** nuclear type）が認められている。遊離核型の場合、胚乳核の第1回分裂の後にだけ細胞壁形成がおこなわれない例から、胚乳完成まで細胞壁が生じないものまでさまざまである。たとえば、コーヒー属やフタマタタンポポ属では8または16核期に細胞壁ができるが、クルミ属、サクラソウ属、ズミ属などでは数百核に分裂後、ようやく

膜形成がおこる。さらに、両者の中間というべき**沼生目型**helobial typeもある。ここでは、第1回分裂で細胞壁ができるが、その後は核分裂のみが続き、最後にふたたび壁形成がおこる。オモダカ亜綱によく見られる。

　胚乳は、胚形成につれて吸収され、完成した種子に胚乳が見られない場合も多い。またカワゴケソウ科では胚嚢に極核が形成されず、したがって胚乳はできず、ラン科の一部には胚乳核が分裂しなかったり、胚乳核が形成されずに無胚乳となるものもある。胚乳のない種子は**無胚乳種子**exalbuminous seed, -s、胚乳のある種子は**有胚乳種子**albuminous seed, -sと呼ばれる。

　胚乳が雌性配偶体に由来するのではなく、珠心起源である場合もある。この場合は、**外胚乳**（外乳・周乳）perispermと呼ばれ、スイレン科やコショウ科、ヤマゴボウ科を除くナデシコ目各科に見られる。

胚embryo, -es　一般には多細胞生物の個体発生の初期の生物体をいう。植物では受精卵からある程度発達した若い胞子体をさし、種子植物では種子の中につくられる。種子植物の胚は、原則的に根端分裂組織のある**幼根**radicle, -s、茎頂分裂組織のある**上胚軸**epicotyl, -s、両者の中間を占める**胚軸**hypocotyl, -s、胚軸の上端につく1〜十数個の**子葉**cotyledon, -sからなる。しかし、種子内の胚の分化の程度や発生の様式は分類群によってさまざまである。キンポウゲ科を例にとると、オダマキ属・オキナグサ属・センニンソウ属などでは、胚は種子落下時に十分成熟しているのに対し、ハクサンイチゲ属・リュウキンカ属・シロカネソウ属などでは子葉分化の初期段階にあり、フクジュソウ・ヒメイチゲ・ミスミソウなどでは球形、イチリンソウ・キクザキイチゲ・サンリンソウ・セツブンソウなどでは棍棒状の細胞塊を呈し、一層未分化の段階にある。ニリンソウにいたっては、受精卵のままでまだ分裂を始めていない。種子中の未分化の胚は、その他イチヤクソウ科、ホシクサ科、ヒナノシャクジョウ科、ラン科などに見られる。

(2) 種皮の構造から見た分類

2種皮性の種子bitegmic seed, -s　種皮が内外2枚ある種子をいう。そのうち、外種皮のいずれかの組織が機械組織となった種子を**外種皮型種子**testal seed, -sといい、内種皮のいずれかの組織が機械組織となった種子を**内種皮型種子**

果実と種子に関連する用語

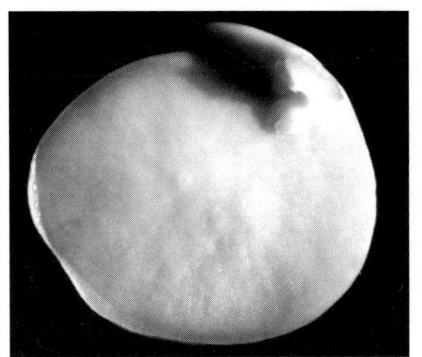

無胚乳種子、エンドウの種子
（手前の子葉を除いてある）

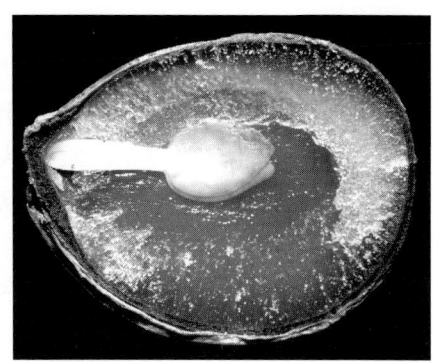

有胚乳種子、カキの種子の縦断面

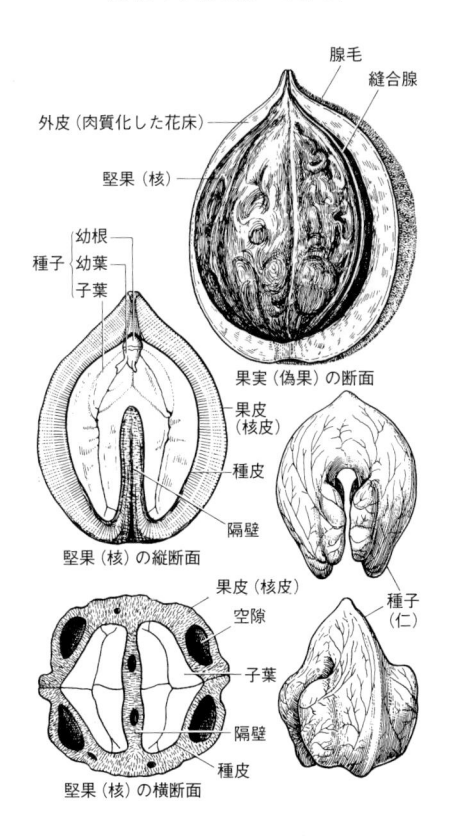

クルミの果実と種子（1種皮性種子）

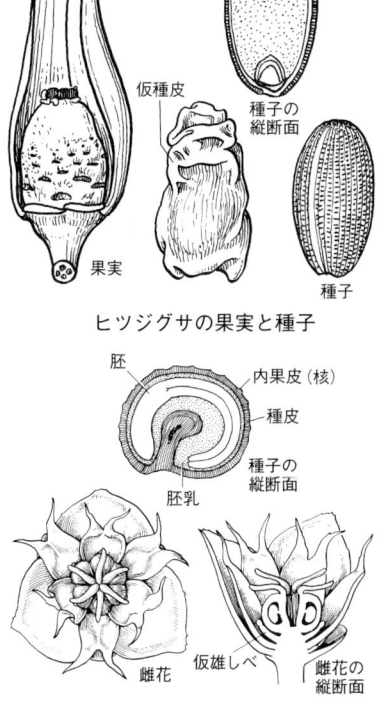

ヒツジグサの果実と種子

アオツヅラフジの雌花と核
核（1種皮性の種子）の縦断面

tegmic seed, -s という。

　外種皮型種子には、外種皮の外表皮が肥厚、硬化するキンポウゲ科、マメ科、クロウメモドキ科、中層が肥厚、硬化するボタン科、バラ科、フトモモ科、内表皮が肥厚、硬化するモクレン科、クスノキ科、アブラナ科などがある。内種皮型種子には内種皮の外表皮が肥厚、硬化するシナノキ科、ニシキギ科、フウロソウ科、内表皮が肥厚、硬化するコショウ科、ドクダミ科、ナンテンなどの例が知られている。中層だけが機械組織となる例は稀である。

　双子葉植物では、一般にモクレン目、ツバキ科、バラ科、ミカン科など比較的原始的と見られる分類群において、種皮は厚く、複雑な構造を示す。

　これに対し、単子葉植物では種皮は2枚であるが、ほとんど外種皮型であり、構造は単純である。

1種皮性の種子 unitegmic seed, -s　種皮が1枚しかない種子をいう。一般に離弁花類の閉果を有する群、たとえばツヅラフジ科、ブナ科、クワ科、カバノキ科、ウコギ科などに見られる一方、ツツジ目やキク科（キク亜科）にふつうである。機械組織は、おおむね外表皮にある。中には、イチヤクソウ科のように種皮の細胞が1層になったものもある。

　1種皮性の種子は、2種皮性の種子から派生したもので、コショウ科やウルシ科では外珠皮の喪失、ブナ科やヤナギ科では内珠皮が喪失した結果導かれたものと考えられている。キンポウゲ科、ブナ科、ツヅラフジ科、バラ科、ユキノシタ科、ヤナギ科、サクラソウ科などでは2種皮性、1種皮性両様の種子がある。

　裸子植物では、前述のように1枚の種皮が3層に分化する。

(3) 種子の附属物と表面構造

　種枕（種阜）caruncle, -s と**ストロフィオール** strophiole, -s　トウダイグサ属、カタクリ属、ヌカボシソウなどの種子のように、種子の先つまり珠孔付近にある珠皮起源の多肉質の附属物を種枕、キケマン属、クサノオウ属、コマクサ属、タケニグサ属のように、へそ hilum, -li の近くにできる附属物をストロフィオールという。しかし、ふつう両者は厳密に区別されず、ともに種枕と呼ばれることが多い。種枕の有無はほぼ属レベルの形質と見られるが、スズメノヤリ属で

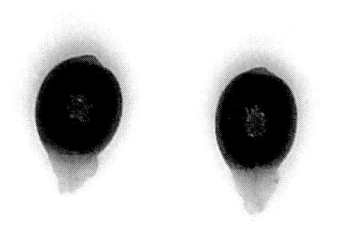

果実と種子に関連する用語

種枕のある種子　スズメノヤリ

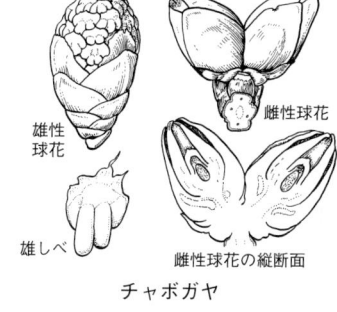

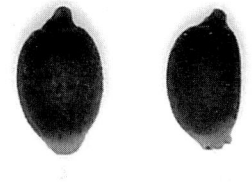

種枕のない種子　クモマスズメノヒエ

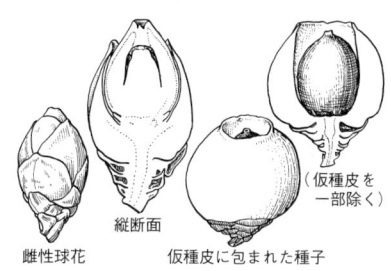

仮種皮　ツルウメモドキ

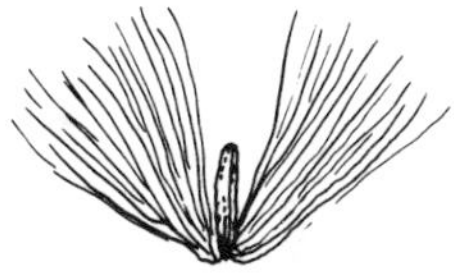

仮種皮　トベラ

雄性球花

雌性球花

雄しべ

雌性球花の縦断面

チャボガヤ

雌性球花　縦断面　仮種皮に包まれた種子　（仮種皮を一部除く）

イチイ

種髪　ネコヤナギ

種髪　テイカカズラ

は、ヌカボシソウやスズメノヤリには明瞭な種枕があるが、クモマスズメノヒエやタカネスズメノヒエでは発達しない。

　種枕や仮種皮がアリの食餌となり、種子が散布される場合、これらの種子の附属物は**エライオソーム** elaiosome, -s と呼ばれる。カタクリの種子はその好例である。

仮種皮（種衣）aril, -s; arillus, -li　受精後、種子の完成にいたるまでの間に珠柄または胎座が肥厚して、種子の全体をおおうまでに成長した構造をいい、種枕とは異なり胎座起源である。イチイ属は液質、スイレン属では膜質、カヤ属、ニシキギ属、ツルウメモドキ属、ハリツルマサキ属などは肉質の仮種皮をもつ。また、仮種皮の発達が珠孔側から始まる場合を、**偽仮種皮**（偽種衣）arillode, -s と呼ぶこともある。ニクズクにその例がある。

　種枕や仮種皮のような種皮の附属物はまとめて、**アリロイド** arilloid, -s という。いずれも、糖質や油質の成分を有し、動物による種子散布に役立つ。

種髪 coma, -ae　種子にある毛束をいい、裂開果に特有である。種子の風による散布に役に立つ。ヤナギ科のように種子の基部につく場合、つまり胎座起源の場合と、アカバナ属、キョウチクトウ科キョウチクトウ亜科、ガガイモ科のように種子の先端につく場合、つまり珠孔域の珠皮起源の場合がある。

種翼 seed wing, -s　種子にある翼をいい、種髪同様、種子の風による散布に役に立つ。被子植物の種翼は、外種皮から伸長してつくられ、ナデシコ属、トリカブト属、カエデ属、ユリ属・ウバユリ属、ヤマノイモ属などに見られる。インドネシア産のウリ科のハネフクベの種子はうすく左右に種子本体の数倍にもなる種翼をもつ。

　マツ科では大部分の種に種翼ができるが、これは種鱗の内側の組織から生じたものである。

表面構造 surface structure, -s　種子の表面には種皮の機械組織の発達によって、さまざまな表面構造がつくられ、分類形質として採用される場合が少なくない。たとえば、ハコベ属ではコハコベやミドリハコベは種子の全面に同心円状に円錐状突起が並ぶが、ミドリハコベでは周辺部の突起が特に高くなる。イワツメクサやシコタンハコベの種子には周辺に密生する長毛、側面に波状の紋様があり、カンチヤチハコベでは全体が平滑である。アカバナ属では、ヤナギランの

果実と種子に関連する用語

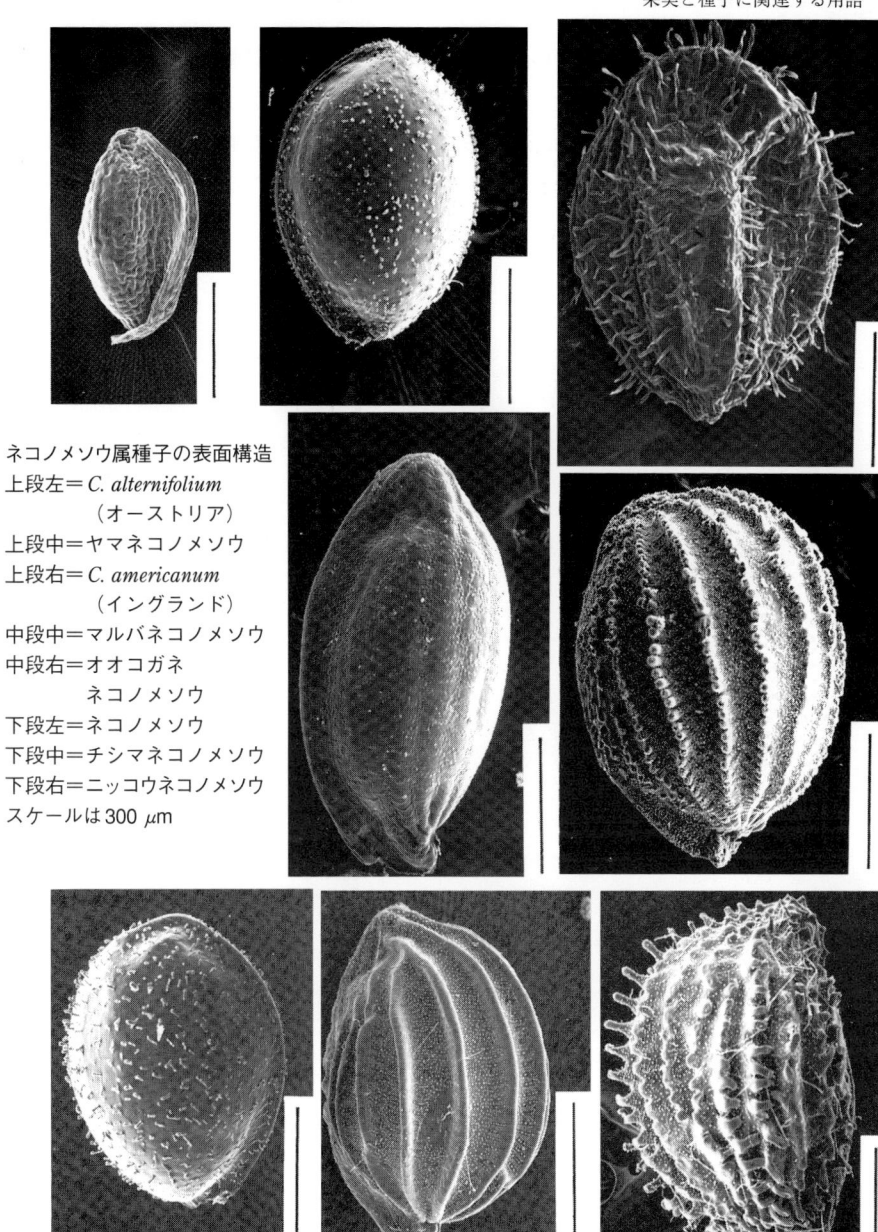

ネコノメソウ属種子の表面構造
上段左＝*C. alternifolium*
　　　　（オーストリア）
上段中＝ヤマネコノメソウ
上段右＝*C. americanum*
　　　　（イングランド）
中段中＝マルバネコノメソウ
中段右＝オオコガネ
　　　　ネコノメソウ
下段左＝ネコノメソウ
下段中＝チシマネコノメソウ
下段右＝ニッコウネコノメソウ
スケールは 300 μm

種子には全面に細い網紋があるのに対し、ヒメアカバナでは細かい突起を密布する。ミヤマアカバナとシロウマアカバナの同種内変種の区別は、種子表面の突起の有無にある。また、ネコノメソウ属では種子表面の突起の有無、形、配列によって7型の種子が識別され、これらは属内の節および列の分類とほぼ一致することが確かめられている。

V 葉に関連する用語

1 葉

　陸上植物の植物体を構成する軸性の器官、つまり茎に側生する器官を**葉** leaf, leaves という。維管束植物では、葉は胞子体につくられ、維管束からなる**脈系** venation をもつが、蘚苔植物では配偶体につくられ、維管束からなる脈系は発達しない。葉の形、はたらき、起源はきわめて多様であり、葉を明確に定義することはむずかしい。

(1) 大葉と小葉

　維管束植物の系統発生からみて、一般に大型扁平で、葉への維管束分出に関して茎の維管束が分断されるか維管束筒に隙間（**葉隙** leaf gap, -s という）が生ずる葉を**大葉** macrophyll, -s ; megaphyll, -s という。これに対し、小型で葉脈は1本しかなく、葉隙を生じない葉を**小葉** microphyll,-s という。フランスのLignier（1903）によって提案された概念で、ヒカゲノカズラ植物は小葉をもつので、**小葉類** Microphyllinae としてまとめられ、その他の維管束植物は、たとえツガザクラやガンコウランの葉のように小型で針葉であってもすべて大葉であり、**大葉類** Macrophyllinae として一括される。

　なお、小葉の語は複葉を構成する小葉との混同をさけるため小成葉、大葉には大成葉の訳語があるが、ほとんど用いられない。

　コケ類の葉は配偶体由来であることや中肋があっても維管束はないことなど、維管束植物の葉とは起源も形態も本質的に異なるものである。

葉に関連する用語

(2) 普通葉

　葉緑体を有し、光合成をおこなう葉を**普通葉** foliage leaf, - leaves という。一般に葉という場合は、普通葉をさす。普通葉は多くは、扁平な形をしているが、針葉樹にみられるように特殊化して**針状葉** needle leaf, - leaves や**鱗片葉** scale leaf, - leaves ; scaly leaf, － leaves になったものもあり、ネギ属やイグサ属のように**管状葉** tubular leaf, - leaves となったものもある。
　また、普通葉でなくても子葉や萼片には光合成をおこなうものが多い。

(3) 葉を構成する部分

　葉は基本的に托葉・葉柄・葉身の3器官からつくられる。

1) 托葉

　葉の基部付近の茎上または葉柄上に生ずる葉身以外の葉的な器官を一括して**托葉** stipule, -s という。シダ植物ではリュウビンタイ科の葉柄基部に1対の托葉状の突起がみられるが、裸子植物にはまったくない。双子葉植物の葉にはとくによく発達し、木本の40％、草本の20％の種にあるとみられる。単子葉植物ではミョウガやヒルムシロ科やサルトリイバラ科では明瞭であるが、他には少ない。イネ科の葉鞘を托葉とみるべきかどうかは議論のあるところである。
　托葉のつく位置や持続性、形や大きさは分類群により多様である。一般に托葉は葉身より早く伸長し、後続の葉を保護する役割をもち、早落性の場合が多く、冬芽の中の基部の葉では托葉しかできない場合も少なくない。サクラ属の切れ込みの深い托葉、エンドウ属の宿存性の大形の托葉など、明瞭なものもあるが、はっきりしない場合も少なくない。
　托葉は、葉柄の基部に付着するが托葉身は離生する**側生托葉** lateral stipule, -s（サクラ属・キイチゴ属、エンドウ属、スミレ属）、対生葉の相対する托葉がそれぞれ合着する**葉間托葉** interfoliar stipule, -s または**葉柄間托葉** interpetiolar stipule, -s（イラクサ・エゾイラクサ、アカネ属・ヤエムグラ属）、葉柄にそって合着する**合生托葉** adnate stipule, -s（バラ属）、鞘状に癒合して茎を取り巻く**托葉鞘** ochrea, -ae などに分けられる。アカネ属やヤエムグラ属では芽生えのときを除き、普通葉と托葉は同形同大であり、腋芽の有無によってのみ普通葉を見分けることができる。ニセアカシアでは変形して**托葉針** stipular thorne, -s、

葉に関連する用語

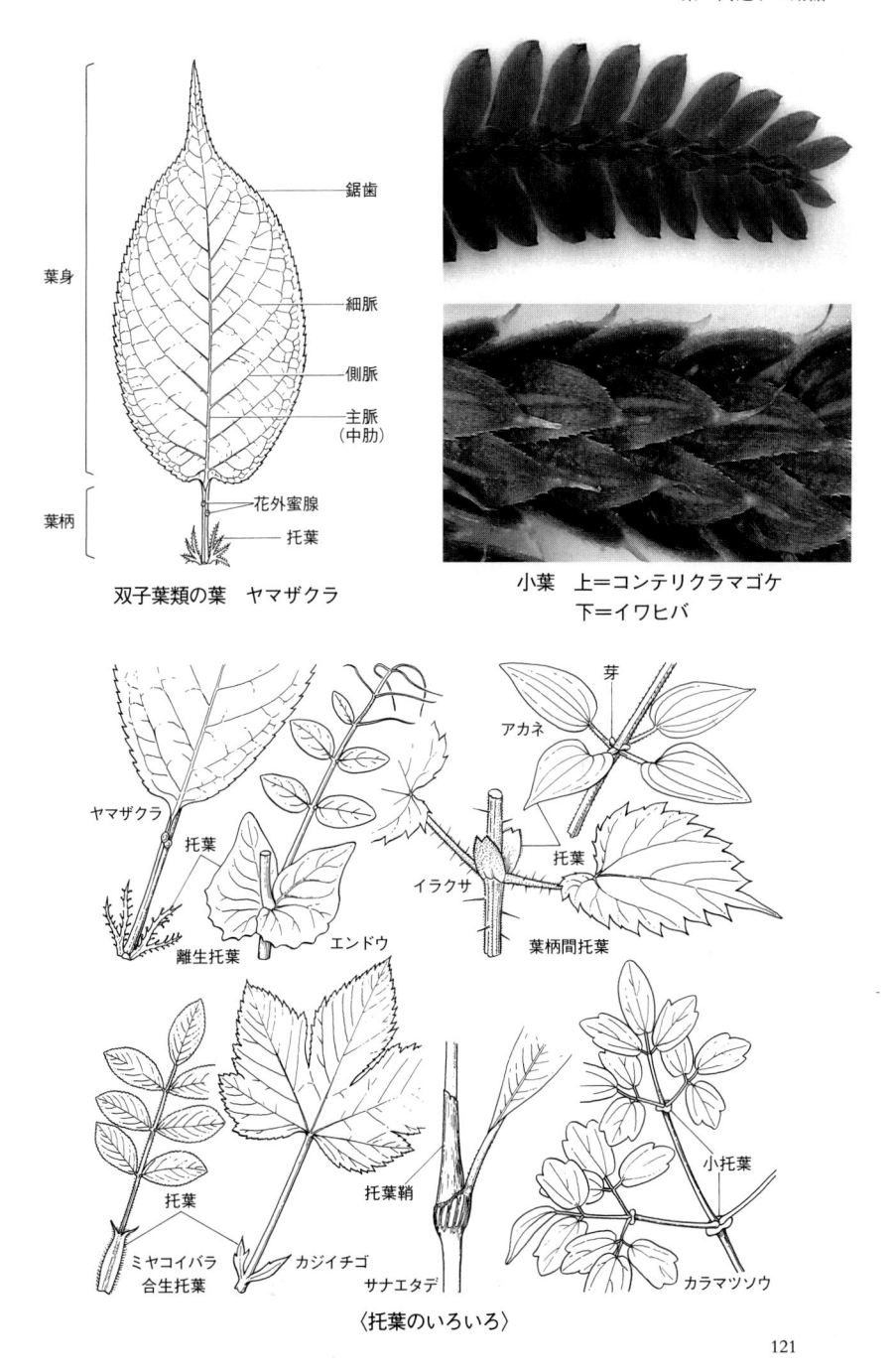

双子葉類の葉 ヤマザクラ
- 葉身
  - 鋸歯
  - 細脈
  - 側脈
  - 主脈（中肋）
- 葉柄
  - 花外蜜腺
  - 托葉

小葉　上＝コンテリクラマゴケ
　　　下＝イワヒバ

ヤマザクラ／托葉／離生托葉／エンドウ／イラクサ／葉柄間托葉／芽／アカネ／托葉／ミヤコイバラ 合生托葉／カジイチゴ／托葉鞘／サナエタデ／小托葉／カラマツソウ

〈托葉のいろいろ〉

葉に関連する用語

サルトリイバラ科では巻きひげtendril, -sとなる。ヨモギやヤブヨモギの中葉の基部には托葉状の小葉片がみられるが、これは**仮托葉（偽托葉）** false stipule, -sと呼ばれる。

複葉の場合は、カラマツソウ、クズ・ヤブツルアズキなどにみられるように、しばしば小葉の基部に托葉状の葉片や突起があり、**小托葉** stipel, -s; stipellum, -laと呼ばれる。

2）**葉柄**

葉身と茎をつなぎ、葉身を支える柄状の部分を**葉柄**petiole, -s; leaf stalk, -sという。茎と葉身の間の水・栄養物質・同化物質の通路となり、断面が円形のもの、半円形のもの、向軸側に溝ができるものなどがある。葉柄の形や長さも多様であり、ハコベ属のように一つの枝の間で長さが異なったり、デンジソウ属やコウホネ属などの浮葉植物では水深に応じて長さが異なり、ナンテンやセリ科では基部が肥大して鞘をつくり、腋芽を保護する。葉柄のある葉は**有柄葉** petiolate leaf, − leavesという。

葉柄はすべての葉にあるわけではなく、裸子植物ではイチョウやグネツム科以外には葉柄はなく、ナデシコ属、オトギリソウ属、リンドウ科、ヤマハハコ属などでも、少なくとも茎生葉は**無柄葉**sessile leaf, − leavesとなる。

葉柄内部の維管束の配列は分類群によって多様な型を示し、おしなべて厚角組織や厚壁組織が発達する。外形や内部構造が左右相称である場合は**両面葉柄** bilateral petiole, -s、放射相称の場合は**単面葉柄**unilateral petiole, -sという。ハコヤナギ属（ポプラ）の葉は微風を受けて細かく振動するが、これは葉身面と直交する扁平な両面葉柄のせいである。カタバミ属、マメ科、ヤマノイモ科には基部付近が膨大した構造すなわち**葉枕** pulvinus, -ni; leaf cushion, -sがあり、睡眠運動をおこなう。葉枕の中心では維管束が集まり、周囲には柔組織が厚く発達し、表面は波打つ。複葉の場合は、小葉柄の基部にも葉枕ができる。

マツ科のトウヒ属やツガ属では葉柄はないが、葉の着点直下の枝の組織が隆起し、同じように葉枕と呼ばれる。この場合は、葉の睡眠運動はみられない。

3）**葉身**

葉の本体で光合成をおこなう主要な部分を**葉身** lamina, -s, -nae; blade, -s; leaf blade, -sという。組織上は表皮・**葉肉** mesophyll, -s、葉脈から構成される。ふつ

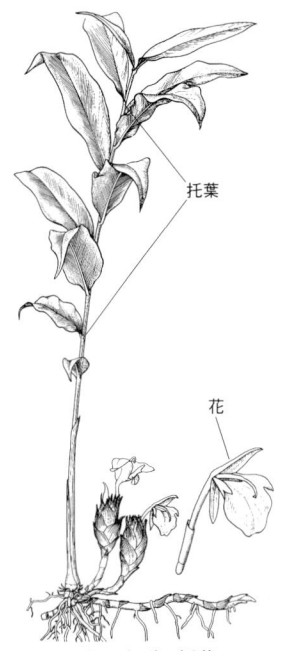

葉に関連する用語

ミョウガの托葉

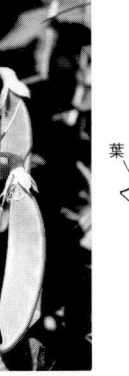

エンドウの托葉

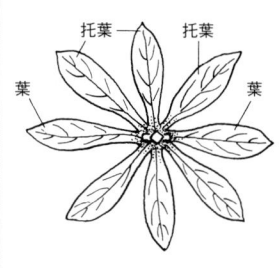

ヤエムグラ属の葉柄間托葉

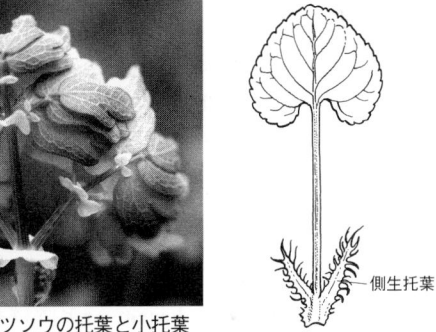

カラマツソウの托葉と小托葉

タチツボスミレの葉

オオイヌタデの托葉鞘

有柄葉　シラカンバ

無柄葉　フデリンドウ

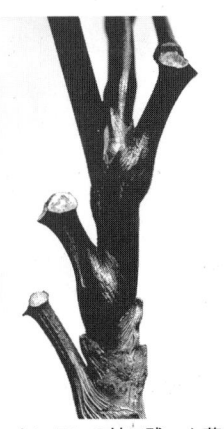

ナンテンの枝に残った葉柄

うは扁平に広がって表裏の区別のある**両面葉** bifacial leaf, － leaves をなすが、ネギ属やアヤメ属などでは円筒形または二つ折れになって外観では背軸側だけがみえる**単面葉** unifacial leaf, － leaves となる。先にあげた無柄葉の例のように、葉柄や托葉がなく葉身だけとなった葉もある一方、葉身が退化して托葉または葉柄だけで構成される葉もある。たとえば、キジムシロやミツバツチグリの**芽鱗** bud scale, -s は托葉だけからなる未発達の葉であり、単子葉植物の線形の葉は葉柄起源と考えられている。

(4) 有鞘葉

単子葉植物には、葉が扁平な葉身の部分と基部の**鞘** sheath, -s になった部分からなるものが多い。鞘は両縁が重ね合わさった場合と癒合して筒形になった場合がある。このように、基部が鞘となる葉を**有鞘葉** sheathing leaf, ― leaves、鞘の部分を**葉鞘** leaf sheath, -s という。葉身が発達せず葉鞘だけの葉は**鞘葉** sheath leaf, ― leaves である。有鞘葉はイネ科、カヤツリグサ科、ツユクサ科、ショウガ科、ラン科では一般的であり、ユリ科では一部の属にみられる。

葉鞘は常に地上茎の節から生ずるのではなく、地下茎から直接生じて順次内側の葉鞘を苞み、あたかも地上茎のようにみえることがある。このような場合、葉鞘の集まりは**偽茎** pseudostem, -s と呼ばれ、ガマ科、ショウガ科、テンナンショウ属、シュロソウ属、スズラン属などにみられる。

イネ科やカヤツリグサ科では、ふつう葉身と葉鞘の連結部の向軸側に扁平で膜質の付属物があり、**葉舌（小舌）** ligule, -s と呼ばれる。葉舌はイネ科ではふつうよく発達し、その大きさ、色、毛の有無などが分類形質として用いられる。カヤツリグサ科ではあまり目立たず、変化に乏しい。

鞘葉はイグサ科のイグサやミヤマイ、カヤツリグサ科のワタスゲ・ホタルイ・カンガレイ・フトイ・ハリイ属などで、稈の基部に少数個が重なり合ってみられる。ホシクサ属では、葉状の根生葉の他に、茎の下部に常に1個の鞘葉がある。

(5) 単葉と複葉

葉身が2個以上の部分に完全に分裂した葉を**複葉** compound leaf, ― leaves、

葉に関連する用語

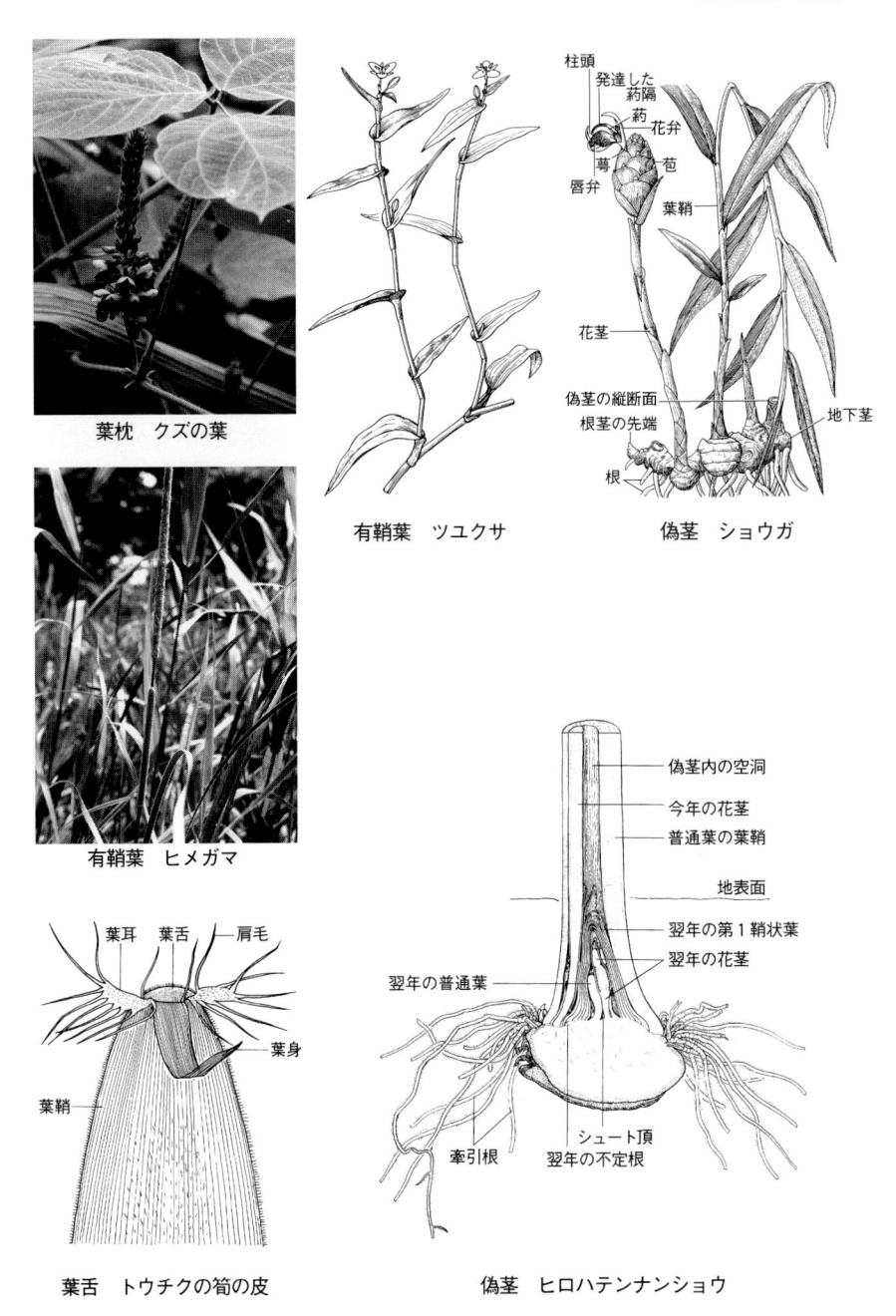

葉枕　クズの葉

有鞘葉　ツユクサ

偽茎　ショウガ
（柱頭、発達した薬隔、葯、花弁、萼、苞、唇弁、葉鞘、花茎、偽茎の縦断面、根茎の先端、根、地下茎）

有鞘葉　ヒメガマ

葉舌　トウチクの筍の皮
（葉耳、葉舌、肩毛、葉身、葉鞘）

偽茎　ヒロハテンナンショウ
（偽茎内の空洞、今年の花茎、普通葉の葉鞘、地表面、翌年の第1鞘状葉、翌年の花茎、翌年の普通葉、牽引根、シュート頂、翌年の不定根）

分裂してできた個々の葉は**小葉**leaflet, -s という。これに対し、葉身が全裂しない葉は、たとえ深い切れ込みがあっても**単葉**simple leaf, ― leaves という。単葉の中で切れ込みのある葉は**分裂葉**lobed leaf, ― leaves である。たとえば、イロハカエデの葉は分裂葉、ミツデカエデの葉は複葉である。

複葉では小葉をつける葉の中心軸は**葉軸**rachis, -es; rhachis, -es、小葉に柄があれば**小葉柄**petiolule, -s という。托葉があれば**小托葉**stipel, -s; stipellum, -la という。場合によっては、1枚の葉片が単葉か複葉の小葉か区別しにくいこともあるが、その時は腋芽の有無を確かめればよい。小葉には腋芽はできない。

複葉は3個の小葉からなる三出複葉を基本として羽状複葉・掌状複葉・鳥足状複葉の3型が派生したとみられる。三出複葉や羽状複葉では小葉がさらに複葉となる場合があり、**再複葉**decompound leaf, ― leaves と呼ばれる。複葉化の回数によって二回複葉、三回複葉もあるし、3出羽状複葉のように複数の様式の組み合わせもみられる。

複葉か単葉か、またどの型の複葉をもつかは種によって一定しているが、ハゴロモナナカマドのような雑種やツタでは、同一個体に単葉と複葉の両者が出現する。また、個体発生の初期には葉はより単純で、単葉であるか、あるいは小葉が減数するのがふつうである。たとえば、ツルマメでは第1、第2葉は単葉、第3葉は2小葉、第4葉以降が三出複葉となるし、クズでは同じく第1、第2葉は単葉、第3葉以降が三出複葉となる。カラマツソウ属、ワレモコウ属、シシウド属の初期の葉は常に3小葉からなる。

複葉はシダ植物（大葉類）ではごく一般的であり、ウラボシ科などわずかの群が単葉をもつにすぎない。裸子植物では、ソテツ科以外は複葉をもたず、被子植物ではクルミ科、ネムノキ科、ジャケツイバラ科、マメ科、トチノキ科、カタバミ科などに典型的に現れる。

1) 三出複葉

3個の小葉をもつ複葉を**三出複葉**ternate leaf, ― leaves; ternate compound leaf, ― leaves; ternately compound leaf, ― leaves、三出複葉を生ずる分裂様式を**三出複生**ternately divided という。中央の小葉は**頂小葉**terminal leaflet, -s、両側の2個の小葉を**側小葉**lateral leaflet, -s と呼ぶ。

三出複葉には、**三出掌状複葉**palmately trifoliolate leaf, ― leaves と、**三出羽状**

葉に関連する用語

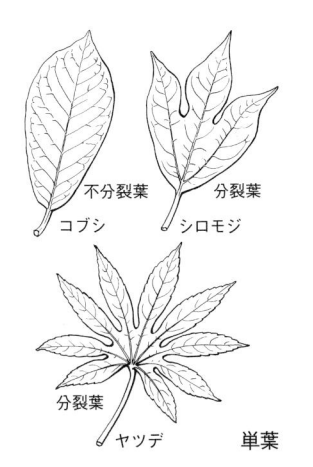

不分裂葉
コブシ

分裂葉
シロモジ

分裂葉
ヤツデ　単葉

分裂葉のカエデ
イロハカエデ

不分裂葉のカエデ
チドリノキ

複葉のカエデ
メグスリノキ

単葉のカエデ
カラコギカエデ

分裂葉のカエデ
オオイタヤメイゲツ

細裂葉のカエデ
カエデの園芸品種

葉に関連する用語

複葉 pinnately trifoliolate leaf, — leaves の 2 型がある。三出掌状複葉は葉柄の先端に 3 個の小葉が直接つく場合で、葉軸が発達しない。ミツバオウレン・クサボタン・ハンショウヅル・ボタンヅル・ニリンソウ・ハクサンイチゲ、ミツバアケビ、ミツバツチグリ・オランダイチゴ属・タテヤマキンバイ属・ヘビイチゴ属、シロツメクサ属の大部分、カタバミ属、カラタチ、ミツデカエデ・メグスリノキ、ミツバウツギ、ミツバ属・ミツバグサ・ウマノミツバ属、ミツガシワ属など双子葉植物の多くの群にみられる。これらは小葉は無柄か小葉柄は短いが、トガクシショウマでは小葉柄は長い。ミヤマハンショウヅルやハンショウヅル、イカリソウ、ヒカゲミツバ・マルバトウキでは 2 回三出複葉となる。

　三出羽状複葉は、葉軸が伸張してその先に頂小葉がつく場合をいう。たとえば、クズの葉は、短い柄のある側小葉と長い柄のある頂小葉からなる掌状葉にみえるが、頂小葉も側小葉と同じ長さの小葉柄をもち、その基部には同様に針状の 1 対の小托葉があり、下方は葉柄に連続する葉軸に続く。小葉柄には粗い長い褐色の毛と白色の短毛が密生するのに対し、葉軸の毛はずっと少なく、間に関節があるので、両者の区別は明瞭である。マメ科にはウマゴヤシ属・ササゲ属・シナガワハギ属・トビカズラ属・ノアズキ属・ノササゲ属・ヌスビトハギ属・ハギ属・ヤブマメ属など三出羽状複葉をもつ群が多い。

　三出掌状複葉から掌状複葉、三出羽状複葉から羽状複葉が導かれる。

2) **掌状複葉**

　三出掌状複葉を含め、葉柄の先に 3 個以上の小葉がつく場合を**掌状複葉** palmate leaf, — leaves; palmate compound leaf, — leaves; palmately compound leaf, — leaves という。小葉が 5 個の場合は**五出掌状複葉** pentatrinate leaf, — leaves、5 個以上の場合を一括して**多出掌状複葉** multiple palmate leaf, — leaves と呼ぶこともある。小葉の数は基本的に奇数である。同一科や属の中で種によって小葉数が異なる例も多い。たとえば、オウレン属ではミツバオウレンが三出で、バイカオウレンが五出、アケビ科ではミツバアケビが三出、アケビやゴヨウアケビは五出、ムベは三〜七出、ウコギ科ではタカノツメが三出、ウコギ属やトチバニンジンは五出、フカノキは七〜九個で多出、キジムシロ属では三出複葉や羽状複葉の種の他、オヘビイチゴは五出掌状複葉をもつ。トチノキ属の葉はすべて五〜九個の小葉からなる多出掌状複葉である。多出掌状複葉が再複葉をつ

葉に関連する用語

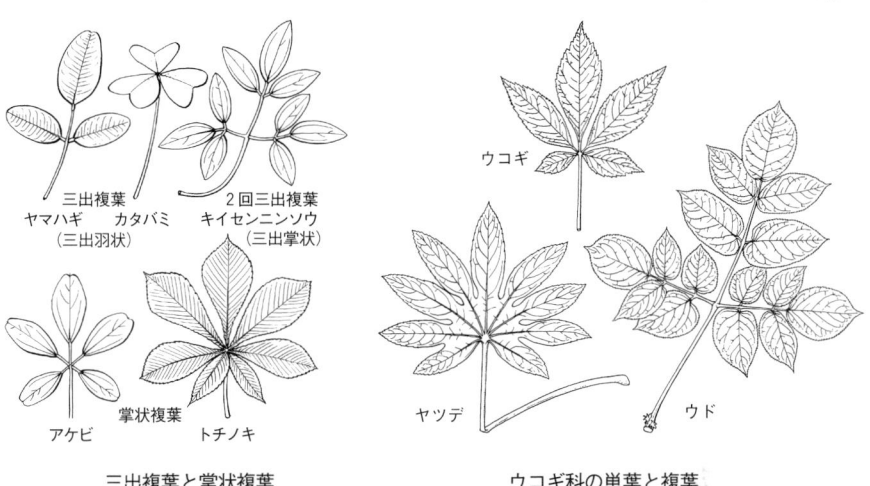

三出複葉
ヤマハギ　カタバミ
（三出羽状）

2回三出複葉
キイセンニンソウ
（三出掌状）

アケビ　掌状複葉　トチノキ

ウコギ

ヤツデ　ウド

三出複葉と掌状複葉　　　　ウコギ科の単葉と複葉

三出複葉　ミツバウツギ　　　ベニバナインゲンの芽生え（単葉）

三出掌状複葉　オオヤマカタバミ　五出掌状複葉　ゴヨウアケビ　ベニバナインゲンの成葉（三出掌状複葉）

葉に関連する用語

くる例はみられない。

3) 羽状複葉

　三出羽状複葉を含め、葉軸が伸びて3個以上の小葉をつける葉を**羽状複葉** pinnate leaf, ― leaves; pinnate compound leaf, ― leaves; pinnately compound leaf, ― leavesという。羽状複葉は、頂小葉があって羽片の数が奇数となるものは**奇数羽状複葉** impari-pinnate leaf, ― leaves; odd-pinnate leaf, ― leaves、頂小葉が巻きひげに置き換わったものは**巻きひげ羽状複葉** cirrhiferous pinnate leaf, ― leaves、頂小葉が欠失し羽片が偶数個になったものは**偶数羽状複葉** pari-pinnate leaf, ― leaves; even-pinnate leaf, ― leaves; abruptly pinnate leaf, ― leavesと呼ぶ。奇数羽状複葉は複葉の中ではもっともふつうな形で、クルミ科、ナナカマド類・ワレモコウ類、ゲンゲ属・オヤマノエンドウ属・コマツナギ属・ホドイモ属・イヌエンジュ属・ユクノキ属・フジ属・ニセアカシア属、ハゼノキ、ヤマウルシ、ニガキ属・ニワウルシ属、キハダ属、サンショウ属、ハマゼリ、ハナシノブ属、セリバシオガマ、ニワトコなど双子葉植物に多くの例がみられる。

　奇数羽状複葉において、側小葉の大きさがいちじるしく不揃いな場合は**不整奇数羽状複葉** interruptedly pinnate leaf, ― leaves といい、キンミズヒキ・ダイコンソウ・シモツケソウ属などにみられ、頂小葉が極端に大きい場合は**頭大羽状複葉** lyrately pinnate leaf, ― leavesといい、ダイコン属・オオタネツケバナ、マルバコンロンソウ、ミヤマダイコンなどが例としてあげられる。

　上記の例では、小葉はそれ以上全裂しないので、1回奇数羽状複葉であるが、さらに小葉が羽状に全裂すれば、**2回奇数羽状複葉** biimpari-pinnate leaf, ― leaves、その小葉がさらに全裂すれば**3回奇数羽状複葉** triimpari-pinnate leaf, ― leavesとなる。タラノキ、ウドでは2回奇数羽状複葉、ナンテンやセンダンでは2〜3回奇数羽状複葉となるが、被子植物では例は少ない。

　巻きひげ羽状複葉は、ソラマメ属やレンリソウ属の草本植物に代表される。ただ、ソラマメ属の中でエビラフジ・ツガルフジ・ナンテンハギ・ミヤマタニワタシなどでは巻きひげが発達しないので、見かけ上は偶数羽状複葉である。日本には自生しないが、木本ではノウゼンカズラ科のビグノニア属 *Bignonia* も巻きひげ羽状複葉をもつ。巻きひげ羽状複葉には再複葉は知られていない。

　偶数羽状複葉では、2個以上の偶数個の小葉が互生または対生してつく。小

葉に関連する用語

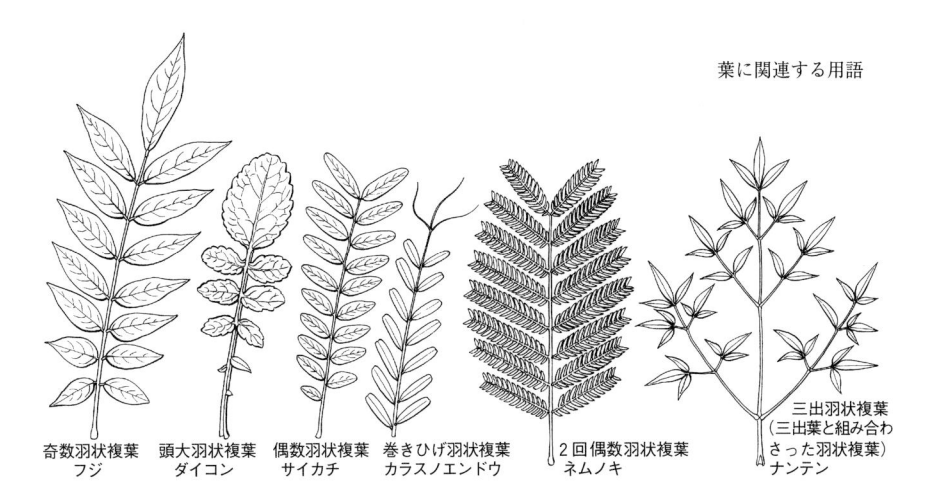

| 奇数羽状複葉 | 頭大羽状複葉 | 偶数羽状複葉 | 巻きひげ羽状複葉 | 2回偶数羽状複葉 | 三出羽状複葉 |
| フジ | ダイコン | サイカチ | カラスノエンドウ | ネムノキ | （三出葉と組み合わさった羽状複葉）ナンテン |

奇数羽状複葉　オニグルミ

奇数羽状複葉　ナナカマド

奇数羽状複葉　イヌエンジュ

偶数羽状複葉　エビスグサ

2回偶数羽状複葉　ネムノキ

葉2個のナンテンハギやミヤマタニワタシ、4個以上のエビラフジ・ツガルフジ・カワラケツメイ・シバネム・クサネム、ハマビシなどがある。ネムノキやサイカチは、それぞれ、2回、および1、2回偶数羽状複葉になる。

シダ植物では、葉が羽状複生するのがふつうであり、小葉は特に**羽片 pinna, -ae** という。複生は1～数回に及び、それぞれ一次羽片、二次羽片、三次羽片……をつくる。クサソテツ属では、頂羽片が明らかで、1回奇数羽状複葉と呼ぶことができるが、多くの場合、頂羽片は次第に小さくなって葉の先へと連続していくので、頂羽片は明瞭ではない。イワガネゼンマイ属では上半部は1回羽状複生するが、下部の側羽片はさらに羽状に複生する。次にシダ類の複葉の例をまとめてあげておく。

1回羽状複葉：ヒメハナワラビ、ヤマドリゼンマイ属、フモトシダ、フジシダ属、キジノオシダ属、クサソテツ属、イワデンダ、ヤブソテツ属、ミヤマワラビ、ミゾシダ、ノコギリシダ、シシガシラ属、チャセンシダ、イチョウシダ
2回羽状複葉：リュウビンタイ、ゼンマイ属、オウレンシダ、イシカグマ、ヘゴ、イノデ、オシダ、ベニシダ、イヌワラビ
3回羽状複葉：コバノイシカグマ、サトメシダ
2～5回羽状複葉：オオフジシダ属

4) 掌状羽状複葉

掌状複葉が羽状複葉と組み合わさってできる複葉は、**掌状羽状複葉 palmate-pinnate leaf, — leaves** という。小葉柄が三出状に繰り返し出る場合がもっぱらで、**三出羽状複葉 ternate-pinnate leaf, — leaves** と呼ばれる。三出羽状複葉は小葉柄の分岐の回数により、1回三出羽状複葉、**2回三出羽状複葉 biternate-pinnate leaf, — leaves**、**3回三出羽状複葉 triternate-pinnate leaf, — leaves** のように呼ぶことができる。セリ科には三出羽状複葉がふつうで、ヤブジラミ・セリ・イブキゼリモドキなどは1、2回三出羽状、オオカサモチやセントウソウは1～3回三出羽状、ミヤマウイキョウは1～4回三出羽状、シャク・ヤブニンジン・カノツメソウは2回三出羽状、イワセントウソウ・エゾボウフウ・シシウド・ヤマゼリは2、3回三出羽状、オヤブジラミやハマボウフウは3回三出羽状、シラネセンキュウは3、4回三出羽状複葉となる。オジギソウは、五出羽状複葉の例に挙げられることもあるが、小葉柄が葉柄の先端で接近して互生している

葉に関連する用語

巻きひげ羽状複葉
左＝イタチササゲ
上＝*Bignonia capreolata*

1回羽状複葉から
2回羽状複葉　サイカチ

1回羽状複葉　クサソテツ

シダ植物の単葉　オオタニワタリ

1回羽状複葉　ヤマドリゼンマイ

1回羽状複葉　オオキジノオ

1回羽状複葉　オニヤブソテツ

ので、厳密には2回羽状複葉である。三出羽状複葉では、一次羽片がさらに羽状に複生することはなく、三出葉が羽状に配列する羽状三出複葉も知られていない。

5) 鳥足状複葉

三出掌状複葉の側小葉、あるいは、多出掌状複葉の最下の側小葉の柄からさらに小葉柄を生じ、小葉柄の分岐が鳥足状になった複葉を**鳥足状複葉** pedately compound leaf, — leaves; pedate compound leaf, — leaves という。コガネイチゴ・ゴヨウイチゴ、アマチャヅルなどは三出掌状複葉、ヤブガラシは三出または五出掌状複葉にみえるが、いずれも鳥足状複葉である。

6) 単身複葉

一見単葉であるが、葉柄の上端や途中に関節がある場合、関節から上の部分を小葉とみなし、**単身複葉** unifoliolate compound leaf, — leaves という。メギ属やミカン属が例としてあげられる。これらは、近縁群に、たとえば、メギ属にはヒイラギナンテン属、ミカン属にはキハダ属といったように奇数羽状複葉をもつ群がある。

(6) 葉脈と脈系

葉脈 vein, -s; nerve, -s は解剖学的には葉の維管束をいい、葉の外形からみれば維管束の存在によって表面にみえる筋である。葉脈の配列の状態は**脈系** venation と呼ぶ。葉脈に関連する事柄は、普通葉だけでなく、花葉や鱗片葉などの特殊な葉にもあてはまる。

1) 葉脈の種類

一枚の葉に太さの異なる複数の葉脈がある場合、もっとも太い葉脈を**主脈** main vein, -s といい、ふつう葉の中央を貫く**中央脈**（中脈）central vein, -s と一致する。掌状複葉や掌状分裂葉では、小葉または裂片の中央に主脈があるが、中央脈はない。平行脈をもつ葉では、多くの場合、主脈も中央脈もはっきりしない。

主脈から派生する脈は**側脈** lateral vein, -s で、分岐の順に**一次側脈** primary lateral vein, -s、**二次側脈** secondary lateral vein, -s のように呼ぶ。これとは別に、主脈や側脈から生じてこれらを結合したり、網目をつくったり、遊離して末端

葉に関連する用語

シダの2回羽状複葉　リュウビンタイ

シダの変則的な羽状複葉　クジャクシダ

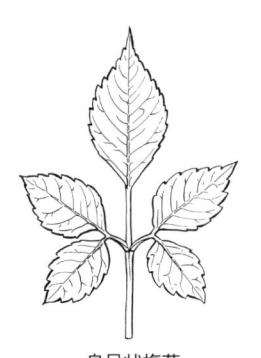

鳥足状複葉
ヤブガラシ

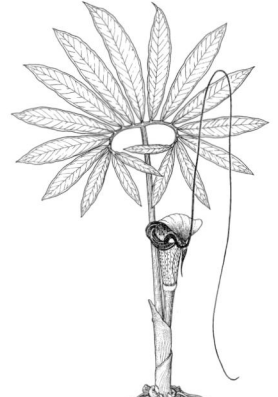

鳥足状複葉
ウラシマソウ

2回羽状複葉　オジギソウ

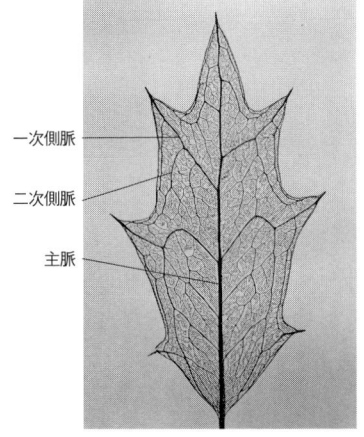

一次側脈
二次側脈
主脈

ヒイラギの葉脈

単身複葉　ユズ　葉身の基部に関節がある

を占めるいっそう細い脈があり、**細脈** veinlet, -s と呼ばれる。細脈のつくる最終の網目は**最終区画** ultimate areole, -s、最終区画の内外に遊離して伸びる小さな葉脈は**脈端** vein ending -s という。また、中央脈を含む線状の隆起部分は**中肋** midrib, -s; costa, -ae という。たとえば、サクラの葉では主脈は中央脈であり、中肋でもあり、側脈や細脈も明瞭である。アヤメの葉では、基部から平行に伸びる太さの異なる多数の縦脈が交互に並び、中央の1本の脈はそれよりわずかに太い。この1本を中央脈または主脈ということはできるが、側脈はまったくない。マイヅルソウの葉脈では、やや太さの異なる縦脈が交互に並び、葉柄の上端で分かれ湾曲して葉端で結合し、左右対称の葉身をつくっている。対称軸に当たる脈は中央脈、中央脈および湾曲する脈はいずれも主脈であり、主脈をつなぐ細い横脈は結合脈である。

　葉脈の呼称には、いくつかの意見があり、主脈を**一次脈** primary vein, -s、一次側脈を**二次脈** secondary vein, -s、二次側脈を**三次脈** tertiary vein, -s と呼ぶこともある。

2) 脈系

　脈系は基本的には網状脈系、平行脈系、二又脈系、単一脈系の4型に分けられる。

網状脈系 reticulate venation; netted venation　主脈、側脈、細脈が互いに結合して葉面に網目をつくるもので、ほとんどの双子葉植物にみられ、一般的には双子葉植物の特徴とされる。しかし、オオバコ属では数個の主脈が平行に並んでいて、まばらに一次側脈は生ずるが細脈は発達せず、網状構造をつくらない。一方、単子葉植物では、ヤマノイモ属やサルトリイバラ属など、主脈は湾曲しながら平行に伸びるが、主脈間には明らかに側脈と細脈が結合し合って、網状脈系をつくる。

　網状脈系は、さらに一次側脈が羽状に並ぶ**羽状脈系** pinnate venation、主脈が掌状に並ぶ**掌状脈系** palmate venation、掌状脈の最下1対の主脈の基部付近から他よりも太くて長い一次側脈を生ずる**鳥足状脈系** pedate venation に分けられる。羽状脈系は双子葉植物にもっともふつうな脈系で、ケヤキ、ハンノキ、クマシデ、イチイガシ、チドリノキ、ヤマボウシ、ヤマモガシなどに顕著にみられ、掌状脈系は三行脈のクスノキ、シロダモ、カクレミノ、カンボク、カラスウリ、

葉に関連する用語

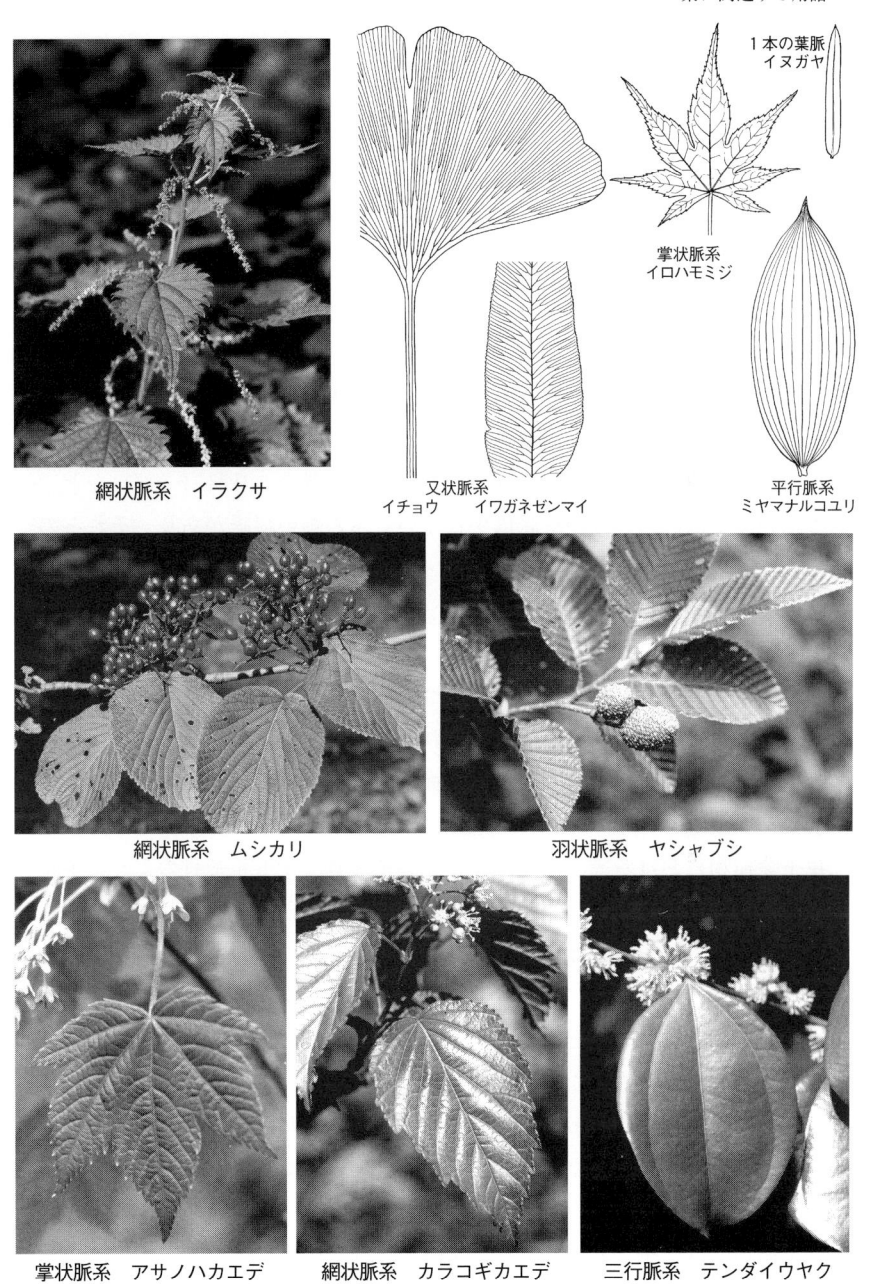

網状脈系　イラクサ

又状脈系
イチョウ　イワガネゼンマイ

1本の葉脈　イヌガヤ

掌状脈系
イロハモミジ

平行脈系
ミヤマナルコユリ

網状脈系　ムシカリ

羽状脈系　ヤシャブシ

掌状脈系　アサノハカエデ

網状脈系　カラコギカエデ

三行脈系　テンダイウヤク

葉に関連する用語

サルトリイバラ、多行脈のカナムグラ、カツラ、イロハカエデ、ハウチワカエデなど、鳥足状脈系はウマノアシガタなどにみられる。ムクノキやヤマブキなどは羽状脈系と掌状脈系の中間型というべきで、掌状脈系のように最下の1対の脈は中央脈の一次側脈より長くはないが、多数の明瞭な二次側脈を外側に伸ばす。

これら3型の脈系は主脈の走行に対応して、分裂葉および複葉へとつながる。キヅタでは三行脈無分裂の単葉および3裂葉があり、ツタには三行脈の3裂葉と三出掌状複葉がある。

平行脈系 parallel venation 　多数の主脈または一次脈が分枝することなく、平行に並んだ脈系をいう。単子葉植物にふつうにみられ、一般的には単子葉植物の特徴とされる。イネ科、カヤツリグサ科、アヤメ科、ユリ科（一部）など、線形の細い葉では、ふつう中央脈に平行ないくぶん細い縦脈があり、それらの縦脈の間に1～数本のより細い縦脈が走っていて、縦脈間をつなぐ横脈はなく、典型的な平行脈系をつくる。エンレイソウ属、キヌガサソウ、スズラン属やマイヅルソウ属など、葉身が広くなるものでは、同じように太さの異なるいく本かの一次脈が湾曲しながら平行脈系をつくるが、これらをつなぐ横の細脈があって、厳密には網状脈系となる。いずれの場合でも、葉の先端ではふつうすべての平行脈が収斂して結合するので、厳密な意味では平行脈といえず、**条線脈系** striate venation と呼ぶべきだとの主張もある。

単子葉植物における網状脈系は、ヤマノイモ科やサトイモ科のように主脈と側脈または一次脈と二次脈が明瞭で網目をつくる場合をいう。

二又脈系 dichotomous venation 　葉脈が二又に分かれ、網目をつくらない脈系をいう。シダ植物の大葉類、つまりシダ類にはふつうにみられ、少なくとも最終羽片において細脈に分枝を生ずる場合には二又分枝となる。たとえば、イワガネゼンマイやイワガネソウの羽片の側脈は2、3回二又分枝し、ヒメシダの最終羽片の側脈は1、2回二又分枝し、ミゾシダのそれは1回二又分枝か単生となる。クジャクシダやホウライシダでは最終羽片の葉脈はすべて二又脈系となる。

裸子植物では、イチョウの葉脈の分枝が好例である。

被子植物では、日本産ではないが、キルカエアステル科のキルカエアステル

葉に関連する用語

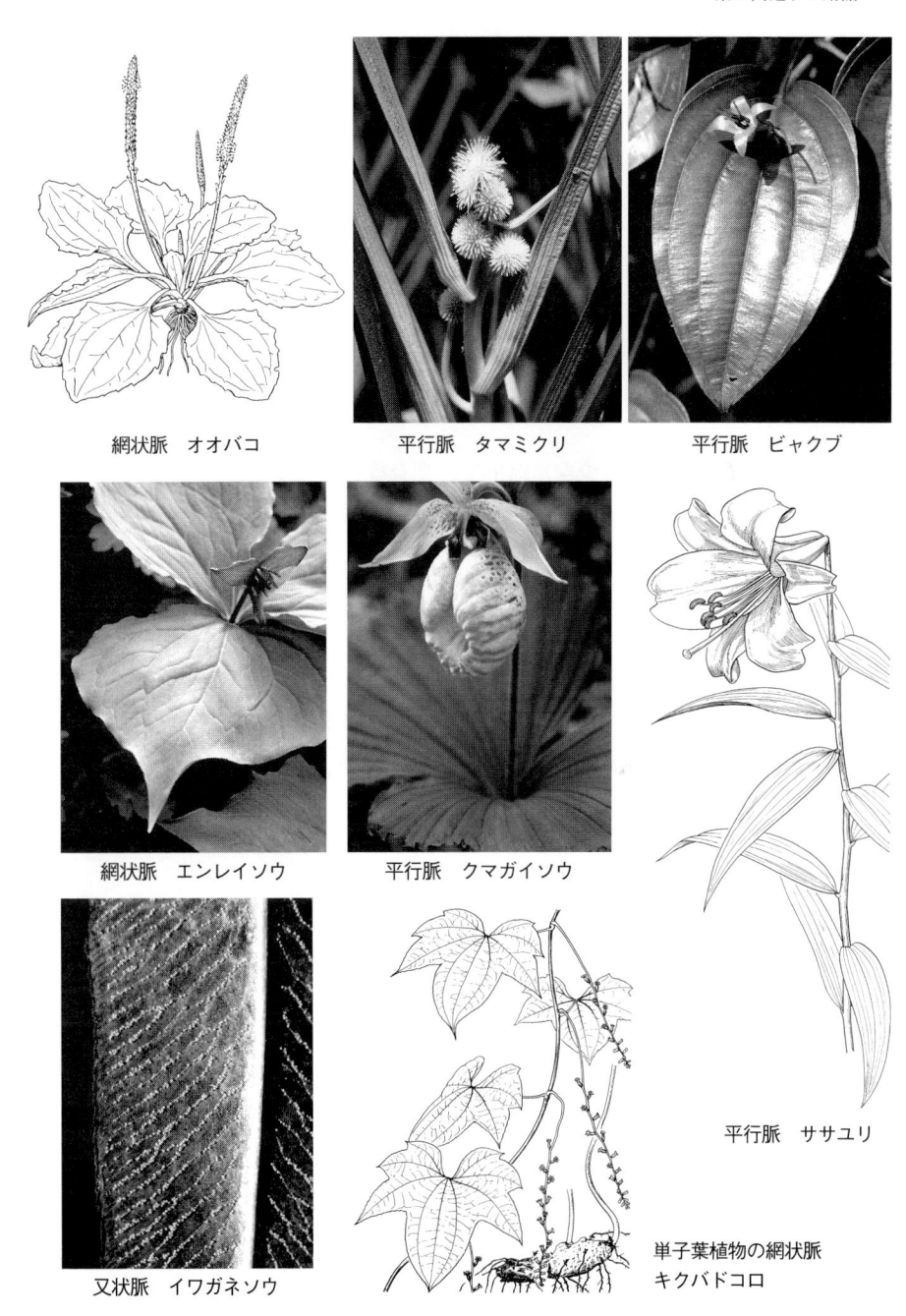

網状脈　オオバコ　　　平行脈　タマミクリ　　　平行脈　ビャクブ

網状脈　エンレイソウ　　平行脈　クマガイソウ

又状脈　イワガネソウ

平行脈　ササユリ

単子葉植物の網状脈
キクバドコロ

Circaeaster やキングドニア *Kingdonia* にみられる。
　二又脈系はおしなべて化石植物をはじめ、原始的とみられる植物に多く存在することから、他の脈系より原始的な脈系と考えられている。
単一脈系 simple venation　単葉または複葉にあって葉または小葉に中央脈1本だけがあって分枝しない脈系をいう。ヒカゲノカズラ植物、多くの裸子植物にみられ、被子植物ではガンコウランやツガザクラなどにみられる。

2. 特殊な葉

　一般に、葉は地上の茎につき、扁平で、光合成をおこなう器官であるが、つく位置、形、はたらきなどにおいてさまざまな特殊化がみられる。

(1) 根生葉とロゼット葉

根生葉（根出葉）radical leaf, ― leaves は、あたかも地中の根から生ずるようにみえる葉をいう。正確には地上茎の基部の節についた葉である。シダ植物と草本性の被子植物には広くみられる。たとえば、キンポウゲ科、イカリソウ属、アブラナ科、ユキノシタ科ユキノシタ亜科、バラ科バラ亜科、フウロソウ属、セリ科、イチヤクソウ属、サクラソウ属、マツムシソウ属、オミナエシ科、キク科、ホシクサ属、イネ科イネ亜科、スゲ属、ヤブラン属・オモト属・ショウジョウバカマ属・ノギラン属、シュンラン属などで顕著である。オウレン属、ミヤマカタバミ群、スミレ属（無茎種）、イチヤクソウ属、タンポポ属、ホシクサ属、イチョウラン属・シュンラン属・クモキリソウ属などでは、普通葉は根生葉だけである。これに対し、伸長した地上茎につく葉は**茎生葉**（茎葉）cauline leaf, ― leaves という。
　根生葉のうち、冬にも枯死することなく、バラの花弁のように放射状に重なり合ってつき、地表に密着して越冬するものを**ロゼット葉** rosette leaf, ― leaves、ロゼット葉の集合を**ロゼット** rosette, -s という。ナズナ、マツヨイグサ属、オオバコ属、マツムシソウ属、ヒメジョオン属・ムカシヨモギ属・ノゲシ属などにみられる。一般にロゼットは夏以降に展開した葉でつくられ、それらの葉群

葉に関連する用語

根生葉　オオバギボウシ

単一脈系　ソテツ

根生葉　スミレ

ロゼット葉　メマツヨイグサ

低出葉と高出葉
コキンレイカ

低出葉と高出葉
トキワイカリソウ

高出葉（苞葉）　ウスユキソウ

の下には春から夏にかけて生じた枯れた古い葉がある。

(2) 低出葉と高出葉

シュートの下部につくられる普通葉以外の葉を**低出葉**cataphyll, -s、シュートの上部につくられる花葉以外の特殊な葉を**高出葉**hypsophyll, -sという。低出葉には芽鱗、芽鱗に似た托葉だけの葉、鞘葉、芽生えの上胚軸の下部につくられる鱗片葉などがある。芽鱗は当然、**鱗芽** scale bud, -s をもつ木本や草本植物にふつうにみられる。托葉だけの葉はキジムシロ・イワキンバイ・ミツモトソウなどのキジムシロ属が好例である。鞘葉は既述のように、単子葉植物の茎の下部によくみられる。タブノキ属・クロモジ属・シロモジ属などでは上胚軸は地下の子葉の間から伸び、地上ではいくつかの鱗片葉が互生し、次第に普通葉へ移行する。この鱗片葉も低出葉である。

高出葉の代表的な例は、総苞片、苞、小苞である。場合によっては、これらを高出葉として限定して扱うこともある。しかし、一般には、シュートの上部にあって退化、変質した葉を含めていう。たとえば、ネコノメソウ属の花序を頂く苞以外の黄色、または白色を帯びた葉、トウダグサ属の杯状花序を支える対生葉、ウスユキソウ属の頭花群の下に放射状に伸びる毛深い苞葉なども高出葉で、普通葉とは異なる。

(3) 前出葉

シュートの第一、二節につくられる葉、つまり側芽に最初につくられる葉を**前出葉**（前葉）prophyll, -s; fore-leaf, － leavesという。つまり、前出葉は側枝の最下の低出葉である。アオキの腋芽から生ずる前出葉は普通葉と変わらないが、特殊な形態を示す場合も少なくない。たとえば、ミカン属の葉腋に出る刺、イネ科の小穂の第一、第二苞頴、スゲ属の果胞および小穂の柄の基部に生ずる鞘葉などである。

(4) 偽葉

葉身と葉柄を明瞭に区別できる葉の中で、葉身が退化または小型となり、代わって葉柄が葉身と同じはたらきをおこなうようになった葉を**偽葉**（仮葉）

葉に関連する用語

ユズの刺（前出葉）

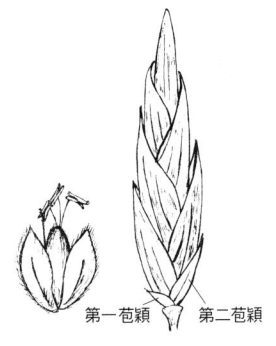

イネ科の小穂
第一苞穎　第二苞穎

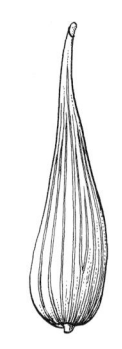

ナルコスゲの果胞（前出葉）

偽葉　サラセニアの捕虫嚢

偽葉　*Acacia podalyriifolia*

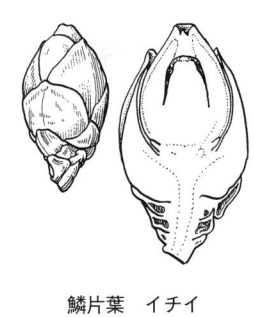

鱗片葉　イチイ
雌性球花（左）と断面図

タブノキの花芽の鱗片葉

鱗状葉　ヒノキ

143

phyllode, -s; phyllodium, -dia という。アカシア属では 2 回羽状複葉の葉身の他に単葉のようにみえる葉をもつ種がある。たとえば、台湾およびフィリピン産のソウシジュには細長い偽葉があるだけで、葉身はまったく発達しない。これが偽葉であることは、平行脈があり、網状脈がないことからすぐわかる。南アメリカ産の *Oxalis succulenta*（カタバミ科）は、葉柄は多肉質で太くて長く、葉身はごく小さいし、食虫植物のサラセニア属の捕虫嚢は葉柄が伸張変化したもので、先に小型の葉身がつく。ともに偽葉である。ミカン属にはしばしば葉柄に翼ができるが、葉身が大きく明瞭なので、葉柄の翼は偽葉ではない。

(5) 鱗片葉

　光合成をおこなわず、普通葉よりいちじるしく小型となった葉を**鱗片葉** scale leaf, — leaves; scaly leaf, −leaves という。ただし、鱗片葉が芽をおおう場合は**芽鱗** bud scale, -s、花芽を腋にもつ場合は**苞**（苞葉）bract, -s; bract leaf, −leaves、花を構成する場合は**花葉** floral leaf, — leaves、裸子植物の雌の球花や球果をつくる場合は**果鱗** cone scale, -s（**苞鱗** bract scale, -s; bracteal scale -s と**種鱗** seed scale, -s; ovuliferous scale, -s）というそれぞれ特殊な呼称をもつ。

　鱗片はシダ植物では根茎、葉柄、葉面上にごくふつうにあり、形は広卵形から嚢状、針形まで、色は褐色、紅色、黒色などさまざまである。裸子植物の鱗片葉は雄の球花、イチイ科の雌の球花、マツ属の長枝などにみられる。ヒノキ科の普通葉は小型で鱗片状になるものが多いが、鱗片葉ではなく**鱗状葉** scale-like leaf, — leaves と呼ぶ。被子植物では根茎や匐枝にふつうにみられ、低出葉や高出葉としても現れる。

重複葉 duplicate leaf, — leaves　ツガザクラ属やガンコウラン属の葉は、左右両縁が裏側に折れ曲がったようにみえるが、裏側の中肋両側の部分は発生の途上に裏側の基本組織中に新たに生じた分裂組織から二次的につくられたものである。この部分は**重複葉身** duplicate blade, -s、重複葉身をもつ葉は重複葉と呼ばれる。重複葉はオモトの園芸品種にもみられるように奇形的につくられる場合もある。

葉に関連する用語

重複葉　ガンコウラン

重複葉　ツガザクラ

抽水葉　クワイ

浮水葉　トチカガミ

浮水葉　デンジソウ

抽水葉　ハス

浮き袋　ホテイアオイ

(6) 水生植物の葉

　水生植物は、水中や水辺など生育環境に応じて、特殊な葉をつける。バイカモ、マツモ、タヌキモ、クロモ、セキショウモ、エビモなどの葉はすべて水中にあり、**沈水葉**submerged leaf, — leaves; submersed leaf, — leavesといい、一般に軟弱で、機械的組織の発達が悪い。葉や植物体が水中にある性質は**沈水性**submergenceという。

　デンジソウ、ヒツジグサ・ジュンサイ、ヒシ、アサザ・ガガブタ、ヒルムシロ・トチカガミなどの葉のように水面に浮かぶ葉は**浮水葉**（浮葉）floating leaf, — leavesといい、気孔は葉の表面にある。葉や植物体が水に浮かぶ性質は**浮水性**floatageという。これらの植物は、常に浮葉のみをもつのではなく、若い葉は沈水性であるのがふつうである。イチョウバイカモやオオイチョウバイカモは沈水葉の他にわずかに扇形の浮水葉を生ずるが、必ずしも水面に浮いているわけではなく、水面上や水中にある。

　ハス、コウホネ、オモダカ・クワイ、ガマは浅水域に生え、葉は水面に抜き出るので**抽水葉**（挺水葉）emergent leaf, — leavesという。抽水する性質は**抽水性**emergenceである。ハスやコウホネの成葉は抽水葉だが、若い葉は浮水性である。

　その他、水生植物には**浮き袋**air bladder, -sがあることがある。浮遊植物はホテイアオイが有名で、葉柄の中央部が膨れて多胞質の浮き袋となり、植物体は水に浮く。

(7) 葉の変態

　葉全体または小葉や托葉が硬化して鋭い突起に変形し、光合成の機能も消失したものを**葉針**leaf spine, -s; leaf needle, -s; leaf thorn, -sという。茎針の対語である。サボテン類の刺はよく知られた葉針の例である。メギやヘビノボラズでは、まず、長枝上に単一または3岐した葉針を生じ、その腋に短枝ができて普通葉がつく。また、ニセアカシアの刺は托葉起源であるので**托葉針**stipular spine, -sとも呼ばれる。

　巻きひげtendril, -sは、他物に巻きついて植物体を安定させるように、枝や葉が変形したものである。そのうち、葉身、小葉、葉柄、托葉などの葉の一部

葉に関連する用語

葉針　ヒロハヘビノボラズ

葉柄巻きひげ　カザグルマ

葉巻ひげ　バイモ

葉巻ひげ　エンドウ

捕虫葉　モウセンゴケ

托葉巻きひげ　シオデ

が巻きひげとなったものを**葉巻きひげ** leaf tendril, -s という。たとえば、バイモでは上部の葉の先ないし葉全体、トウツルモドキでは葉の先、レンリソウやイタチササゲ・カラスノエンドウやクサフジでは頂小葉または頂小葉を含む複数の小葉、シオデ属では托葉、ボタンヅルやカザグルマでは葉柄や小葉柄がそれぞれ巻きひげとなる。

捕虫葉 insectivorous leaf, ─ leaves　食虫植物において、昆虫を捕らえるように変態した葉をいう。捕虫葉の形や捕虫の方法は多様である。モウセンゴケやナガバノモウセンゴケでは、葉の縁や表面に長い腺毛があって、触れると粘液を出し、葉身が巻き込んで虫を取る。ムシトリスミレやコウシンソウでは葉の表面に腺毛と無柄の腺が密生していて、腺毛から粘液、無柄腺から消化液を出して虫を捕らえる。捕虫葉が嚢状に変態したものは特に**捕虫嚢** insectivorous sac, -s と呼ばれる。タヌキモ属では葉身が小さな捕虫嚢となり、内部が減圧されて虫を吸い込む。ウツボカズラ属は葉の先が葉巻きひげとなり、さらにその先が捕虫嚢に、サラセニア属では葉柄（偽葉）が漏斗状の捕虫嚢になり、それぞれ、内部には逆毛が生え、滑面をそなえて虫の脱出を防ぐ。

貯蔵葉 storage leaf, ─ leaves　柔細胞が多量の貯蔵物質を貯え、多肉質になった葉をいう。ユリ属やネギ属の地下茎（鱗茎）は分厚い貯蔵葉が集合したもので、一つ一つの葉は**鱗茎葉** bulb leaf, ─ leaves という。クロユリの鱗茎葉は扁平ではなく、米粒から豆粒大の立体形である。

3. 苞

一つの花または花序を抱く小形の特殊化した葉を**苞**（苞葉）bract, -s; bract leaf, ─ leaves という。シュートの上部に生ずる特殊化した葉であり、高出葉の好例である。花または花序を抱く葉が普通葉と変わらない場合は苞とは呼ばないし、アブラナ科（ハクセンナズナ属・ワサビ属を除く）のようにまったく苞を欠く群もある。苞はその位置や形によって総苞、苞、小苞、苞鞘、苞穎などに分けられる。裸子植物の球花の苞鱗も苞の一種である。

葉に関連する用語

捕虫嚢　ウツボカズラ

鱗茎葉　オニユリ（ユリ根）

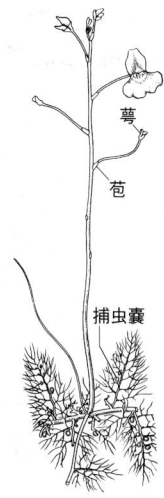

捕虫嚢　タヌキモ

総苞　ノアザミ

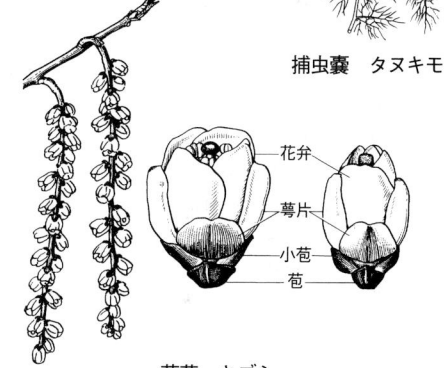

苞葉　キブシ

殻斗　クヌギ

殻斗　シラカシ

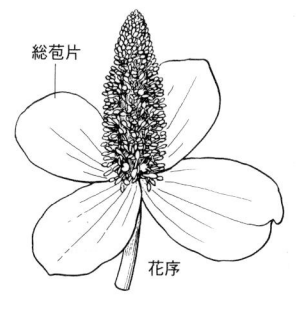

総苞　ドクダミ

149

葉に関連する用語

(1) 総苞

　花序の基部にある複数の苞の集合体を**総苞** involucre, -s、総苞をつくる個々の苞を**総苞片** involucral scale, -s; involucral bract, -s; involucral leaf, ― leaves という。キク科の頭状花序（頭花）では常に球形ないし筒形の総苞を有し、総苞片の配列はキオン連では1、2列、シオン連やアザミ連では多列瓦重ね状といったように連や属の分類形質として重要である。ナベナ属やマツムシソウ属の頭状花序にも基部に総苞があり、総苞片は1～2列で草質をなす。ブナ科では、多数の総苞片がその軸とともに合着し、**殻斗** cupule, -s; cupula, -s と呼ばれる椀状の総苞をつくる。アベマキ・クヌギ・カシワ・ブナの殻斗では総苞片が瓦重ね状に重なり、先が突出するのに対し、アラカシ・ウラジロガシ・シラカシなどでは総苞片は完全に癒合して環状の紋様をつくる。マムシグサ属・ミズバショウ属・ザゼンソウ属などサトイモ科では、花序をおおう1枚の総苞葉があり、特に**仏炎苞** spathe, -s; spatha, -s と呼ばれる。ショウブ科には1枚の帯状の総苞葉がある。その他、ドクダミ属の花序の基部にある4枚の白色の葉片、イチリンソウ属の花序の下に輪生する葉片、トウダイグサ属の花序の杯状体、ゴゼンタチバナ属やヤマボウシ属の花序の下の4枚または2枚の白色の葉片なども総苞と呼ばれる。しかし、総苞片には腋芽を生じないので、これらの葉片を総苞片と呼ぶべきではないという意見もある。なお、コンロンカの花序には総苞片にみえる白色の葉片があるが、これは花序の外側の一部の花の萼裂片が大きくなったもので、総苞片ではない。

(2) 小総苞

　複合花序においては大花序の苞を総苞、小花序の苞を**小総苞** involucel, -s、一つ一つの苞を**小総苞片** involucel segment, -s という。たとえば、同型複散形花序をつくるセリ科セリ亜科においては大散形花序の苞は総苞、小散形花序の苞は小総苞である。イネ科の花序は小穂を単位とする同型複合花序、または穂状総状花序や穂状円錐花序などの異型複合花序をつくる。この場合、小穂の基部にある一対の苞穎を小総苞、花序の基部の有鞘葉を総苞とみることができる。

葉に関連する用語

総苞片のような大型萼裂片　コンロンカ

総苞　ゴゼンタチバナ

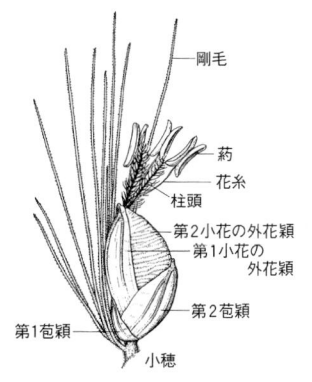

苞穎（小総苞）　キンエノコロ

小苞　カワラナデシコ

苞鞘　スズメノテッポウ

小苞　バショウの雄花序

小苞　バナナの雌花序

(3) 小苞

　無柄の花では、花の基部、有柄の花では花柄または花茎上につき腋芽をつくらない小型の葉を**小苞** bracteole, -s; bractlet, -s という。双子葉植物ではイラクサ属、マンテマ属、センニンソウ属、コマクサ属、ユキノシタ属、スミレ属、キジムシロ属、シャクナゲ属、イワカガミ属、イワイチョウ属、スイカズラ属、キキョウ属などにみられるように、ふつう2個ずつあるのに対し、単子葉植物ではスズメノヒエ属、アヤメ属、ノギラン属などにみられるように、ふつう1個である。もちろん、小苞をもたないものも多いし、その数や形は変化に富む。たとえば、ナデシコ属では1～3対が萼筒の基部につき、ガンコウラン属では花柄上に4個つき、イワショウブ属にも4個ある。マツムシソウ属では、小苞は子房を取り巻き上半部は子房から離れて膜質の襟になる。スゲ属の果胞は小苞が特殊化したものとみることができる。

(4) 苞鞘

　単子葉植物には有鞘葉をもつものが多い。有鞘葉のうち、花序を腋生するものを**苞鞘**（苞鞘片）bract sheath, -s という。たとえば、スゲ属ではシバスゲ節やシオクグ節の小穂の苞は少なくとも最下のものは苞鞘であるのに対し、マスクサ節やアゼスゲ節の小穂の苞は普通葉と変わらず、無鞘である。

4. 葉序

　葉は茎に対し、分類群ごとに一定の周期的な規則性をもって配列する。この配列様式を**葉序** phyllotaxis, -xes; phyllotaxy, -xies; leaf arrengement, -s という。葉序は1節に1個の葉がつく互生葉序と2個以上の葉がつく輪生葉序に分けられる。1節に2個の葉がつく場合は特に対生といい、互生・対生・輪生の3型に大別することも多い。シダ植物や裸子植物（子葉を除く）の葉序はほとんど互生であり、原始的な被子植物にも互生葉序が優勢であることから、互生葉序の節間の規則的な短縮によって対生および輪生が導かれたとする考えが有力である。一方、同一個体で葉序が異なる場合も多い。たとえば、互生葉序をもつ双

葉に関連する用語

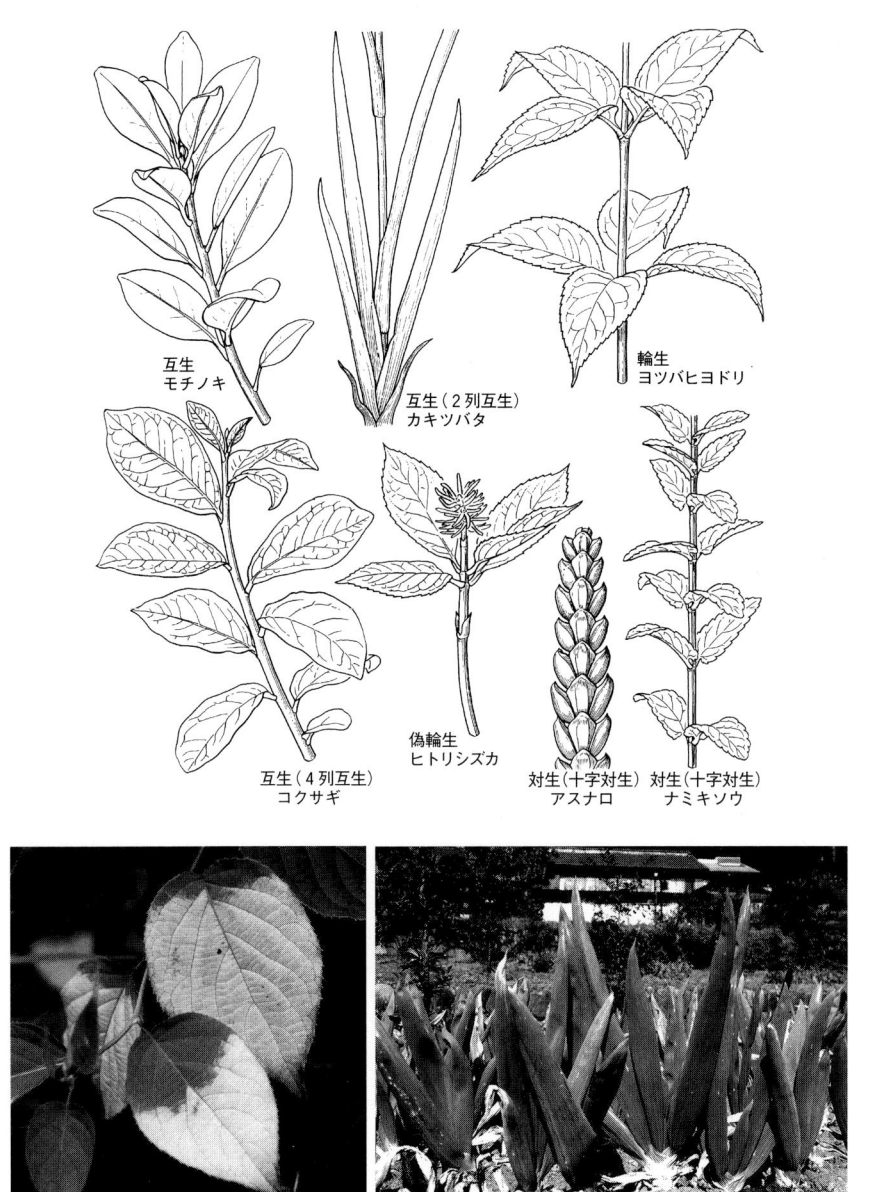

互生
モチノキ

互生（2列互生）
カキツバタ

輪生
ヨツバヒヨドリ

互生（4列互生）
コクサギ

偽輪生
ヒトリシズカ

対生（十字対生）
アスナロ

対生（十字対生）
ナミキソウ

互生葉序　マタタビ

2列互生葉序　ネギ

〈葉序のいろいろ〉

葉に関連する用語

子葉植物でも子葉は対生するし、ニシキギ、カエデ属、ツクバネウツギの普通葉は本来対生であるが、徒長枝では、3、4輪生となり、ヒマワリやキクイモは互生葉序をもつが、下部の1、2対の葉は対生する。クズやダイズの芽生えでは、第1、第2葉は対生するが、以後の葉は互生となる。

葉序は普通葉だけでなく、低出葉や高出葉（花葉）も含めて扱われる。

(1) 互生葉序

茎の1節に1個の葉がつくようすを**互生** alternate といい、その葉序を**互生葉序** alternate phyllotaxis, -xes; — phyllotaxy, -xies という。多くの場合、葉の着点が茎のまわりに螺旋状に配列するので、**螺生** spiral といい、その葉序を**螺旋葉序** spiral phyllotaxis, -xes; — phyllotaxy, -xies として区別してもよい。この場合、葉の着点をその発生順につないだとき得られる螺旋は基礎螺旋、葉の着点をつないだ線のうち茎に平行するものは直列線と呼ばれる。今同一直列線上にある最寄りの2葉間において、基礎螺旋上の葉数をa、螺旋の回転数をbとすると、葉序はb／（a＋1）で表すことができる。隣り合う2葉間の投影角度は**開度** divergence angle, -s という。イネ科やアヤメ科にみられる2列互生の葉序は1／2、開度は180°、カヤツリグサ科にみられる3列互生の葉序は1／3、開度は120°である。この表し方によると、互生葉序は1／2、1／3、2／5、3／8のような級数、一般に1／n、1／（n＋1）、2／（2n＋1）、2／（3n＋2）……のような級数（フィボナッチ級数）によって表すことができる。たとえば、2／5葉序（開度144°）はコナラ属やバラ属、3／8葉序（開度135°）はトリカブト属やアサにみられる。マツ科では8／21～13／34という分子、分母の大きい葉序をもつ。このほか互生葉序にはコクサギのように開度180°、90°、180°、270°が順に現れる4列互生、ブナのように開度90°、270°が交互に現れる2列互生などもあって複雑である。

(2) 対生葉序

茎の1節に2個の葉がつくつき方を**対生** oppsite といい、その葉序を**対生葉序** opposite phyllotaxis, -xes; — phyllotaxy, -xies という。中でも、直列線が等間隔に4本ある場合は上からみると十字形に葉がつくので**十字対生** decussate

葉に関連する用語

十字対生 ヒメオドリコソウ　　十字対生 キセワタ　　対生 アスナロ

2列対生 キンシバイ　　4輪生 ツクバネソウ

5輪生 ツリガネニンジン　　3輪生 エンレイソウ
単子葉植物の対生葉 ヤマノイモ
〈葉序のいろいろ〉

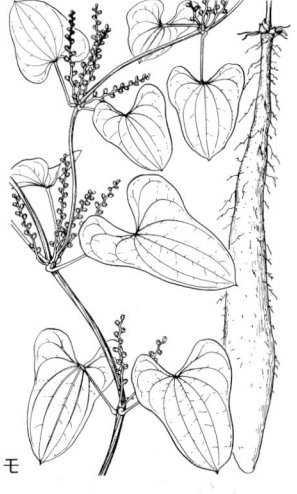

oppositeという。対生葉序のほとんどすべては十字対生であり、ナデシコ科、アジサイ科（クサアジサイ属を除く）、カエデ科、リンドウ科、ゴマノハグサ科、シソ科、スイカズラ科、アカネ科などの双子葉植物では科の特徴となっている。ツルアリドオシの茎は地表をはい、葉は平面上に並ぶが、直列線は4本あるので、やはり十字対生である。直列線が2本しかない場合は**2列対生** distichous oppositeといい、ヒノキバヤドリギなどにみられるが、例は少ない。また、直列線が4本あるが等間隔でない場合は**複2列対生** bijugate（例、コニシキソウ）、6本以上の場合は**複系2列対生** spiral deccusate（例、カヤ）という。対生葉序は、シダ植物ではイワヒバ属やヒカゲノカズラ属の一部、裸子植物ではヒノキ科、単子葉植物ではヤマノイモやビャクブなどにみられるにすぎない。

(3) 輪生葉序

茎の1節に2個以上の葉がつくつき方を**輪生** verticillate; whorledといい、その葉序を**輪生葉序** verticillate phyllotaxis, -xes; ─ phyllotaxy, -xiesという。前述のように2個つく場合は対生として扱うのがふつうである。また、3個つく場合は**3輪生** ternate、4個つく場合は**4輪生** quaternate、5個つく場合は**5輪生** quinate、不定数のときには単に輪生という。これらの葉のつき方は、下の節の葉のつく位置の中間に上の節の葉がつくので、直列線は各節につく葉の数の2倍あるのが原則となる。輪生葉序はトクサ植物のスギナやトクサ、裸子植物では子葉やネズの葉（3輪生）にみられるが、例は少ない。単子葉植物では、エンレイソウ属が3輪生、ツクバネソウが4輪生と一定しているのに対し、クルマバツクバネソウは6～8枚、キヌガサソウでは8～10枚の葉が輪生し、数は一定していない。クロユリやクルマユリでは、茎の中部では数枚が輪生状、上部では小数個がまばらに互生する。双子葉植物では、イチリンソウ属のイチリンソウやニリンソウ、ツクモグサ属のツクモグサやオキナグサの茎葉（総苞葉）、ミセバヤやミツバツツジ類の普通葉は3輪生状、ハクサンイチゲの茎葉（総苞葉）やホザキノフサモの普通葉は4輪生、シロヤシオやアカヤシオは5輪生状と一定しているが、多くの場合、輪生葉序をなす葉数は必ずしも決まっていない。たとえば、コメバツガザクラは対生または3輪生、ミツバベンケイソ

ウ、トチバニンジン、ツリガネニンジン・フクシマシャジンは3～5輪生、タチモやタカネシオガマ・ヨツバシオガマ、ヨツバヒヨドリは3～4輪生、クガイソウは4～6輪生となる。スギナモの葉は多輪生である。

　ヒトリシズカのように対生する上下の葉の節間が短縮して一見輪生しているようにみえる場合は、**偽輪生** false verticillate　という。これに対し、ウメガサソウやオオウメガサソウのように互生葉序の節間が短縮した結果、輪生のようにみえる場合は単に輪生状という。ソテツの葉は、幹の先に輪生状に互生する。

(4) 束生と叢生

　シュートの先端にあって、きわめて節間の短縮した複数の節に葉が互いに近接し、束になってつく場合、**束生** fascicled という。これは葉序を表す用語ではなく、葉序は互生、対生、輪生のいずれであってもよい。束生する葉の全体は**葉束** leaf fascicle, -s と呼ぶ。

　多くのシダ植物では根茎の先に葉束があり、イチョウ、カラマツ・マツ属、メギ属、アケビ属、アオハダなどの葉は短枝上に束生するが、葉序はいずれも互生である。単子葉植物では、ふつう根生葉は束生し、ナデシコ属、オミナエシ属、マツムシソウ属などでは対生葉序の根生葉がみられる。

　束生という場合、束生する器官は葉のみならず、散形花序につく花、単子葉植物の不定根など、そのほかの器官にもよくみられる。束生する花は**花束** flower fascicle, -s、根は**根束** root fascicle, -s であり、一般に束生する器官全体を**器官束** fascicle, -s という。

　これに対し、地上茎の下部あるいは地下茎の側芽から新しいシュートを生じ、互いに接して株立ちとなる場合を**叢生** tufted; caespitose; cespitose という。したがって、この用語は葉のつき方を表すものではない。イネ科植物では稈の基部の節から腋芽が伸びて新しいシュートをつくる現象を特に**分げつ** tillering; shooting、これらのシュートを**分げつ枝** tiller, -s という。分げつ枝は叢生し、次第に大きな株に成長する。分げつはイネ科植物に限って起こるわけではない。

5. 内部形態

葉に関連する用語

維管束植物を内部形態的にみると、**表皮系**epidermal system, -s、**基本組織系** fundamental system, -s、**維管束系**vascular system, -sの3つの組織系に分けられ、それぞれの器官において特有の構造がみられる。

葉はふつう扁平で、表と裏、つまり**背腹性**dorsiventralityがある。芽の中で向軸側にあった面が表面（上面）、背軸側にあった面が裏面（下面）となる。葉の内部構造にもやはり背腹性が認められる。

(1) 表皮系

維管束植物の体各部をおおい、保護するはたらきをもつ組織系をいい、表皮細胞、気孔、水孔をつくる孔辺細胞、各種の毛、鱗片、腺などからなる。
表皮細胞epidermal cell, -s　植物体の表面は**表皮**epidermisでおおわれる。表皮はふつう一層の表皮細胞からなるが、ときに複層の細胞層からなる場合があり、**多層表皮**multiseriate epidermisと呼ばれる。たとえば、マオウ属、ムラサキツユクサ属などでは2〜3層、イヌビワ属、スナゴショウ属では3〜5層からなり、なかでも*Peperomia pereskiifolia*では15〜16層にもなる。表皮細胞の形は、長方形、多角形、不定形で波状縁をもつものなど多様であり、互いに緊密に癒合して、細胞間隙がない。概して双子葉植物では多角形、不定形で、単子葉植物では長方形である。

　表皮細胞の外壁には蝋あるいは脂肪酸からなる**クチクラ**cuticule, -sが分泌され、**クチクラ層**cuticular layer, -sがつくられる。クチクラ層は植物体内からの水の発散を防ぎ、外部からの物質の侵入を調節するはたらきをもつ。常緑のカシ類、クスノキ属、ツバキ属などでは特にクチクラ層の発達がよく、葉に強い光沢が出るので、それらの樹種は**照葉樹**lucidophyllous tree, -sと呼ばれる。
気孔stoma, -mata　陸上植物に特有な表皮系の構造で、2つの**孔辺細胞**guard cell, -sに囲まれた小間隙をいう。孔辺細胞に接して2〜4個の**副細胞**subsidiary cell, -sがあることも多い。気孔は、光合成、呼吸、蒸散などのガス交換における空気や水蒸気の通路である。ふつう、葉の裏面に多いが、スイレン属では表面にのみあり、ベンケイソウ属、カラスムギ属、ガマ属などでは両面に均等にあるし、ユキノシタ属やベゴニア属では局部的に集合し、針葉樹では線状に集合して**気孔条（気孔線）**stomatal zone, -sをつくる。沈水植物にはまったくない。

葉に関連する用語

柵状組織
海綿状組織

葉の内部構造　ツバキ

十字型気孔　ツユクサ

不規則型　　不等型　　直交型

平行型　　十字型(1)　十字型(2)　十字型(3)

広く認められる気孔の配列型

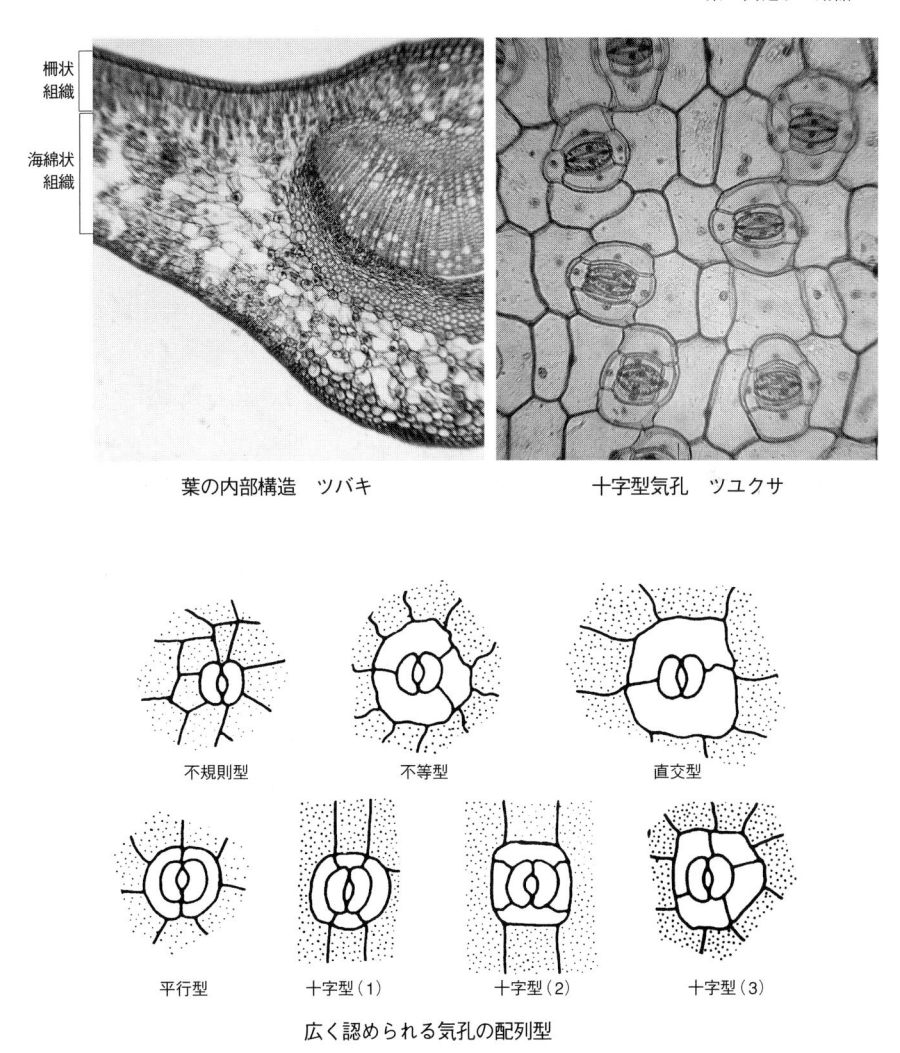

　葉の他には、若い茎や花被片にみられることもある。コケ植物のツノゴケ類では胞子体に気孔がみられることから、これを高等植物の原始型とする見方がある。
　気孔は副細胞の有無や配列のしかたによって、35型に分けられる。そのう

159

ち、広く認められるのは、次の5型である。
①**不規則型** anomocytic　ほかの表皮細胞と区別できない細胞によって囲まれている気孔、つまり、副細胞のない気孔。被子植物にもっともふつうにみられる。例　キンポウゲ科、ブナ科、カエデ科
②**不等型** anisocytic　3個の副細胞に囲まれていて、そのうちの1つが他より小さい気孔。例　ベンケイソウ科、イワタバコ科、マツムシソウ科
③**直交型** diacytic　2個の副細胞に囲まれていて、それらの共有の細胞壁が孔辺細胞と直交する気孔。例　キツネノマゴ科
④**平行型** paracytic　左右両側に1個以上の副細胞があり、孔辺細胞と平行する位置にある気孔。例　モクレン科、クスノキ科、イネ科
⑤**十字型** tetracytic　4個の副細胞が2個ずつ孔辺細胞の長軸および短軸に平行に並ぶ気孔。例　ミゾハコベ科、オモダカ科、ホロムイソウ科

　気孔型は分類形質として有効な場合がある。たとえば、キツネノマゴ科の気孔は直交型であるのに対し、近縁のゴマノハグサ科では不規則型である。科の中では、モクレン科はユリノキ属が不規則型であるほかは平行型、キク科は不規則型と不等型、ラン科は平行型と不規則型まれに十字型といったように、科内分類群ごとに一定の気孔型を示す。しかし、イワタバコ科のウシノシタ属やセントポーリア属では成葉は不等型であるのに子葉は不規則型であったり、イワダレソウでは1枚の葉に不規則型、不等型、直交型、十字型の気孔がみられるなど、気孔型は必ずしも常に種によって固定した形質ではない。

(2)　基本組織系

　表皮系と維管束系以外の組織系を基本組織系という。葉身の基本組織系は**葉肉** mesophyll, -s と呼ばれ、普通葉では同化組織、貯蔵葉では貯蔵組織や貯水組織からなる。鱗片葉にはほとんど発達しない。

柵状組織 palisade tissue, -s と**海綿状組織** spongy tissue, -s　普通葉の横断面をみると、多くの場合、表側には葉面に垂直な方向に比較的密に並んだ細胞からなる組織、裏側には形も並び方も不規則で、細胞間隙に富む組織が認められる。前者が柵状組織、後者が海綿状組織である。細胞間隙は気孔を通して外界とつながる。しかし、針葉樹類やイネ科の葉では、柔細胞が葉肉中にほぼ均等に分布

葉に関連する用語

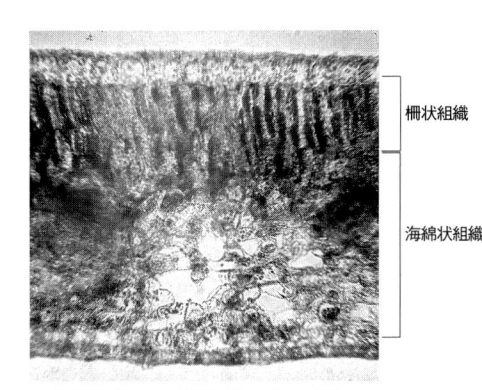

柵状組織と海綿状組織　サンゴジュ

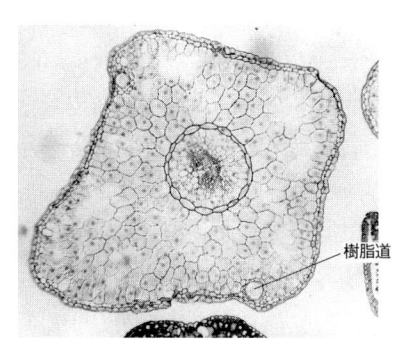

樹脂道　ドイツトウヒの葉

していて両者の区別は明らかでなく、スイセン属では上下表皮下に柵状組織、中央に海綿状組織があり、単面葉のアヤメ属でも同様に両面の表皮下に柵状組織、海綿状組織があるなど、変化に富む。

下皮 hypodermis と**内皮** endodermis　表皮下、つまり、葉肉の最外層にある1ないし数層の細胞層をいう。針葉樹では、多くは1層または2層の繊維状の厚壁細胞からなる。マツ属、スギ、コウヤマキでは気孔の部分を除き、全周にあり、ツガ属では葉の両縁部分にのみみられる。しかし、イチイ科にはまったくない。被子植物では下皮がみられることは少ないが、モチノキ属では上面表皮の下に内側の葉肉細胞より少し大きな厚壁細胞からなる下皮がみられる。下皮は葉緑体をもたず、多層表皮の内側の層に似ているが、発生学上、表皮と異なり、葉肉と同一起源をもつ。これに対し、葉肉の最内層に維管束を囲む厚壁細胞あるいは柔細胞からなる1層の表皮状の細胞層がある場合、内皮という。葉の内皮はシダ植物や針葉樹類にはふつうにあるが、被子植物にはない。針葉樹類の針葉には、内皮と維管束の間に**移入組織** transfusion tissue, -s と呼ばれる特有の組織がある。これは、柔細胞と仮導管が入り交じった組織で、維管束と葉肉を連絡する補助的な通道組織と考えられる。

維管束鞘 bundle sheath, -s; vascular bundle sheath, -s　葉脈の維管束を直接取り囲む1層の柔細胞からなる組織を維管束鞘といい、葉緑体を含まず、通道や同化産物の一次的な貯蔵に役立つと考えられる。葉の横断面でみると、多くの場合、

維管束鞘は数個の細胞列となって上下両面に向かって伸長し、表皮に達する。この部分は**維管束鞘延長部** bundle-sheath extension, -s という。ともに、カシ属、ナシ属・リンゴ属、イネ科などにみられる。ただし、イネ科の中でC4植物と呼ばれるものでは、維管束鞘は内外2層になっていて、外側の細胞層は葉緑体に富み、ともに、**環状葉肉** kranz, -es と呼ばれる。

樹脂道 resin canal, -s; resin duct, -s　組織の発達過程で生ずる細胞間隙のうち、周辺の分泌細胞から出された分泌液がたまる管状の隙間を一般に**分泌道** secretory canal, -s; secretory duct, -s といい、樹脂が分泌される分泌道を特に樹脂道と呼ぶ。樹脂道は針葉樹類ではよくみられ、その有無や葉肉中の位置および数は重要な分類形質を提供する。たとえば、イヌガヤ、イブキ、カヤ、スギ、ツガ属では1個、カラマツ・トウヒ・トガサワラ・モミ属では2個、マツ属二葉松類とコウヤマキ属では3～8個、マツ属五葉松類では0～5個ある。イチイ属にはない。

乳管 lactiferous vessl, -s; laticifer, -s; latex tube, -s; latex duct, -s　**乳液** latex, -es, -tices を分泌する**乳細胞** latex cell, -s; laticiferous cell, -s が管状または網目状につながった組織を乳管という。複数の乳細胞が縦につながって生じ、成熟して両端の隔壁を失ってつくられる**連合乳管**（有節乳管）articulated laticifer, -s; articulate latex duct, -s; articulate latex tube, -s と一つの細胞が核分裂のみおこなって伸長し、多核の1乳細胞からなる**単乳管**（無節乳管）non-articulated laticifer, -s　がある。有節乳管はケシ属、キキョウ科、キク科タンポポ亜科、ネギ属などに、無節乳管はトウダイグサ科やガガイモ科などにみられる。

　乳管は一般的には葉のみでなく、茎や花、果実などにもみられ、基本組織だけでなく、維管束系につくられることもある。

異形細胞 idioblast, -s　一つの組織の中で周囲の細胞とは形、大きさ、構造、内容物などが異なる細胞。細胞内に各種の結晶をもつ**結晶細胞** crystal cell, -s や細胞壁の厚化した**厚壁異形細胞** sclerified idioblast, -s、タンニンを分泌する**タンニン細胞** tannin cell, -s などがあり、いずれも組織内に単独あるいは複数個がかたまって散在する。結晶細胞には蓚酸カルシウムや炭酸カルシウムの結晶があるのがふつうで、細かい結晶が集まって金平糖状になった**集晶** druse, -s や針状結晶が束になった**束晶** raphide, -s がつくられる。たとえば、ダイモンジソウには

蓚酸カルシウムの集晶、ジンジソウには束晶があって、近縁種間で異なった形の結晶が現れることもある。厚壁異形細胞には、コウヤマキ、ヤマグルマ、ツバキ属などの葉肉にみられるように不規則な形に分枝するものやハスやコオホネ属の葉柄にみられるように星形に分枝するものなどがある。タンニン細胞はマメ科、ヤシ科、サトイモ科の葉柄の維管束に沿った柔組織内にみられる。

　異形細胞は、イヌビワ属やキツネノマゴ属の表皮の結晶細胞、ナシ属の果肉の厚壁異形細胞（**石細胞** stone cell, -s）、カキ属の果肉のタンニン細胞のように、葉以外の器官にも広くみられる。

離層 abscission layer, -s; abscis layer, -s; separation layer, -s と **葉痕** leaf scar, -s　落葉樹・常緑樹を問わず、葉の茎からの離脱をうながすために葉柄の基部を横断して存在する特殊な組織を離層という。離層は大部分柔細胞からなり、維管束系は仮導管のみからなり、かつ、細胞は短く、構造上弱くできている。落葉は、落葉時に加水分解酵素がはたらいて離層細胞壁あるいは細胞壁中層が分解されることによって起こる。落葉後は、葉柄基部の形によって線形、楕円形、三角形、円形などさまざまな形の葉痕（葉印）を残す。葉痕には、また、維管束の配置が明瞭にみられるので、分類形質として用いることができる。

　離層はたいていの樹木にみられるが、カシワやクヌギ、シュロなどでは葉柄に離層ができにくいので、枯死した葉が長期間茎にぶら下がったままになる。

(3) 維管束系

　主として維管束からなり、植物体内の物質の移動や植物体の機械的な支持をおこなう組織系。葉の維管束系は外形からは脈系として、内部形態的には葉跡として存在する。

葉跡 leaf trace, -s; foliar trace, -s と **葉隙** leaf gap, -s; foliar gap, -s　茎の節の部分で茎から分かれて葉に入る維管束を葉跡、葉跡が出るのにともなって茎の維管束や維管束筒に生ずる隙間を葉隙という。葉隙の数や葉隙ごとの葉跡数は、特に双子葉植物においてさまざまな変異がみられ、系統を反映したものと考えられている。ヒカゲノカズラ類やイワヒバ類には葉隙はなく、単子葉植物では葉隙がはっきりしないものが多い。

　双子葉植物では、節構造に主要な4型が認められる。

①2葉跡単隙性two-trace unilacunar　1葉あたり葉隙1つと葉跡2個があるもの。例　多くのシダ植物、イチョウ、マオウ属、センリョウ科アスカリナ属、クサギ属
②1葉跡単隙性one-trace unilacunar　1葉あたり葉隙1つと葉跡1個があるもの。例　シモツケ属
③3葉跡3隙性three-trace trilacunar　1葉あたり3つの葉跡3個の葉隙があるもの。例　ヤナギ属、アブラナ属など多数
④多葉跡多隙性many-trace multilacunar　例　ギシギシ属
　一般に2葉跡単隙性がもっとも原始的であり、他はそれから派生したものと考えられている。

6. 葉に関わる特異な現象

　葉には、葉上生、異形葉性などいくつかの特異な性質がみられる。
葉上生epiphylly　葉は茎に側生する器官で成長は有限であって、他の器官をつけることがないのがふつうである。しかし、しばしば葉上に花序や不定芽などをつけることがある。このような性質を葉上生という。たとえば、ハナイカダ属やビャクブでは普通葉と花序が発生初期に両者の原基が分離せずに同時に成長するので、葉上に花序ができる形になるし、同様、シナノキ属では苞上に花序が生ずるようにみえる。コダカラベンケイやセイロンベンケイでは普通葉の葉縁に不定芽が生ずる。
異形葉性heterophylly　芽生えのときの双葉と本葉のちがいや、低出葉あるいは高出葉と普通葉のちがいなど、発生の過程で形や大きさの異なる葉が現れるのはふつうにみられる現象で、広い意味で異形葉性である。しかし、狭義には1つの個体に形や大きさの異なる普通葉が生ずる場合をいう。たとえば、モミ、クワ、カクレミノ、ヒイラギなどでは無分裂の葉と分裂葉がみられるし、イワヒバ属にみられる背葉と腹葉、イブキに現れる鱗状葉と針葉、ツタに現れる三行脈分裂葉の単葉と三出掌状複葉などがあげられる。この場合、前者の葉では必ずしも2型の境界ははっきりしないが、後者の例では2型が明瞭に区別でき

葉に関連する用語

葉上生　ビャクブ

葉上生　コダカラベンケイ

葉上生　ハナイカダ

二形性の葉　ツタ

二形性の葉　ウワバミソウ

る。このような場合は、特に**二形性**dimorphism と呼ぶ。これに対し、対生または輪生葉序にあって1節につく葉の間に異形葉性がみられる場合は、とくに**不等葉性**anisophylly と呼ぶ。たとえば、ウワバミソウには正常な葉に対生する小型の葉があるし、クサギでは大きさの異なる2枚の葉が組となって十字対生する。

Ⅵ. 茎に関連する用語

1. 茎

　維管束植物において、葉をつける器官を茎 stem, -s という。葉は必ず茎につくし、マツバランのような例外を除けば、茎は必ず葉をつける。茎の先の分裂組織は茎だけでなく、同時に規則正しく葉もつくっていくので、茎と葉は密接な関係にある。そこで、1本の茎とその茎につく葉をひとまとめにしてシュート（苗条）shoot, -s として扱うのが便利である。

(1) シュート

　シュートには次のようなものがある。
①幼芽 plumule, -s と主軸 main axis, ― axes　幼芽および幼芽が展開し成長してできた主軸。
②側芽 lateral bud, -s と側枝 lateral branch, -es　茎の側方につくられる芽および側芽が展開し成長してできた枝。

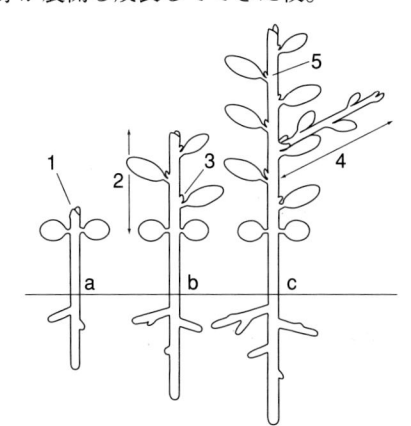

シュートの模式図
a～cは発芽の順序
1：幼芽、2・幼芽が伸長したもの、
3：腋芽、4：側枝、5：主軸

③**不定芽** adventitious bus, -s; adventive bud, -s; indefinite bud, -s と**不定枝** adventitious branch, -es　根や葉に生ずる芽、茎においては側芽の生ずる個所以外に生ずる芽および不定芽が展開し成長してできた枝。

④**花芽**（混芽を含む）flower bud, -s; floral bud, -s、**花序** inflorescence, -s、**花** flower, -s　花序や花を生ずる芽、この芽が展開して生ずる花序や花

　シュートのうち、普通葉をつけるシュートは**栄養シュート**（栄養枝）vegetative shoot, -s、花・花序をつけるシュートや花そのものは**生殖シュート**（生殖枝）reproductive shoot, -s という。

(2)　シュート頂

シュート頂 shoot apex, -es, — apices（**茎頂** stem apex, -es, — apices）と呼ばれるシュートの先端部分には分裂組織があって、ここから新しい茎や葉がつくられる。

外衣 tunica, -cae と**内体** corpus, -pora　被子植物のシュート頂の最外側にある1〜数層の細胞層を外衣、その内側にある組織を内体という。外衣の細胞は表面に平行に並び、表面に対して垂直方向に分裂する。これに対し、内体の細胞は層状構造を示さず、多方向に分裂するのが特徴である。

頂端分裂組織 apical meristem, -s　シュート頂を細胞分裂の視点からみると、もっとも先端に当たる外衣の部分が**中央帯** central zone, -s、中央帯を取り巻く外衣の部分が**周辺分裂組織** peripheral meristem, -s; flank merisrem, -s、中央帯の下にあって周辺分裂組織に囲まれた内体の部分が**髄状分裂組織** rib meristem, -s というように3つの部分に分けられる。このうち、周辺分裂組織における分裂がもっとも盛んであり、葉原基はこの組織の中央帯に近い部分につくられる。中央帯の細胞分裂の頻度は髄状分裂組織よりも小さい。

　裸子植物のシュート頂は、マオウ属など一部の群を除いて外衣、内体の区分はみられず、頂端の数細胞の分裂がシュートの伸長を担っている。シダ植物ではふつう1個の大きな**頂端細胞** apical cell, -s があり、シュートの伸長はこの細胞の分裂によって進行する。

　かつて、シュート頂の分裂組織に対して**成長点** growth point, -s; growing point, -s という用語が使われたが、現在ではふつうシュート頂が用いられる。頂端分

シュート　ニワトコの花芽

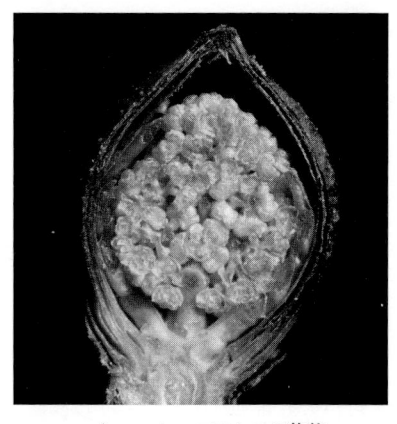

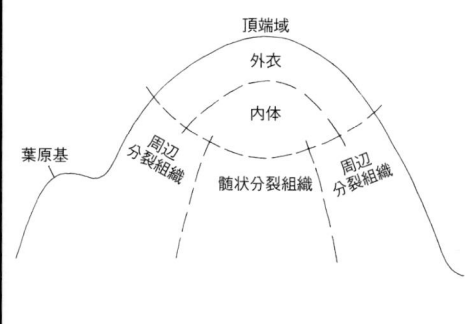

被子植物のシュート頂の模式図

裂組織は、点状のものではなく、シダ植物以外では多数の細胞からなり、広くかつ多様であるからである。

(3)　節と節間

　普通葉であれ鱗片葉であれ、地上茎であれ地下茎であれ、葉のつく茎の部分を節（フシともセツとも読む）、節と節との間を節間という。節や節間の横断面は一般にはほぼ円形であるが、シソ科、ゴマノハグサ属、ミゾホオズキ属、ヤエムグラ属では四稜形、ウメバチソウ属やカヤツリグサ科の多くの属で三稜形となり、科、属レベルにおける顕著な分類形質を提供する。

節 node, -s　トクサ科、カヤツリグサ科、タケ・ササ類をはじめイネ科植物では節は多少とも環状に高く隆起して明瞭であるが、一般には付着する葉や葉痕の位置によって間接的に知ることができる。内部形態的には茎から葉跡が分出する個所であり、構造は複雑である。

　なお、いわゆる木材の節は主軸の二次木部の中に側枝が埋もれてできたものである。

節間 internode, -s　節が明らかであれば当然節間も明瞭に認めることができるし、葉や葉痕の位置から知ることも容易である。しかし、節間の伸長の程度には植物の種類、茎上の位置、環境条件などによって大きなちがいがある。ロゼット植物の根茎や木本植物の短枝では節間は極端に短縮してほとんど認められ

ないし、徒長枝では節間は長くなる。また、タンポポ属の花茎と根茎、カラマツ属、カツラ属などの長枝と短枝の例にみられるように、同一個体の中でも決して同じではない。

内部構造上は、下の節間の維管束が延長されるだけなので構造は比較的単純である。ただ、草本植物では、トクサ科、タデ属、オダマキ属・カラマツソウ属・キンバイソウ属・キンポウゲ属、セリ科、センブリ属、サワギキョウ属、イネ科（タケ亜科を含む）などの地上茎では、髄が破れて節間は中空になり、**髄孔** pith cavity, -ties; medullary cavity, -ties をつくる。また、同一属の中ではマタタビは中実でミヤママタタビは棚状、ヒメジョオンは中実でハルジオンは中空といったように節間内部の形質は分類形質としても重要である。オウレン属、カタバミ属（無茎種）、イワイチョウ属、タンポポ属などの花茎もまた中空である。

節間成長 internodal growth　単子葉植物では、発生のごく初期には節間の伸長は全細胞の分裂によっておこなわれるが、分裂機能は間もなく節間の上方から失われはじめて下方にのみ限定され、最終的にはすべての部分が分裂を停止して伸長は止まる。このようにシュート頂から離れた場所にあり、成熟した組織にはさまれた分裂組織を**介在分裂組織** intercalary meristem, -s、介在分裂組織のはたらきによって起こる成長を**介在成長** intercalary growth という。節間成長は、節間に起こる介在成長により、タケ類の成長にみられるように、特にイネ科植物において著しい。

裸子植物や双子葉植物の節間成長は細胞の伸長によっておこなわれるが、オオバコ属やタンポポ属の花茎の伸長は花序のすぐ下にある介在分裂組織によって起こる。

(4) 稈

もっぱらイネ科植物の茎をさし、節間が中空で節に隔壁がある茎を**稈** culm, -s という。カヤツリグサ科の茎も稈と呼ばれることもあるが、節間は中実なのでこの定義には当てはまらない。また、シシウド属は、節間は中空で節に隔壁があるが、稈とは呼ばない。

茎に関連する用語

4稜形の茎　セリ

多少とも膨らみがある節の例　アマドコロ

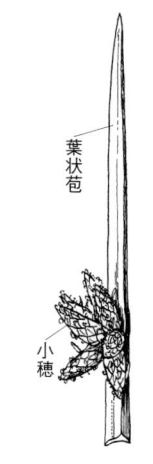

3稜形の茎　カンガレイ

4稜形の茎　オドリコソウ

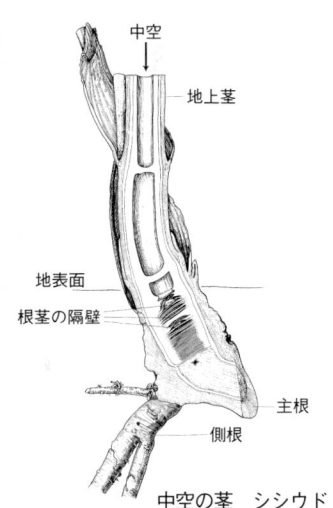

中空の茎　シシウド

(5) 株

　木本・草本を問わず、根つきの植物個体、または根際から分げつして複数の地上茎が叢生した状態にある根つきの植物体全体を**株** stock, -s という。また、複数の地上茎が叢生して生えている状態を株立ちと呼ぶ。木本では、たとえばクリやコナラは伐採後、根際から萌芽して株立ちになるし、草本ではイネ科やカヤツリグサ科の分げつは特に盛んで、草原や湿原に大きな株をつくる。株立ちになるか否かは、たとえばススキは株立ちになるが、オギはならず、ホテイチクは株立ちになるがハチクやモウソウチクはならないといったようにしばし

171

ば分類形質として用いられる。

　園芸界では、成長した株を切り分けて人工的に栄養繁殖を促す作業を株分けと呼ぶ。また、伐木後の樹木の幹と根は切り株である。

　なお、微生物や動植物の細胞を純粋培養して植え継いでいくとき、それらの系統はやはり**株** strain, -s と呼ばれる。

(6) 枝

　植物体の主軸から分かれたすべての軸性の構造を**枝** branch, -es、枝が主軸から分出することを**分枝** branching; ramification という。分枝の様式は何であれ、維管束植物では、主軸（主茎）から分かれて生じた茎をいい、枝の形態は多様である。主軸と枝の関係は相対的なものであり、一つの枝の中にも主軸と枝を識別することができる。分枝は特に樹木において盛んであり、第一次の主軸である**幹** trunk, -s から大枝、枝（狭義）、小枝、一年枝を分出する。ただし、大枝、枝、小枝には明確な境界があるわけではない。

大枝 limb, -s; bough, -s と**小枝** branchlet, -s　樹木において、分枝が幾重にも起こる場合、幹から分かれる第一次の枝を大枝、最終分枝を含む末端の数次の分枝を小枝、それらの中間にある分枝を枝（狭義）という。いずれも分枝点から最終分枝の先端までが、それぞれの枝となる。分枝回数が少ない場合は、すべて枝と呼び、特に大枝、小枝の区別はしない。

今年枝（当年枝）hornotinous branch, -es; current year's branch, -es と**前年枝** last year's branch, -es; previous year's branch, -es　今年の休眠期（日本では冬）までに伸長した枝またはなお伸長しつつある枝を今年枝といい、枝の木化はなお不十分である。また、休眠期を経過して2年目となった枝の部分は前年枝、それ以前に伸びた枝は3年枝（3年生枝）、4年枝（4年生枝）と呼ぶ。前年枝を1年枝（1年生枝）、それ以前に伸びた枝は2年枝（2年生枝）、3年枝（3年生枝）のように呼ぶ場合もある。いずれも、枝の木化は完全である。

頂枝（頂生枝）terminal branch, -es; terminal twig, -s と**側枝**（側生枝）lateral branch, -es; lateral twig, -s　今年枝のうち、前年枝の頂芽から伸びた小枝を頂枝といい、将来枝の主軸となるものをいう。頂枝の中で、幹の頂端にあるものは特に**一年生幹** annual trunk, -s; leader, -s と呼ばれる。これに対して、前年枝の側

茎に関連する用語

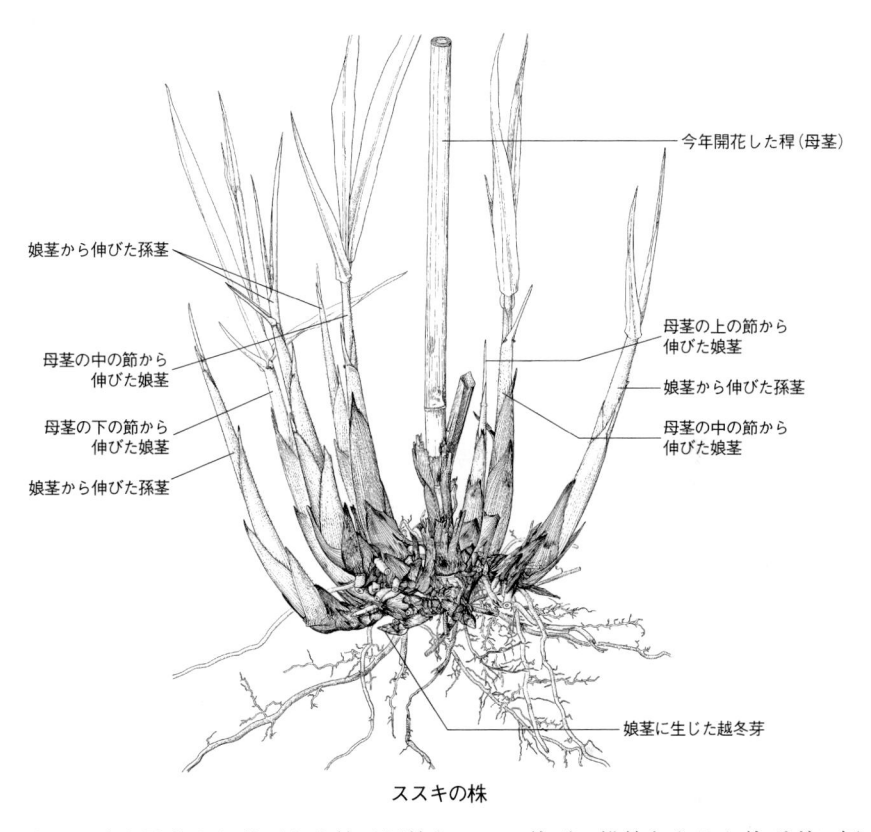

今年開花した稈（母茎）
娘茎から伸びた孫茎
母茎の上の節から伸びた娘茎
母茎の中の節から伸びた娘茎
娘茎から伸びた孫茎
母茎の下の節から伸びた娘茎
母茎の中の節から伸びた娘茎
娘茎から伸びた孫茎
娘茎に生じた越冬芽

ススキの株

芽、つまり腋芽から伸びた小枝は側枝といい、伸びて横枝となるか伸びずに短枝となって終わる。ただ、条件によっては前年枝の頂芽や側芽が常に伸長するとは限らず、また、3年枝以前の枝にある休眠芽が復活伸長して頂枝や側枝を生ずることもある。

　草本植物の場合は、フッキソウやツルアリドオシなどの常緑性の多年草では樹木と同様に頂枝と側枝を識別することができる。しかし、落葉性の草本では、地上のシュートは全体あるいは大部分が年々枯死して更新される。この場合、特に頂枝や側枝を区別していうことはない。

長枝 long branch, -es; long shoot, -s と **短枝** short branch, -es; short shoot, -s; brachyblast, -s; spur, -s; spur shoot, -s　節間が伸びて、葉が茎上に散生してつくふつうの枝またはシュートを長枝、節間の成長が起こらないために葉が短い茎

に束生してつく枝またはシュートを短枝という。短枝はふつう2年生の長枝の側枝として現われ、1個の頂芽をつけ、葉痕や芽鱗痕を密に残しながらわずかずつ伸び、数年後に枯死、脱落する。

裸子植物ではイチョウやカラマツ属に典型的な短枝がみられるのに対し、マツ属やコウヤマキの短枝は特異である。コウヤマキでは頂芽から年々1～数センチの長枝を伸ばし、いくつかの鱗片葉を螺生するとともに、先端には10個内外の鱗片葉を輪生する。同時にこれらの輪生する鱗片葉の腋に1個ずつ短枝が生じ、その先に合着した線状の2葉が頂生する。つまり、短枝は1年生の長枝にでき、頂芽を生じず、葉をつけるのは1回かぎりである。マツ属では、頂芽から年々長枝を伸ばし、鱗片葉を螺生するとともにその腋に短枝をつける。短枝の基部には互生するいくつかの鱗片葉があり、先には2～5本の針葉を束生し、数年後に短枝は針葉とともに落枝する。

被子植物では、短枝はアブラチャン、メギ属、カツラ属、ブナ属、カバノキ属、カスミザクラ、カマツカ、アオハダ、クロウメモドキ、ツタ、トチノキ、イタヤカエデ、サンショウ、ウコギ属、ガマズミ属などの樹木に幅広くみられる。オオカメノキでは頂枝が短枝化し、下方の側枝が長枝となって頂枝より高く伸びる点が特異的である。長枝ほどではないが、節間が多少とも長くなる場合は**短枝化した小枝** dwarfed branchlet, -s と呼ばれ、ホオノキ、クヌギ、シデ属、ドロノキ、エゴノキ、ソメイヨシノ、フジ、ヤマモミジ・ウリハダカエデ、ヤマウルシ、コシアブラ、イボタノキ・ヤチダモ、ウグイスカグラなど、幅広く多くの分類群でみることができる。

なお、多年生草本の根茎に短枝化した部分と長枝化した部分が生ずることがある。たとえば、イカリソウやトキワイカリソウの根茎は、年によって短枝となったり長枝になったりする。短枝から長枝が生ずる現象はブナなどにもみられ、短枝の長枝化とみなされる。いずれにせよ、短枝または短枝化した小枝は、光量の増加、優勢な枝の折損など、環境条件の改善にともなって長枝化しやすい。

先発枝 proleptic branch, -es; prolectic shoot, -s と**同時枝** sylleptic branch, -es; sylleptic shoot, -s　主軸と側軸の関係において、主軸の側芽が休眠期を経た後、主軸におくれて側枝を伸ばすとき、この側枝を先発枝という。温帯地域以北に

茎に関連する用語

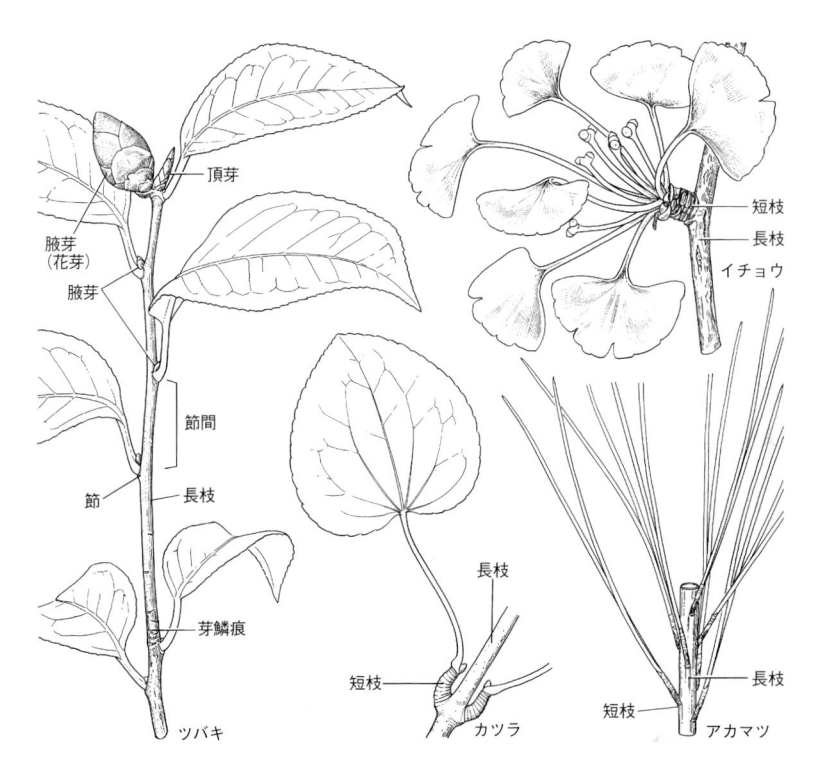

枝 長枝と短枝

今年枝と前年枝 ニッコウナツグミ

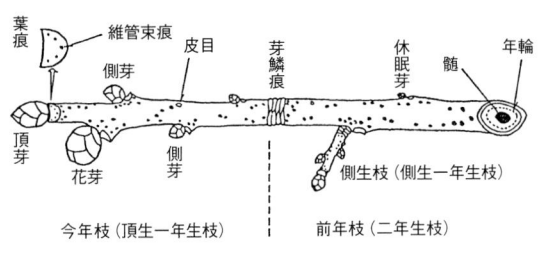

今年枝と前年枝

175

生える樹木の側枝はたいてい先発枝である。これに対し、側芽が休眠することなく主軸と同時に側枝を伸ばすとき、この側枝を同時枝という。カナクギノキ・クロモジ・ケクロモジが好例。同時枝は温帯地方以北の樹木には例は少ないが、亜熱帯・熱帯地方の樹木にはよくみられる。

側枝の先発性や同時性は必ずしも種によって固定した形質ではなく、たとえば、樹木のいわゆるひこばえの側芽は同時性をもつことが多い。

(7) 花をつける茎

花や花序は、主茎であれ枝であれ、茎について1本のシュートをつくる。花をつけるシュートも多様である。

花茎 scape, -s　草本植物の地上茎の一つ。地表面から伸びて先に花や花序を頂生し、それ自体普通葉をつけない茎をいう。普通葉はすべて根生する。オウレン属、スミレ属（無茎種）、イチヤクソウ属、イワカガミ属、チャルメルソウ属・ユキノシタ属（無茎種）、カタバミ属（無茎種）、イワイチョウ属、オオバコ属、ムシトリスミレ属、キスゲ属・ツバメオモト、イチヨウラン属・エビネ属・クモキリソウ属などはその好例である。テンナンショウ属、ガマ属、シュロソウ属などは偽茎によって花茎が包み込まれている例である。なお、ジンヨウスイバでは花序の下に1個の小型の葉が現れることがあり、オランダイチゴ属では花序の下に、ホシクサ属では茎の中部にそれぞれ小型の葉や鞘状葉を1個つけるが、これらは花序の苞にあたり、普通葉ではないので、地上茎はやはり花茎と呼ぶ。キジムシロやアズマギクなど、茎上葉が根生葉より著しく小型で数が少なく、一見花茎にみえる場合は、**花茎状** scapoid と表す。

有花茎 flowering stem, -s と **無花茎** nonflowering stem, -s　多年生草本の中には、発芽後1年以内に抽苔して花を咲かせる種もあれば、生育条件の良否にかかわらず、一定の生育段階を経た後に開花する種類も多い。たとえば、ウサギギクの地上茎には花をつける茎（有花茎）と花をつけない茎（無花茎）の2型があり、発芽後何年かは単軸分枝によって無花茎だけが伸び、次第に地中に埋もれて根茎に移行していく。その後、無花茎の頂芽から有花茎が生じて根茎の伸長は止まり、側芽から新たに無花茎を伸ばす。ウスユキソウ属（日本産ではウスユキソウを除く）やタカネヤハズハハコ、ヤハズハハコなどでは、無花茎の葉

茎に関連する用語

花茎 スミレ（無茎種）は、株から伸びた花茎の先端に1花をつける

花茎 ヘラオオバコは、株から伸びた花茎の先端に穂状花序をつける

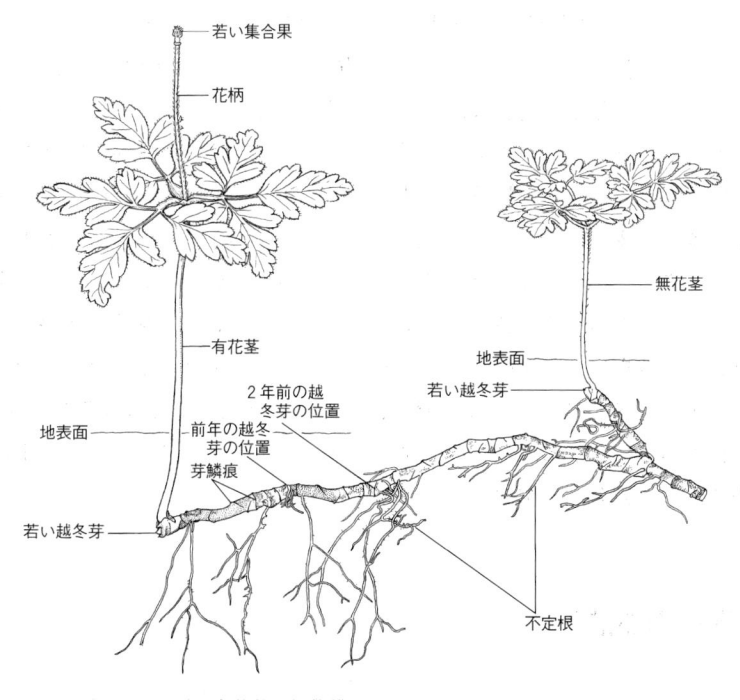

有花茎と無花茎 キクザキイチゲ

は有花茎の葉より幅は広く、茎頂付近に集中してつくし、キクザキイチゲの有花茎は無毛であるのに対し、無花茎には上向きの伏毛を散生する。有花茎と無花茎では、花の有無のみならず、茎の高さや性質、葉の大きさや形が異なる。

このような例は、ほかにアズマイチゲやカワラナデシコ、アキノキリンソウ・アズマギク・イヌヨモギ・エゾノチチコグサ・エゾムカシヨモギ・オトコヨモギ・ミヤマオトコヨモギなどのキク科植物に多く、イネ科ではアイヌソモソモ・イトイチゴツナギ・ナガハグサなどにみられる。しかし、多年生草本の生活史の研究はまだ十分解明されているとはいえず、有花茎・無花茎の有無やその生態学的意味についても今後の研究にまたねばならない。

有花枝 flowering branch, -es と **無花枝** nonflowering branch, -es　有花茎同様、木本植物において、一定の生育段階を経た後に花をつける枝またはシュートを有花枝、決して花をつけることがない枝またはシュートを無花枝という。たとえば、イブキジャコウソウでは頂枝は単軸的に伸長して花をつけないので無花枝である。これに対し、1年目の側枝は短い無花枝であるが、翌年、これに有花枝を頂生して先に花穂をつける。有花枝は下方の葉腋から枝を出すことはあっても、頂芽は伸びることなく花穂は落下して成長が止まる。キイチゴ属・バラ属・ヤマブキなどでは地中から勢いよく伸びる1年枝は無花枝であり、ほどなく先の部分は枯死し、翌年、この枝の側芽から有花枝を生じて花序をつける。キイチゴ属の多くやヤマブキでは、開花・結実後、つまり、3年目には茎は根際から枯れてしまう。また、カエデ属では、アサノハカエデ・カジカエデ・ハナノキなどでは、今年伸びる頂枝はすべて無花枝であり、翌年、側芽（花芽）から葉のない有花枝を生じて花序を開く。一方、イタヤカエデ・イロハカエデ・カラコギカエデ・メグスリノキなどでは、今年枝が有花枝または無花枝となるが、無花枝の葉は明らかに有花枝の葉より大きい。このように、有花枝および無花枝のあり方も分類学上重要な形質を提供する。

2. 茎の内部構造

維管束植物の茎は、内部構造上、葉と同様表皮系・基本組織系・維管束系の

イブキジャコウソウ

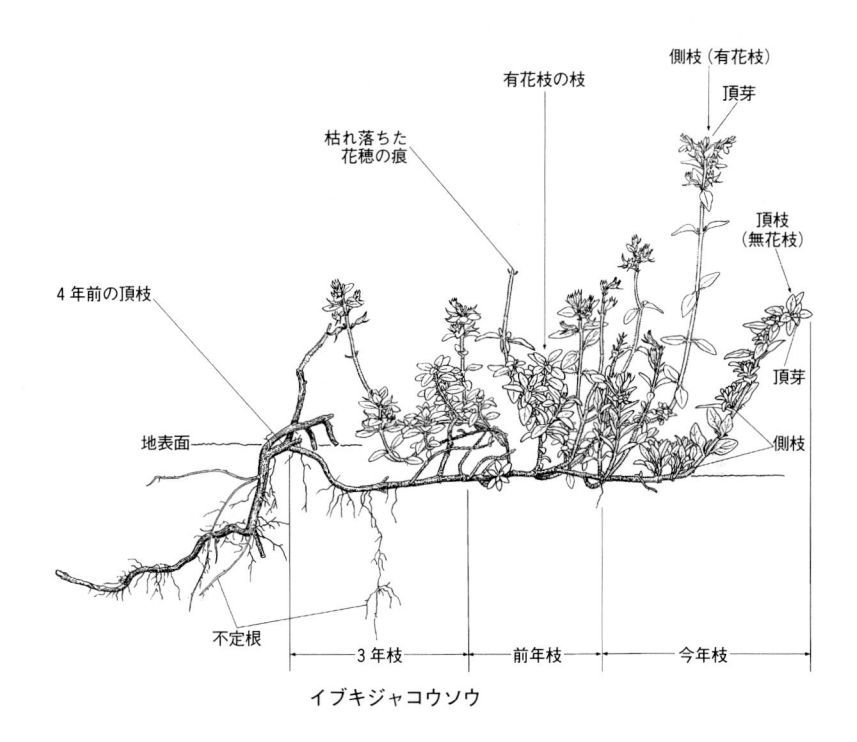

3つの組織系からなる。特に、維管束系を含む中心柱の多様性や二次組織の発達が著しい。茎はふつう直立し、内部構造は放射相称性を示すのに対し、横走根茎や伏臥する幹では、背腹性が現れる。

(1) 表皮系

　茎の表面をおおい、保護する組織系で、ふつう1細胞層からなり、気孔や毛状突起をもつなど、基本的な構造は葉の表皮系と変わらない。しかし、木本性の植物では内側の二次組織の発達にともなって肥大成長が進むと、表皮は破れてはげ落ち、コルク層に置き換わって樹皮を形成する。

(2) 基本組織系

　表皮の内側にある維管束を除いたすべての組織を含み、柔組織主体に構成され、細胞間隙に富む。大きくは皮層と髄に分けられる。

茎に関連する用語

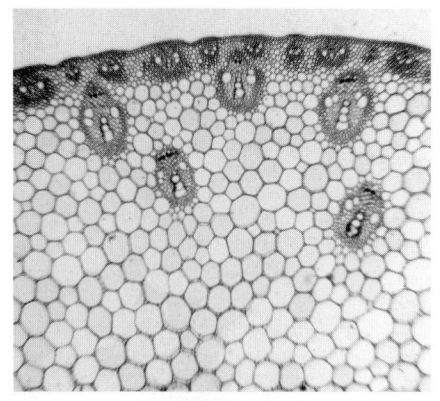

基本組織系　ススキ

内皮 endodermis　維管束植物において、維管束群の外側（場合によっては内側にも）にある一層の細胞からなる鞘状の組織をいい、細胞の形や配列は規則的であり、特異な細胞壁の肥厚がみられるなど、他の柔組織とは明らかに異なる。しかし、普遍的にみられるわけではなく、シダ植物では茎、根、葉にふつうにあるが、種子植物では根にはふつうみられるのに対し、茎や葉ではまれである。
　内皮は維管束群の外側に一輪あるのがふつうで、**外立内皮** external endodermis と呼ばれる。ところが、中には維管束群の内側にさらに一輪あって**両立内皮** double endodermis となる場合や個々の維管束を取り巻く**自立内皮** individual endodermis となる場合もある。内皮の分布や型は同一個体の器官によって異なる場合もある。たとえば、トクサ属を例にとると、スギナやヤチスギナは地上茎も地下茎も外立内皮、ミズドクサやハマドクサはともに自立内皮であるのに対し、フサスギナでは地上茎は外立内皮、地下茎は両立内皮、トクサでは地上茎は両立内皮、地下茎では自立内皮となる。
　内皮の細胞壁の内側には**カスパリー線** Casparian strip, -s; Casparian band, -s あるいは**カスパリー肥厚** Casparian thickening, -s と呼ばれる接線方向に細胞を取り巻く細い肥厚帯がある。細胞の横断面では両側に点状の肥厚としてみられるので、**カスパリー点** Casparian dot, -s という呼び名もある。古い内皮の細胞では、特に内側の細胞壁が肥厚してカスパリー線は不明瞭となる。内皮は細胞壁を肥厚させることによって内外の水分の通道を制限するはたらきがある。

細胞壁が全面的に肥厚すれば水分通道が不能になるので、内皮のところどころに細胞壁の肥厚しない**通過細胞** passage cell, -s をはさんで水分通道を調節している。

皮層 cortex, -tices　内皮が明瞭である場合には内皮から外側の表皮までの組織、内皮がみられない場合には維管束群の外周から表皮までの組織をいう。内皮は皮層の最内層に当たる。皮層の外周の1～数層の細胞は、多くの双子葉植物の草本にみられるように、細胞壁の一部が肥厚した**厚角細胞** collenchyma cell, -s; collenchymatous cell, -s となり、環状の**厚角組織** collenchyma, -mata となる。シソ科では四稜形の茎の4隅に厚角組織が集中する。

髄 pith; medulla, -s, -lae　茎の中心にある柔組織で、内皮がある場合はそれより内側の維管束系以外の組織、内皮がない場合はほぼ維管束群より内側にある組織をいう。茎の中心部に維管束が散在したり、維管束系によって占められる場合には髄は存在しない。大部分が柔組織からなり、細胞間隙に富む。分泌細胞、異形細胞、乳管、髄走条などを含む一方、トクサ科やイネ科のように成長にともなって破壊され、喪失して節間が中空となり、**髄腔** pith cavity, -ties; medullary cavity, -ties をつくることも多い。

（3）維管束系

　維管束（管束）の集合をいい、個々の維管束は水と同化物質の通路となると同時に、植物体の機械的支持の役割をもつ。シダ植物や種子植物にある。

　コケ植物には維管束系はないが、蘚類の配偶体の茎や造胞体の蒴柄の中心部には**道束** conducting strand, -s; conducting bundle, -s; conductive bundle, -s（**中心束** central strand, -s）と呼ばれる通道組織ができる。仮道管状の細胞群（**ハイドロイド** hydroid, -s）を師管組織に相当する細胞群（**レプトイド** leptoid, -s）が取り囲んだ形になっている。

1）**維管束**（管束）

　木部と師部からなり、茎では葉と同様に両者がセットになって1本の維管束 vascular bundle, -s をつくる。これは、シュートの頂端分裂組織から分化する**前形成層** procambium, -s, -bia; provascular tissue, -s によってつくられるので、**一次維管束** primary vascular bundle, -s という。ふつう、維管束というときは一次維

181

管束をさす。これに対して、二次肥大成長をおこなう裸子植物や双子葉植物では維管束内および維管束間に生ずる**形成層** cambium, -s, -bia によって、茎の外側には二次師部、内側には二次木部がつくられ、それぞれ、靱皮と材に発達する。

維管束は木部と師部の位置関係から次の諸型が認められる。

並立維管束 collateral vascular bundle, -s; collateral bundle, -s　茎の外側に師部、内側に木部をもつ維管束。裸子植物および被子植物の茎・葉にもっともふつうにみられる。師部と木部の位置が逆になった場合は**倒並立維管束**（倒立維管束） obcollateral vascular bundle, -s と呼ばれ、いくつかの双子葉植物の茎にみられる。

複並立維管束（複倒立維管束、両立維管束） bicollateral vascular bundle, -s; bicollateral bundle, -s　師部または木部の一方が内外両側にあって他をはさむ維管束。事実上、両側に師部があり中央に木部がある**外師複並立維管束** ectophloic bicollateral vascular bundle, -s; ecotophloic bicollateral bundle, -s をさす。ウリ科、キョウチクトウ科、ガガイモ科、ナス科にみられる。両側に木部がある外木型の例は知られていない。

包囲維管束 concentric vascular bundle, -s; concentric bundle, -s　師部または木部の一方が他方を取り囲む維管束。師部が木部を取り囲む場合は**外師包囲維管束** amphicribral concentric bundle, -s といい、シダ植物の茎にふつうで、種子植物ではサクラソウ属の葉柄などにもみられる。木部が師部を取り囲む場合は**外木包囲維管束** amphivasal concentric bundle, -s; ectoxylar concentric bundle, -s といい、カヤツリグサ科、ユリ科、アヤメ科など単子葉植物の根茎に多くみられる。

放射維管束 radial vascular bundle, -s　独立した師部と木部が放射状に配列するとき、それぞれをいう。両者がセットになって1本の維管束をつくっているわけではない。茎ではごくまれで、化石シダやヒカゲノカズラ属に例をみるにすぎない。

　なお、葉跡と葉隙の関係同様、主軸から枝が分かれるとき、節から枝に入る維管束を**枝跡** branch trace, -s、主軸の維管束または維管束筒に生ずる隙間を**枝隙** branch gap, -s と呼ぶ。種子植物では、枝はふつう腋芽から伸び、基部では枝跡は合流するので枝隙と葉隙は一致する。

2）木部

形成層

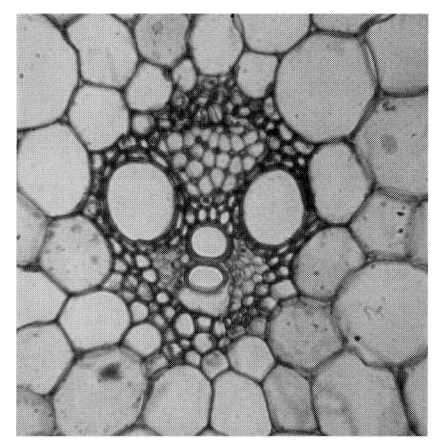

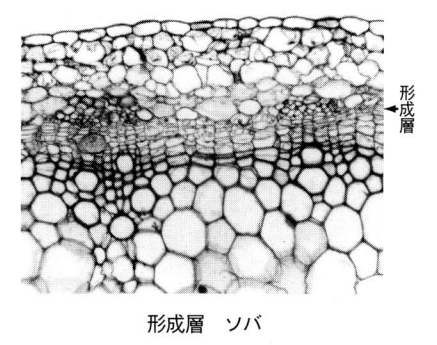

形成層　ソバ

ススキの維管束

　維管束の中で、水液の通道や植物体の支持、部分的には物質の貯蔵もおこなう複合組織を**木部**xylemといい、道管、仮道管組織、木部繊維組織、木部柔組織からなる。発生的にみると、シュート頂の前形成層からつくられる**一次木部** primary xylemと茎の形成層からつくられる**二次木部** secondary xylem（材wood）がある。一次木部は、さらに原生木部と後生木部に分けられる。

原生木部 protoxylemと**後生木部** metaxylem　前形成層から最初につくられる木部を原生木部といい、細胞は小さくて数は少ない。道管要素や仮道管の紋様はらせん紋か環紋である。茎が伸長すると、原生木部はくずれてその機能を失う。続いてつくられる木部は後生木部といい、細胞は大きく、各組織はよく発達し、草本植物では茎が枯死するまで、木本植物では二次木部が形成されるまではおおむね存在する。道管要素、仮道管の側壁の紋様は階紋・網紋・孔紋である。

仮道管組織 tracheid tissue, -sと**道管** vessel, -s　水液の通道をおこなう組織で、それぞれ**仮道管** tracheid, -sおよび**道管要素** vessel element, -s; vessel member, -s（**道管細胞** vessel cell, -s）からなる。これらは**管状要素** tracheary element, -sと呼ばれ、ともに死んだ細胞で、細胞壁は木化して厚く、細胞内容はない。

　仮道管は一般に、細長い紡錘形で両端はとがり、隣の仮道管とは通常の細胞壁で接していて、したがって水液の移動は細胞壁のうすい部分や**壁孔** pit, -sを通しておこなわれる。壁孔には一次壁に生じた孔が二次壁になって細胞壁が肥厚しても同じ大きさのままで残る**単壁孔** simple pit, -sと二次壁の肥厚が一次壁

茎に関連する用語

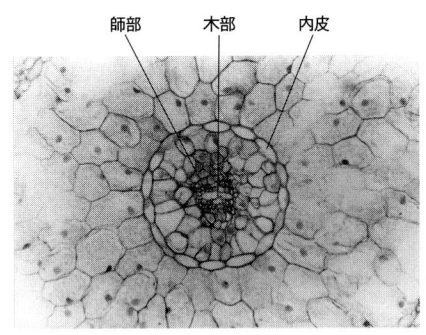

木部と師部　ドイツトウヒ

維管束の縦断面　ハシリドコロ

の孔をせばめて二重の円にみえる**有縁壁孔** bordered pit, -s がある。

　道管要素はふつう細長い円筒形で、縦につながって1本の道管をつくる。この場合、上下の要素の接する細胞壁には1〜数個の大きな**穿孔** perforation, -s を生ずる。穿孔のできる細胞壁を**穿孔板** perforation plate, -s という。穿孔が1個の場合は**単穿孔** simple perforation、複数個の穿孔が階段状にある場合は**階紋穿孔** scalariform perforation という。穿孔の有無は、道管要素と仮道管の決定的なちがいである。

　一般に、シダ植物や裸子植物には仮道管組織があって道管がなく、被子植物には道管があって仮道管組織はない。しかし、トクサ植物のスギナ属、ヒカゲノカズラ植物のクラマゴケ属、シダ植物のワラビなどに、裸子植物ではマオウ科、ウェルウィッチア、グネツム科（マオウ綱）には被子植物とは起源が異なるものの道管がある。逆に被子植物ではヤマグルマ、南半球産のシキミモドキ科、中国産のスイセイジュ、ニューカレドニア産のアムボレラ、水生植物のスイレン、ハゴロモモ、イバラモ、アマモ、トチカガミ（一部）、ウキクサ、カワツルモ、イトクズモ各科には道管がなく、これらは、無道管被子植物と呼ばれている。ハスは、根には道管があるが、根茎には仮道管しかない。

木部繊維組織 xylem fiber tissue, -s; wood fiber tissue, -s　植物体を支える機械的組織の一つ。**木部繊維** xylem fiber, -s; wood fiber, -s と呼ばれる細長い死んだ細

原生木部間隙　スギナ

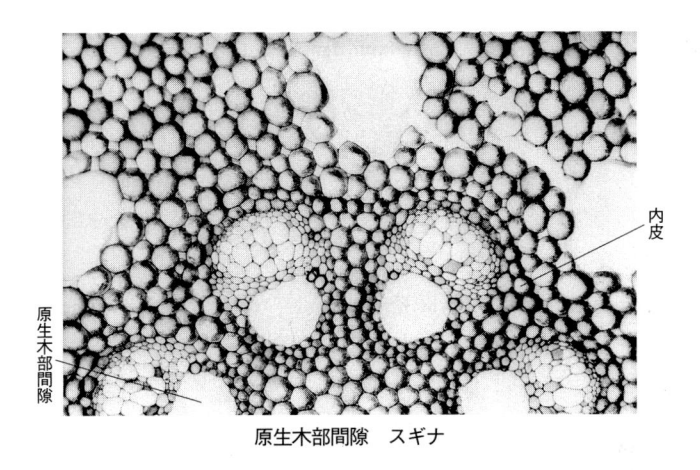

胞からなり、両端はとがり、細胞壁は厚く木化し、壁孔は縦長の有縁孔である。形態的には仮道管によく似ていて、仮道管からもっぱら支持組織へと分化したものと考えられる。これは特に二次木部には大量にみられる。仮道管と木部繊維の中間的な**繊維仮道管** fiber tracheid, -s もある。なお、木部繊維の中には**隔壁細胞** septate fiber, -s と呼ばれる数個の横の隔壁をもつものがある。この細胞は生きた細胞のままである。

木部柔組織 xylem parenchyma; wood parenchyma　道管や仮道管組織、木部繊維組織の間に介在し、デンプン粒や結晶、針葉樹類ではさらに樹脂などを貯蔵する柔組織。木部内では唯一の生きた細胞からなる組織で、すべての維管束植物にみられる。細胞の形は円柱形、断面は円形ないし多角形をなし、細胞壁はふつう肥厚し、単壁孔をもつ。一次木部、二次木部ともに存在し、二次木部では縦に連なる**軸方向柔組織** axial parenchyma; vertical parenchyma と放射方向に伸びる**放射組織**（放射柔組織）ray, -s; radial parenchyma の両者がある。

3）**師部**

　維管束の中で、有機養分の通道や貯蔵、植物体の支持をおこなう複合組織を師部 phloem といい、師管、師細胞組織、師部柔組織、師部繊維組織からなる。木部同様に、前形成層からつくられる**一次師部** primary phloem と形成層からつくられる**二次師部** secondary phloem（**靭皮** bast）がある。一次師部はさらに原生師部と後生師部に分けられる。

原生師部 protophloem と **後生師部** metaphloem　前形成層から最初につくられる師部を原生師部といい、原生木部と並行して分化し、細胞は小さく数は少ない。茎が伸長するとくずれてその機能を失う。続いてつくられる師部は後生師部といい、細胞は大きく、各組織はよく発達する。しかし、内側の二次木部の蓄積にともなって破壊され、二次師部に置き換わる。原生師部と後生師部の境界は必ずしも明らかではない。

師細胞組織 sieve cell tissue, -s と **師管** sieve tube, -s　有機養分の通道をおこなう組織で、それぞれ**師細胞** sieve cell, -s および**師管要素** sieve tube element, -s; sieve tube member, -s（師管細胞 sieve tube cell, -s）からなる。これらは**師要素** sieve element, -s と呼ばれ、細胞壁は一次壁のみで、多かれ少なかれ細胞内容を有する生きた細胞である。

　師細胞は細長い紡錘形で両端がとがり、細胞の上下の壁と側壁との区別は必ずしも明瞭ではなく、隣の細胞とは通常の細胞壁で接する。物質の通路となる**師孔** sieve pore, -s と呼ばれる小孔は、細胞壁の各所に多数集まって**師域** sieve area,-s をつくる。師孔を通して細胞質が連絡している。

　師管要素はふつう細長い円柱形で縦に連なって1本の師管をつくる。この場合、上下の要素の境となる細胞壁は**師板** sieve plate, -s となっていて、師板には階段状に並ぶ1〜数個の師域がある。さらに師管要素の側面には**伴細胞** companion cell, -s と呼ばれる細胞が1列、ときには数列密着していて、師管のはたらきを助けていると考えられている。伴細胞は師管要素に比べてずっと小さく、核も細胞質もあり、師管細胞と同一母細胞から分化してくる。

　一般に、シダ植物と裸子植物の師要素は師細胞であり、被子植物のそれは師管要素である。しかし、シダ植物のマツバランにも師管があるなどの例外も知られている。

　一方、伴細胞は被子植物と一部の裸子植物の師部に限られていて、シダ植物や針葉樹にはみられない。

師部繊維組織 phloem fiber tissue, -s　植物体を支える機械的組織の一つ。**師部繊維** phloem fiber, -s と呼ばれる細長くて両端のとがった死んだ細胞からなり、師部の外側に群をなしてあることが多い。木部繊維に比べると、おおむね長めで、細胞壁はより厚く、膜孔は不明瞭でより長い。繊維の長さはマオの22cm、ア

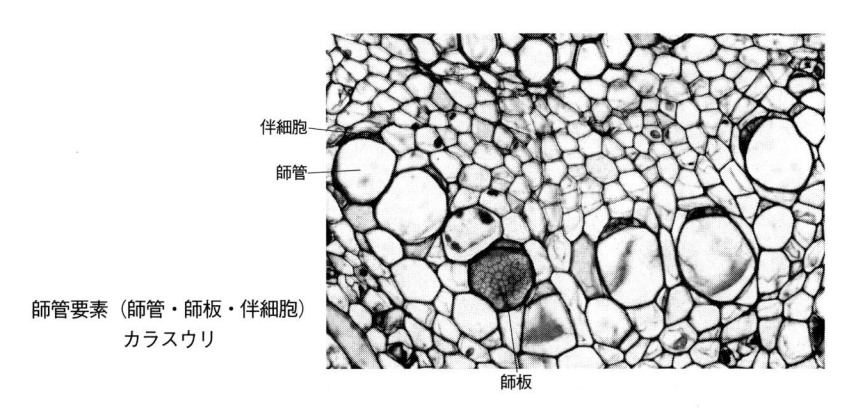

師管要素（師管・師板・伴細胞）
カラスウリ

伴細胞
師管
師板

マの2～4cm、アサの1cmなどの例が知られている。木部繊維同様、隔壁細胞が混じることがある。

トクサ植物、ヒカゲノカズラ植物、シダ植物、多くの裸子植物（マツ科モミ連）にはみられない。

師部柔組織 phloem parenchyma　ふつう師管や師細胞組織、師部繊維の間に介在し、デンプン、脂肪、その他の有機栄養物質を貯え、タンニンや樹脂などを蓄積する柔組織。すべての維管束植物の師部にあるが、キンポウゲ科や単子葉植物では師部の内部にはなく、周辺にある。

　二次師部では、二次木部同様縦に伸びる軸方向性柔組織と放射方向に走る放射組織がある。

（4）中心柱

　茎および根において、皮層より内側の全領域を**中心柱** stele, -s, -lae; central cylinder, -s という。1輪の内皮がある場合には内皮の内側の全域（内皮は含まない）をさす。中心柱は維管束が集中的に分布する領域である。

　茎の中心柱における維管束の型や配列のしかたはさまざまであり、系統を反映したものとして注目される。中心柱の型から論議された系統論は中心柱説と呼ばれる。

原生中心柱 protostele, -s, -lae　茎の中心に1本の外師包囲維管束を有する中心柱を**単純原生中心柱**（原始中心柱）haplostele, -s, -lae という。維管束の周囲には内皮がある。最古の陸上植物であるデボン紀の古生マツバラン類にみられるこ

茎に関連する用語

とから、もっとも原始的な型の中心柱と考えられている。現生植物では、シダ類の幼植物の根茎、ウラジロ科（一部）、カニクサ属、シシラン科（一部）、スジヒトツバ科の根茎にみられる。

マツバラン、トウゲシバ、化石植物のアステロキシロンなどでは、中心柱は中心の木部が星形に分裂し、その陥入部に師部がある。木部の腕と師部が交互に放射状に並ぶことから**放射中心柱** actinostele, -s, -lae と呼ばれる。放射中心柱はあらゆる維管束植物の根に共通する中心柱であり、この場合は木部の腕が独立した形となっていて、中心には髄がある。また、木部の腕が独立し、平行に配列すれば、**板状中心柱** plectostele, -s, -lae と呼ばれ、ヒカゲノカズラ属の一部にみられる。これらは、原始的な中心柱と考えられるので、一括して原生中心柱という。原生木部は後生木部の外側にある（外原型）のが特徴である。ただし、ウラジロ属では原生木部は後生木部の内部にある中原型となる。

一見、単純原生中心柱のようにみえる中心柱が、マツモ、スギナモ、フサモなどの水生の双子葉植物にみられる。この場合は、水中生活によって維管束系が二次的に退化したものとみて、**退行中心柱** hysterostele, -s, -lae という。維管束は内原型であり、内皮はない。

管状中心柱 siphonostele, -s, -lae; solenostele, -s, -lae　包囲維管束の中央が髄となり、内外を内皮に包まれた中心柱。この場合、管状の木部の内外に師部があるものを**両師管状中心柱** amphiphloic siphonostele, -s, -lae と呼び、コバノイシカグマ科（一部）、ホウライシダ科（一部）、シシラン科、イノモトソウ科（一部）、ヤブレガサウラボシ、ヒメウラボシ科（一部）、ウラジロ科（一部）、デンジソ

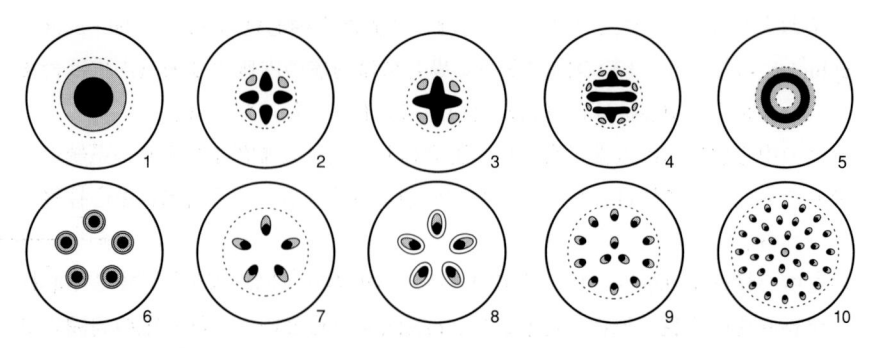

中心柱のいろいろ　1：単純原生中心柱、2・3：放射中心柱、4：板状中心柱、5：管状中心柱、6：多条中心柱、7：真正中心柱、8：分裂真正中心柱、9・10：不整中心柱

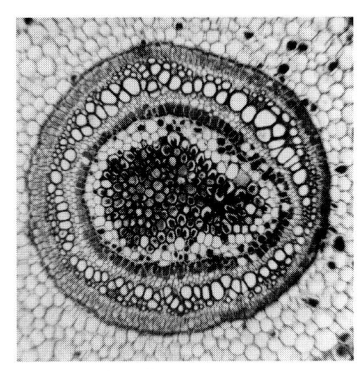

両師管状中心柱　フモトシダ 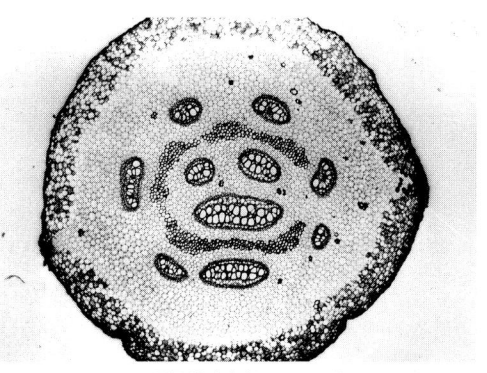　　　　　　　2環網状中心柱　ワラビ

ウ科など多くのシダ植物にみられる。これに対し、管状の木部の外側にのみ師部があるものは**外師管状中心柱** ectophloic siphonostele, -s, -lae といい、ハナヤスリやヤマドリゼンマイなど、同様にシダ植物にみられるが、例は少ない。
網状中心柱 dictyostele, -s, -lae　管状中心柱が盛んに葉跡を発することにより、2個以上の**分柱** meristele, -s, -lae と呼ばれる維管束群に分断された中心柱。分柱はたいてい両師包囲維管束であり、周囲は内皮に囲まれる。シノブ科、コバノイシカグマ科（一部）、ホウライシダ科（一部）、イノモトソウ科（一部）、チャセンシダ科、シシガラシ科、ツルキジノオシダ科、オシダ科、ヒメシダ科、イワデンダ科、ウラボシ科、ヒメウラボシ科（一部）など、シダ植物に広くみられる。
　1環の管状中心柱や網状中心柱の内側にさらに第二、第三の維管束があって管状または網状に配列する場合は、**2環管状中心柱** dicyclic siphonostele, -s, -lae、**3環管状中心柱** tricyclic siphonostele, -s, -lae および**2環網状中心柱** dicyclic dictyostele, -s, -lae、**3環網状中心柱** tricyclic dictyostele, -s, -lae のように表し、総じて**多環中心柱** polycyclic stele, -s, -lae という。シダ植物のマトニア属の3環管状中心柱、ワラビ属の2環網状中心柱、リュウビンタイ科の2〜6環網状中心柱などの例が知られている。
真正中心柱 eustele ,-s, -lae　多数の並立維管束が1環の環状に配列した中心柱。裸子植物および双子葉植物の一次組織としてもっともふつうにみられる。概して、地下茎には外立内皮がみられることがあるが、地上茎にはきわめてまれで

ある。内立内皮はいずれの場合にもない。ただし、シダ植物のトクサの地上茎には内立内皮がある。

　また、トクサの根茎、ウマノアシガタやバイカモの中心柱は真正中心柱ではあるが、それぞれに自立内皮があるので、特に**分裂真正中心柱** separated eustele, -s, -lae と呼ばれる。

不整中心柱（散在中心柱）atactostele, -s, -lae　多数の並立維管束が環状とならず、不規則に配列した中心柱。単子葉植物の茎にもっともふつうにみられる。双子葉植物ではコショウ科にあるが、この場合は維管束内に形成層がつくられる。ふつう内皮はない。

(5) 樹皮

　樹皮 bark は木本植物において、維管束形成層から外側の部分をいい、おもに靭皮と周皮からなる複合体であり、表皮・皮層・一次師部の残骸も加わる。

　靭皮繊維 bast fiber, -s　靭皮をはじめ、皮層、一次師部の繊維細胞をいう。師部繊維細胞と皮層繊維細胞を合わせたもので、必ずしも靭皮（二次師部）の繊

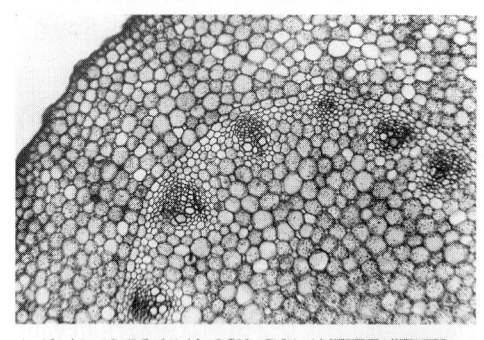

真正中心柱　ドクダミ

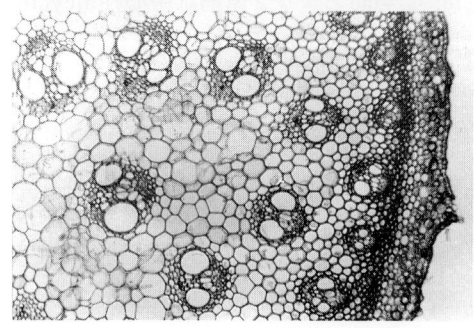

不整中心柱　タチシオデ

茎に関連する用語

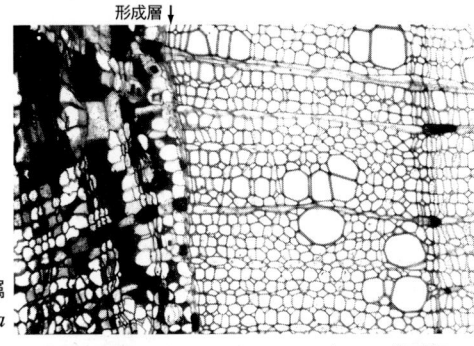

形成層　シナノキ属
Tilia platyphylla

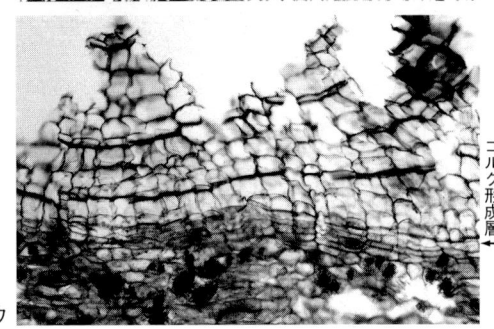

コルク形成層　イチョウ

維細胞のみをさすのではない。細胞壁は著しく厚化し、木質、あるいはセルロースからなり、細胞内容はない。アサ、コウゾ、シナノキ、ミツマタ、アマなどの靱皮繊維は、紙、糸、縄、布などの原料として有名である。

靱皮 bast　二次師部と同義。木本植物では、二次師部は維管束形成層によって内側の二次木部と年々ほぼ等量つくられていくが、茎が肥大すれば外側の組織は次第に枯死し、剥離する。この枯死した部分を樹皮（の一部）、内側の生き残った二次師部を靱皮とする場合もある。

周皮 periderm　木本植物において肥大成長がはじまると、表皮または表皮下の皮層の1列の細胞層が分裂機能を回復して**コルク形成層** phellogen; cork cambium, -s, -bia となる。コルク形成層は内側に薄い**コルク皮層** phelloderm; cork cortex, -tices、外側に厚い**コルク組織** phellem; cork をつくり、表皮にかわって茎の内部を保護する。このように、コルク形成層からつくられた組織をまとめて周皮という。周皮は、組織系としては表皮系とみなされる。

コルク形成層自体も、樹木の肥大にともなって活動をやめて死に、さらに皮

191

茎に関連する用語

層の内側の細胞層が新しいコルク形成層になる。このことを繰り返しながら、コルク形成層の位置はやがて靱皮に移ることになる。

皮目 lenticel, -s　樹木の幹や枝、根のコルク組織形成後に、気孔にかわって空気の出入り口として新たにつくられる組織。この部分にはコルク形成層とは別の**皮目コルク形成層** lenticel phellogen; lenticel cork cambium, -s, -bia と呼ばれる分裂組織を生じ、外側に柔組織を蓄積して隆起し、周皮をつき破って開孔する。

　皮目の生ずる枝の年齢、皮目の形、大きさ、色、密度などは種や枝の位置などによって多様に変化する。たとえば、ウメモドキでは縦方向の楕円形の皮目が1年枝から現れ、3年枝あたりからは樹皮が剥げ落ちて不明瞭になる。徒長枝の皮目は細い楕円形である。これに対して、クロガネモチでは1、2年枝には皮目はほとんど生じず、3、4年枝では円形ないし縦方向の菱形皮目が多数生じ、5年枝以降では不明瞭になる。また、ニシキギ科のマサキでは1、2年枝にはほとんどみられず、数年枝にいたって円形ないし縦長の楕円形の皮目が多数現れる。これに対し、ニシキギでは1年枝から円形ないし縦長の楕円形で、大小さまざまの皮目が散在する。

　アズキナシの1、2年枝における黄白色で楕円形の皮目はよく目立ち、別名ハカリノメの語源となった。

　針葉樹のシラビソやオオシラビソは樹幹の樹皮は比較的平滑で、皮目を観察することができる。シラビソの皮目は縦に不規則に連なるのに対し、オオシラ

コルク層　ニシキギ

コルク層　アメリカフウ

クロマツの樹皮

ビソではレンズ形の皮目が環状に配列するので、皮目による両者の識別が可能である。

(6) 材

木本植物において、維管束形成層によってつくられる二次木部を材 wood という。道管または仮道管・木部柔組織・木部繊維組織から構成され、細胞壁は大部分木化し、種々の用材となる。

1) 内部構造からみた分類

材は横断面における道管の有無や配列状態によっていくつかの種類に分けられる。

散孔材 diffuse-porous wood　一つの年輪の中で大きさのほぼ等しい道管が均等に分布し、したがって年輪界がやや不明瞭になり、春材と秋材の差も明らかでない材。ホオノキ、クスノキ、カツラ、クルミ、ブナ、シラカバ、ツゲ、イロハカエデ、ヤマボウシなどにみられる。

環孔材 ring-porous wood　一つの年輪の中で、春材の部分に1〜数列の大きな道管が環状に並び、その外側の道管は急に小さくなって年輪界まで次第に小さくなる材。ケヤキ、クリ、ミズナラ、クワ、キハダ、ハリギリ、シオジなどにみられる。

半散孔材 semidiffuse-porous wood　散孔材と環孔材の中間の性質を示し、年輪界の内外において道管の大きさの差が少ない材。オニグルミ、ハコヤナギ、ヤナギ属、ウメ、ナナカマド、ヤマウルシ、ヤマハゼ、イボタノキ、ニワトコなどにみられる。

放射孔材 radial-porous wood　一つの年輪の中で、春材から秋材に向けて、道管は次第に小さくなり、かつ、放射方向に列をつくって並ぶ材。ただし、道管の大きさの差は著しくない。シラカシ、アカシデ、カキノキなどにみられる。

雑孔材 mosaic-porous wood　材の全体を通し、道管群の配列に規則性がみられない材。たとえば、ヒイラギでは火炎状、モクセイではX字状の紋様を示し、ゴヨウツツジでは接線方向に集団をつくる。紋様材と呼ばれることもある。

無孔材 nonporous wood; non-pored wood　道管はなく、一つの年輪の中で春材から秋材に向けて次第に小さくなる仮道管が整然と緊密に並んだ材。仮道管の大

茎に関連する用語

きさの差は著しくない。裸子植物の他、無道管被子植物のヤマグルマなどにみられる。

2) 形成時期や部位による分類

材は形成される時期や部位によって性質が異なることから、いくつかの呼び名がある。

春材 spring wood と**秋材** autumn wood　四季のある地方では、季節の前半、主として春につくられる材は道管は大きく木部繊維組織は少量であるのに対し、季節の後半、主として秋につくられる材は道管は次第に小さく少なくなる。裸子植物の材では、仮道管は春には大きく、秋に向かって次第に小さくなる。前者が春材、後者が秋材と呼ばれる部分である。春材から秋材への移行は一般に漸進的である。

年輪 annual ring, -s　肥大成長する樹木の幹、枝、根において、年間に形成される材をいい、それらの横断面では同心円状に配列する。四季のある地方では、前年につくられた秋材と今年つくられた春材との間にふつう明瞭な境界がみられるので、これを**年輪界** annual ring boundary, -ies という。年輪界がはっきりする場合には、その個体内の最大数によって樹齢を知ることができる。熱帯の多雨地方では年輪は年間を通じて一様につくられるので、年輪の識別はむずかしい。

　多数の試料を用いて、年輪の数や幅を厳密に比較、検討し、過去の気候や環境の変遷を解明しようとする立場は、**年輪年代学** annual ring chronology と呼ばれる。

心材 heart wood と**辺材** splint wood; splint, -s　材の全体をみたとき、中心部の年輪には生きた細胞は皆無で、水分通道と養分貯蔵の機能をまったく喪失する一方、硬度を増して支持機能だけをもつ。この部分を心材といい、細胞壁にはリグニンや色素が沈着し、細胞内部には油脂、樹脂、タンニン、珪酸、炭酸石灰などを含むことが多い。その結果、心材は複雑に着色するので、俗に赤味（赤材）とも呼ばれる。たとえば、コクタンは黒色、シタンは赤黒色、クワやウルシは黄色、スギ、イチイ、アカガシ、ケヤキなどは赤褐色を呈する。細胞の染色剤として知られるヘマトキシリンはジャケツイバラ科のヘマトキシロン *Haematoxylon* の心材から得たものである。

これに対し、外側の年輪は軸方向柔組織や放射組織など生きた細胞を含み、水分通道、養分貯蔵、支持の機能を併せもつ。この部分を辺材といい、物質の沈着は少なく、したがって着色もうすいので、俗に白太（白材）とも呼ばれる。辺材はまた液質の生きた細胞をもつことから液材 sap wood ともいう。

(7) 分裂組織

　胚形成後、細胞分裂の機能を保ち、盛んに分裂して細胞数を増やし、植物体の伸長や肥大をおこなう組織を**分裂組織** meristem という。これに対し、分裂を停止し、特定の形態と機能をもつにいたった組織は**成熟組織** mature tissue, -s と呼ばれる。成熟組織は、以前は**永久組織**（永存組織）permanent tissue, -s と呼ばれた。ただし、多くの柔組織では分裂組織と永久組織の区別は必ずしも明らかではない。

　分裂組織は、大きく頂端分裂組織と側部分裂組織に分けられる。

1) 頂端分裂組織

　シュート頂や根端に生じて縦方向（体軸方向）の成長をおこなう分裂組織を**頂端分裂組織** apical meristem, -s という。頂端分裂組織からつくり出される細胞からなる組織は**一次組織** primary tissue, -s である。

前表皮 protoderm, -s　表皮に分化する部分をいい、細胞分裂を繰り返しながら、表皮細胞、孔辺細胞、毛状突起を分化する。

基本分裂組織 fundamental meristem, -s; ground meristem, -s　皮層や髄などの基本組織をつくる分裂組織をいい、柔組織、厚角組織、厚壁組織を分化する。

前形成層 procambium, -s, -bia　維管束をつくる分裂組織。道管、仮道管組織、柔組織、繊維組織など、維管束に含まれるさまざまな組織を分化する。

2) 側部分裂組織

　茎や根の一次組織中に生じ、横方向の成長、つまり肥大成長をおこなう分裂組織を**側部分裂組織** lateral meristem, -s という。維管束形成層（単に形成層といってもよい）とコルク形成層がある。

維管束形成層 vascular cambium, -s, -bia　並立維管束の木部と師部の間に生ずる**維管束内形成層** intrafascicular cambium, -s, -bia; fascicular cambium, -s, -bia と維管束間に生ずる**維管束間形成層** interfascicular cambium, -s, -bia がある。シダ植物

195

にはなく、単子葉植物では維管束内形成層が生ずる例は少なくないが、発達は貧弱である。裸子植物や木本性の双子葉植物ではよく発達し、両者は環状に接続して形成層輪となり、内側に材、外側に靱皮をつくって、二次肥大成長をおこなう。

コルク形成層 cork cambium, -s, -bia; phellogen　二次肥大成長をおこなう木本植物において、皮層内に二次的に生ずる分裂組織。細胞の接線方向の分裂によって、外側にコルク組織、内側にコルク皮層をつくり出す。コルク形成層自体は、材の肥大にともなって破れて死滅するので、内側の皮層に第二、第三のコルク形成層ができる。はじめのコルク形成層は**一次コルク形成層** primary cork cambium, -s, -bia、他を**二次コルク形成層** secondary cork cambium, -s, -biaと呼ぶ。

(8) その他の組織

　茎には上記の他、特殊な機能をもったいくつかの組織があり、それぞれの機能の名で呼ばれる。

通気組織 aerenchyma　空気間隙に富み、空気の移動や貯蔵に重要なはたらきをする柔組織。空気間隙のでき方には、細胞壁が離れて生ずる離生空気間隙と細胞が死滅して生ずる破生空気間隙の2通りがある。ハスの根茎やフサモ属の茎は前者の例、トクサ科やイネ科にみられる中空の茎は後者の例である。一般に水生植物の茎をはじめ、葉や根には通気組織がよく発達する。

分泌組織 secretory tissue, -s　多数の分泌細胞が集合し、その間に細胞間隙を生じて分泌液を貯蔵する柔組織。通気組織同様に、細胞間隙のでき方により**離生分泌組織** schizogenous secretory tissue, -sと**破生分泌組織** lysigenous secretory tissue, -sに分けられる。前者では間隙はふつう管状の**分泌道** secretory canal, -s; secretory duct, -sになり、マツ科やサクラ属の幹の樹脂道、ウルシ属の漆汁道などの例がある。後者では間隙はふつう嚢状の分泌嚢になり、トベラ属、ミカン科、カタバミ属の茎や葉にみられる油嚢などがよい例である。

貯蔵組織 storage tissue, -s; reserve tissue, -s　デンプン、タンパク質、脂肪、糖類など、生活に必要な物質を貯蔵する組織。茎の貯蔵組織は広く多年生草本では地下茎の基本組織、木本植物では木部柔組織が該当するが、形態的に特殊化した例はジャガイモやキクイモの塊茎にみられる。ヤマノイモの芋は担根体と呼

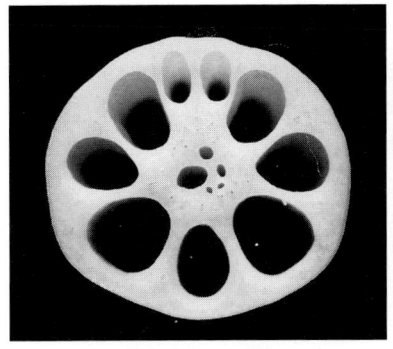

茎に関連する用語

ハスの根茎（横断面） 　　　　ジャガイモの塊茎

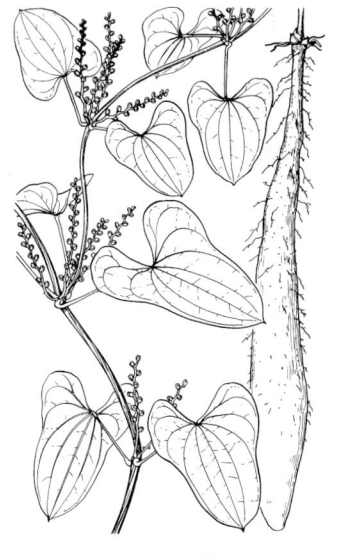

ヤマノイモの芋 　　　　多肉植物　サボテン（銀世界）

ばれ、茎の一部が地中に伸びて肥大したものである。また、水を貯蔵する場合は、特に**貯水組織** water storage tissue, -s; water tissue, -s; aquiferous tissue, -s と呼ばれ、サボテン科やトウダイグサ属の多肉植物に好例がみられる。

197

茎に関連する用語

3　茎の習性

　茎は正の**光屈性**（向日性）actinotropismあるいは**負の重力屈性**（背地性）negative geotropismの性質をもち、ふつう直立し、地表に対し、垂直に伸びる。しかし、茎の習性や形の変異もまたさまざまである。

(1)　地上茎
　地表面から上にある茎を総称し、**地上茎** aerial stem, -s; epigeal stem, -s; terrestrial stem, -sという。地上茎には**直立茎** erect stem, -sの他にいくつもの型があり性質もさまざまである。
1)主茎の性質
斜上茎 ascending stem, -s; assurgent stem, -s　地際から斜め上に伸びる茎。チャボガヤ、ハイイヌガヤ、ユキツバキ、ネマガリダケなど。
横臥茎 reclining stem, -s　基部では直立ないし斜上し、上部は湾曲して地表をはう茎。ハイマツ。
傾伏茎 decumbent stem, -s　地表を長くはって伸び、先が立ち上がる茎。スベリヒユ、カキドオシ、ツルアリドオシ、クマノギクなど。
平伏茎 procumbent stem, -s; prostrate stem, -s　全長にわたって地表をはう茎。コガネイチゴ、テングノコヅチなど。
匍匐茎 repent stem, -s; creeping stem, -s; creeper, -s　全長にわたって地表をはい、かつ、節からは十分な根を下ろす茎。傾伏茎と平伏茎を含めていうこともある。フタバアオイ、タカネイワヤナギ、ヘビイチゴ、ニシキソウ、カタバミ、チドメグサ、ジシバリ、シバなど。
巻きつき茎（回旋茎、攀縁茎）twining stem, -s; volubile stem, -s　つるになって支柱に巻きついて伸びる茎。そのような茎をもつ植物は**巻きつき植物**（回旋植物、纏繞植物、攀縁植物）twining plant, -s; volubile plant, -sと呼ばれる。つるの巻き方は分類群によって一定していて重要な分類形質にもなっている。しかし、つるの巻き方の呼称（左巻き・右巻き）には二通りあって一定していない。一つは、ねじの歩みにたとえて側面からみて左から右へ巻き上がる場合を右巻き、その逆を左巻きとする呼び方、他は直上からみて時計回りに巻き上る場合を右

茎に関連する用語

傾伏茎　ツルアリドオシ

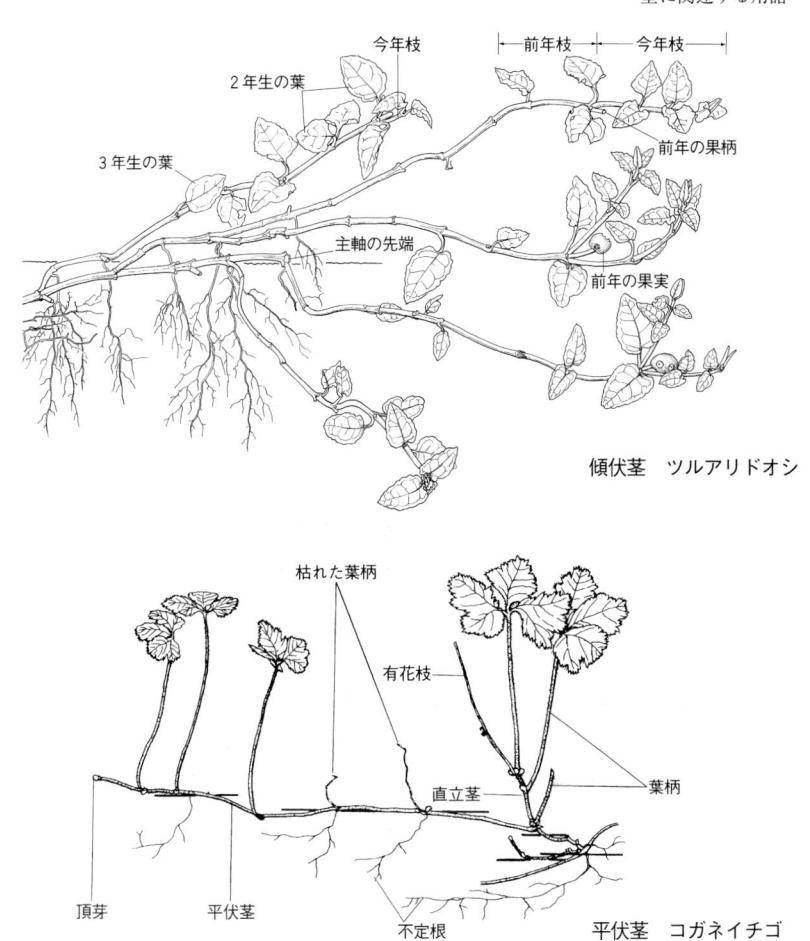

- 3年生の葉
- 2年生の葉
- 今年枝
- 前年枝
- 今年枝
- 前年の果柄
- 主軸の先端
- 前年の果実

平伏茎　コガネイチゴ

- 枯れた葉柄
- 有花枝
- 直立茎
- 葉柄
- 頂芽
- 平伏茎
- 不定根

横臥茎　ハイマツ

匍匐茎　シバ

199

巻き、その逆を左巻きとする呼び方である。前者の呼称に従えば、アサガオやヒルガオをはじめヒルガオ科は右巻き、カラハナソウ属、ツルリンドウ属、ヘクソカズラ属、スイカズラは左巻き、ウマノスズクサ属やアケビ属、アズキ属は右巻き、同じ属の中ではフジの左巻きに対してヤマフジの右巻き、オニドコロの左巻きに対してヤマノイモは右巻きに巻く。ツルニンジンは例外的に左右両様に巻く。

よじのぼり茎（攀縁茎、登攀茎）climbing stem, -s 巻きひげや付着根を出して他物にすがりついて伸びる茎。そのような茎をもつ植物は**よじのぼり植物** climbing plant, -sと呼ばれる。センニンソウ属では葉柄が巻きつき、ソラマメ属やブドウ属・ヤブガラシ属では巻きひげを出してつかまり、ツタ属では巻きひげの先が吸盤となってはい上がる。

　よじのぼり茎や巻きつき茎のように直立できず、しかも上方へと伸びる茎は**つる** liane, -s; vine, -s; liana, -s、よじのぼり植物や巻きつき植物は**つる植物** climbing plant, -s; liana, -s; liane, -s; lianoid, -sと総称される。つる植物全体をよじのぼり植物（広義）という場合もある。つるが木本性のものは**木本性つる植物**（藤本）woody liana, -s; woody liane, -s、草本性のものは**草本性つる植物**（つる草）herbaceous liana, -s; herbaceous liane, -sという。アケビ、イタビカズラ、イワガラミ・ツルアジサイ、フジ・ヤマフジ、ツタ・ヤマブドウなどは藤本、センニンソウ、ツヅラフジ、カラハナソウ、ヤブガラシ、ツルリンドウ、ヒルガオ、ヘクソカズラなどはつる草の例である。

2) 枝の性質

匐枝（匍匐枝、ストロン）stolon, -s 草本植物において、主茎の基部の節から出て地表を水平方向に伸びる枝。一つ以上の節があり、節から根を下ろし、普通葉や花序を伸ばし、節間がちぎれると独立した植物になる。先端の芽は、ロゼットや葉束をつけて、やはりちぎれて独立する。ネコノメソウ属、ツルキンバイ・ツルキジムシロ・ヒメヘビイチゴ、カキドオシ・ラショウモンカズラ、ムラサキサギゴケなどが好例である。

走出枝（横走枝、ランナー）runner, -s 匐枝と同じように水平に地表をはって伸びる枝。節には鱗片葉または小型の普通葉はあるが、節から根を下ろさず、先端の芽からだけ子株をつくる点が匐枝と異なる。ハイキンポウゲ、ユキノシ

茎に関連する用語

巻きつき茎　ヤマノイモ

吸盤　ツタ

よじのぼり茎　ヤブガラシ

よじのぼり茎　ノブドウ

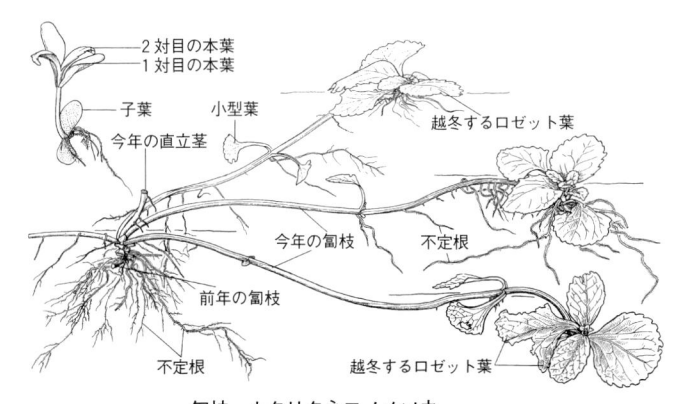

匍枝　ホクリクネコノメソウ

- 2対目の本葉
- 1対目の本葉
- 子葉
- 小型葉
- 今年の直立茎
- 越冬するロゼット葉
- 今年の匍枝
- 不定根
- 前年の匍枝
- 不定根
- 越冬するロゼット葉

タ、オランダイチゴ属が好例。

しだれ weeping form　直立する樹木において、機械的支持組織の発達が弱く、枝が水平の位置より下方に向かって伸びる状態。強風などの環境条件が原因となる場合は除かれる。アカマツ、カラマツ、エノキ、クワ、クリ・ブナ、ヤナギ、ツバキ、カキノキ属、サクラ、などにしばしばみられ、分類学的には品種として扱われることが多い。シダレヤナギやシダレザクラは園芸植物として特によく知られている。シダレヤナギの葉は、葉柄がねじれてすべての葉の表面が外側を向く。

草本植物ではイワシャジン、ヒメノガリヤス、ウチョウランなど、茎がたれ下がる pendulous が、「しだれ」とはいわない。

3）茎の変形

茎巻きひげ stem tendril, -s　茎（枝）が変形して巻きひげになったもの。葉巻きひげの対語。ブドウ属やヤブガラシ属などブドウ科のつるでは、葉は2列互生し、巻きひげは葉と対生するが、巻きひげと対生しない葉1つと巻きひげと対生する葉2個が交互に並ぶ。巻きひげ自体は、分岐点に必ず1個の鱗片葉があるので茎が変形したものであることがわかる。ツタ属では巻きひげの枝の先が**吸盤** sucker, -s となって器物に吸着する。吸盤は植物が枯れても剥げ落ちない。

茎針（茎刺、枝針）stem spine, -s; stem thorn, -s　樹木において、茎（枝）の頂端分裂組織が枯死して木化し、針状または鉤状になったものをいう。葉腋または茎頂に生じ、また、鱗片葉をつけることがあることから茎の変形であることがわかる。ウメ・ズミ・ボケ属、ナワシログミ、クロウメモドキ、ナギイカダ（葉状枝）、クコは単一の茎針をなすのに対し、サイカチの茎針はよく分枝する。

扁茎 cladodium, -dia; platycladium, -dia と**葉状茎**（葉状枝・仮葉枝）cladophyll, -s; cladophyllum, -lia; phylloclade, -s; phyllocladium, -dia　茎（枝）が扁平になったものを扁茎、一見葉のようにみえる扁茎を葉状茎（葉状枝）という。観葉植物のカンキチク（タデ科）、ウチワサボテン・カニサボテン・シャコバサボテン（サボテン科）は茎や枝の全長にわたって扁平、緑色で、節でくびれる。扁茎の好例である。

オセアニア産のエダハマキ（エダハマキ科）では、若い個体の葉は螺生する

茎に関連する用語

匍枝（ストロン）　シロバナヘビイチゴ

よじのぼり茎　サルトリイバラ

しだれ　シダレヤナギ

茎針　サイカチ

茎針　カギカズラ

葉状枝の茎針　ナギイカダ

扁茎　カンキチク

針葉であるが、成長するにしたがって葉は鱗片状になり、その腋から単葉ないし羽状複葉状の葉状枝を出す。葉状枝のふちには微細な鱗片葉があるので、枝の変形であることがわかる。ナギイカダでは主軸に互生または対生する小さな針状葉の腋に葉状枝が出、その中央部片側あるいは両側から小さな花序が出る。両者ともに面の向きが主軸に平行であることも普通葉とは異なる。

モクマオウ科では褐色の普通枝と緑色の枝があり、緑色の枝の節には10～12個の白色の鱗片葉が輪生する。クサスギカズラ属では、地上に伸びた茎の葉は短小な針状となり、その腋に緑色の細い柱状の枝を束生する。両者とも枝は扁平ではないが、葉状茎と呼ばれている。

多肉茎 succulent stem, -s　貯水組織が発達し、肥厚した茎。サボテン科やトウダイグサ科（一部）のように乾燥地に生える植物、アッケシソウ属のように塩湿地に生える植物では、葉が退化して茎が多肉になるものがある。多肉茎をもつ植物は**多肉茎植物** stem-succulent plant, -s という。

短縮茎 dwarf stem, -s　草本植物において、ロゼット植物のように、節間が極端に短縮し、多数の根生葉を生ずる茎。スミレ属（無茎種）、キッコウハグマ・タンポポ属の茎やマツヨイグサ属やマツムシソウ属の越冬時のロゼット葉をつける茎が好例である。木本植物では、短枝に相当する。

帯化（石化） fasciation　茎の一部が異常に扁平になる現象。主として茎頂の分裂組織がドーム状にまとまらず横方向に線状に拡がることによって生ずる奇形である。その結果、茎に多数の花や葉が生じたりする。マツバラン、ソテツ、スギ、ブナ属、ヤナギ属、トネリコ属、キク属・アキノノゲシやタンポポ属（花茎）などによくみられ、園芸植物のケイトウやセッカマメでは、遺伝的に固定した性質になっている。

(2) 地下茎

地表面から下にある茎を総称して、**地下茎** underground stem, -s; subterranean stem, -s という。地下茎にもさまざまな型があり、はたらきも多様である。

根茎 rhizome, -s; root stock, -s　地下にある普通茎のすべて、つまり地下茎のうち球茎、塊茎、鱗茎などの特殊茎以外のもの。一見、根のようにみえても、鱗片葉や普通葉をつけ、それらの脱落後には葉痕を残すので識別は容易である。

茎に関連する用語

葉状枝　エダハマキ

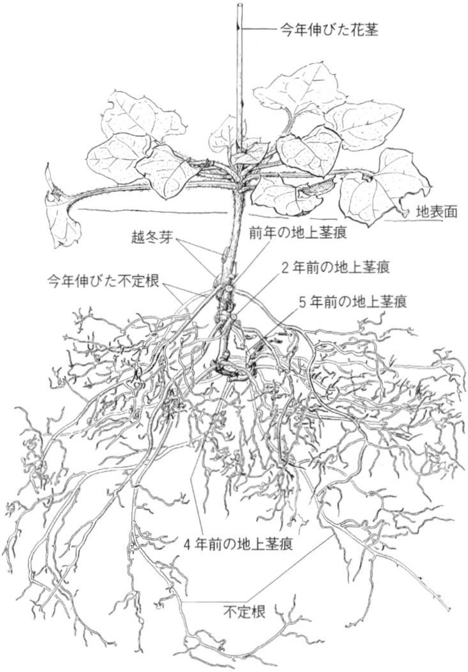

扁茎　シャコバサボテン

帯化　トサカゲイトウ

短縮茎　キッコウハグマ

（図ラベル：今年伸びた花茎／地表面／越冬芽／前年の地上茎痕／2年前の地上茎痕／今年伸びた不定根／5年前の地上茎痕／4年前の地上茎痕／不定根）

帯化　アキノノゲシ

茎に関連する用語

　アオネカズラやノキシノブのような着生殖物の横走する茎は、地下にはないが根茎として扱われる。根茎をもつ植物は**根茎植物** rhizomatous plant, -s という。

　根茎には、位置・伸長方向・伸長量・太さなどのちがいによって、いくつかの類型を認めることができる。根茎の形成の初期から形態的に地上茎と異なり、終始地中にあるものを**一次根茎** primary rhizome, -s、多かれ少なかれ地上茎の一部であった器官が次第に地中にうずもれて根茎に移行するものを**二次根茎** secondary rhizome, -s という。たとえば、ミヤマイラクサ、サクラタデ、ギボウシ属・ナルコユリ属などの根茎は終始水平方向に伸び、地表に出ることはなく、越冬芽は地中にあるが、カラハナソウ、ミヤマキンバイ、ショウジョウバカマなどの越冬芽は地表または地上にあり、根茎には普通葉の基部や花茎の名残があるので地上茎からの移行であることがわかる。

　根茎の中には、ミヤマイラクサ、ミヤマキンバイ、ナルコユリ属などのように水平方向に伸びるものもあるし、シシウド、リンドウ、ショウジョウバカマなどのように垂直方向に伸びるものもある。前者を**横走根茎** horizontal rhizome, -s、後者を**直立根茎** vertical rhizome, -s という。

　横走根茎の中で節間が長く、一見匐枝状を呈する場合は、**匍匐根茎** creeping rhizome, -s; stoloniform rhizome, -s と呼ばれる。匍匐根茎をもつ例は、アオネカズラ、ハルユキノシタ、モミジガサ・ヤチアザミ、サンカクイ、オギ、ガマなどである。

単一根茎 simple rhizome, -s と**複合根茎** compound rhizome, -s　根茎系は横走根茎・直立根茎・匍匐根茎・地下匐枝などからなるが、多くの種ではこのいずれか一つをもつ。これを単一根茎という。これに対してこれらのいずれか二つあるいは塊茎などの特殊茎ををもそなえた根茎を複合根茎と呼ぶ。たとえば、モミジガサでは長さ 10cm ほどの直立根茎の下方の節から短い匍匐根茎を出す。このような例は、他にカニコウモリ・ウスゲタマブキ・ゴマナ・ヤチアザミがある。また、根茎と地下匐枝をもつ例には、ムカゴイラクサ、ミヤマカタバミ、ウシタキソウ、根茎と特殊茎をもつ例には、ユリワサビ（小鱗茎）、ウバユリ（小鱗茎）・コオニユリ（鱗茎）などがある。

球茎 corm, -s　地上茎の基部につくられ、ほぼ球形に肥厚した地下茎。地下茎の複数の節および節間が肥大したもので、多かれ少なかれ環状の節と節間が認

茎に関連する用語

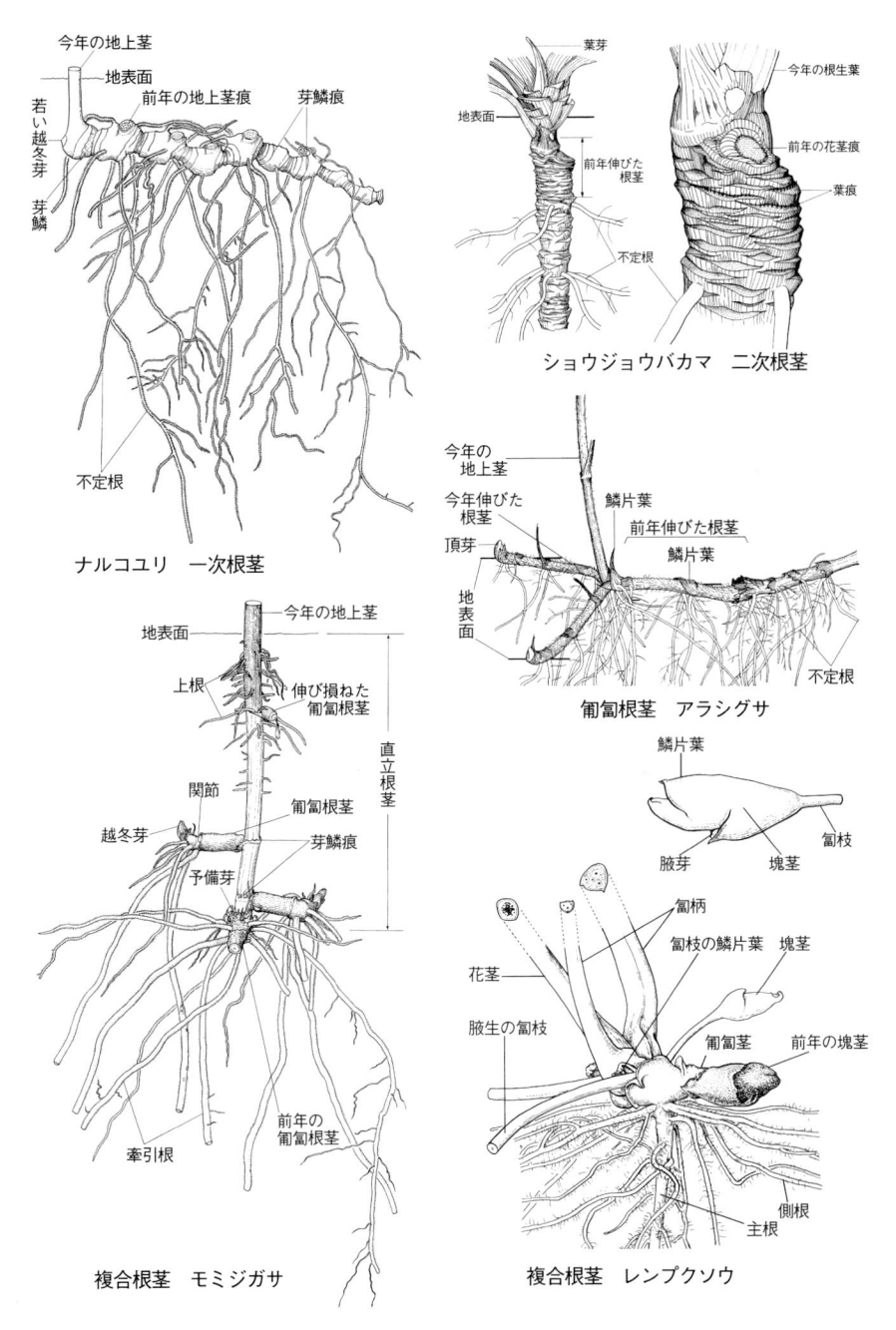

ナルコユリ 一次根茎

ショウジョウバカマ 二次根茎

匍匐根茎 アラシグサ

複合根茎 モミジガサ

複合根茎 レンプクソウ

められる。エゾエンゴサク、イシモチソウ、テンナンショウ属などが好例である。

塊茎 tuber, -s; stem tuber, -s　地中にあって不定形に肥大した地下茎。根茎に側生するか、地下匍枝の先端につくられ、一定の葉序に従った複数の鱗片葉と腋芽をもち、鱗片葉の痕を残す。ジャガイモはよく知られた例であり、野生植物ではミヤマタニタデ、エゾシロネなどにみられる。

なお、スギナのように根茎の節に1～2個のむかごができるものは**珊瑚状地下茎** coral-shaped stem, -s　チョロギのように輪状にくびれて数珠状になった塊茎は**念珠茎** ringed stem, -sと呼ばれている。

鱗茎 bulb, -sと**小鱗茎** bulbil, -s　地下茎の中軸に肉質の鱗片葉が多数密生し、球形を呈するもの。鱗片葉の一つ一つは**鱗茎葉** bulb scale, -sという。したがって、鱗茎の主体は葉であって茎ではない。鱗茎のシュート頂からは新しいシュート（主茎）を伸ばす一方、はずれた鱗茎葉からは1個ずつ幼植物がつくられる。ウバユリ・クロユリ・ネギ属・ユリ属などが好例。1個体に主鱗茎や根茎の他に、複数の小型の鱗茎がつくられる場合、小鱗茎と呼ばれる。オオユリワサビ、ウバユリの開花株、ユリ属の子球が、その例である。

偽球茎（偽球・偽鱗茎）pseudocorm, -s; pseudobulb, -s　ラン科植物において、地上茎や花茎の一部が肥大して貯蔵器官となり、一見球茎のようにみえる器官。一般に地表にあって、中には緑色を帯びて光合成をおこなうものもある。内部形態的には、複数の節間からなるもの（例コクラン・トケンラン）、1つの節間からなるもの（例、ムギラン・ミヤマムギラン）、1つの節間の一部にすぎないもの（例、ジガバチソウ・ホザキイチョウラン）があって複雑である。偽球茎をもつラン科植物は、イモラン・オサラン・ガンゼキラン・クモキリソウ・コケイラン・サイハイラン・サワラン・シラン・ヒトツボクロ・ヒトツボクロモドキ・ヒメケンラン・ホザキイチョウラン・マメヅタラン・ヤチランなどの各属がある。

(3) 分枝

植物体の軸が複数の軸に分かれることを**分枝** branching; ramificationという。維管束植物における分枝様式には、二又分枝・単軸分枝・仮軸分枝の3通りが

茎に関連する用語

球茎　エゾエンゴサク

球茎　ヒロハテンナンショウ

塊茎　エゾシロネ

小鱗茎　オオユリワサビ

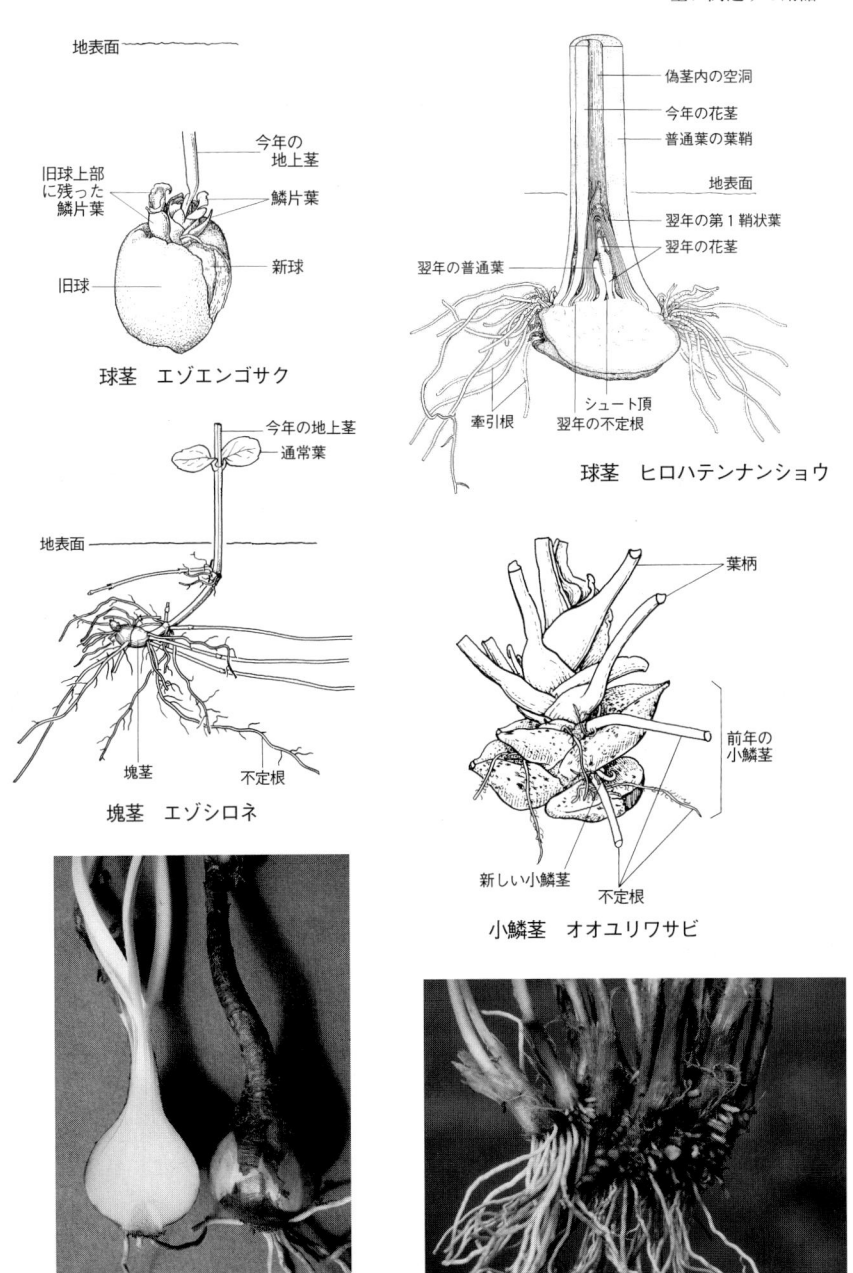

鱗茎　ヒガンバナ

鱗茎　ニラ

209

ある。内部形態的にみれば、茎の分枝は表皮または表皮下に生ずる二次分裂組織から新しい表皮系や基本組織系がつくられることによって起こるので、**外生分枝** exogenous branching と呼ばれる。これに対して、根の分枝は中心柱内の内部組織の分裂によって起こるので、**内生分枝** endogenous branching という。

茎は分枝するのがふつうであるが、ベゴ属、ヤシ科などでは幹の分枝は起こらない。

二又分枝（叉状分枝）dichotomous branching; dichotomy　軸の先端から勢力の等しい2個の軸が分かれる分枝様式。古生マツバラン類など初期の陸上植物に多くみられることから原始的かつ基本的な分枝様式とみなされる。現生維管束植物の中ではマツバラン属、クラマゴケ属、ヒカゲノカズラ属などにみられる。ただし、マツバランでは胞子のうをつける軸は短くなっているし、ヒカゲノカズラでは匍匐茎や直立茎の分枝にみられるものの二又分枝した枝に長短の差があり、分枝を繰り返す枝もある。クラマゴケでは二又分枝した一方の枝が次々と分枝して連なる。このように、二又分枝において、一方の枝が交互に連続してできる軸は**片出軸** sympodium, -s, -dia と呼ばれる。葉の脈系としては、多くのシダ植物やイチョウ、キングドニア *Kingdonia* などにみられる。ゼニゴケ属の葉状体の分枝もこの様式である。

単軸分枝（側方分枝）monopodial branching; lateral branching　**主軸** main axis, — axes があって、その側方に**側軸** lateral axis, — axes がつくられる分枝様式。二又分枝における一方の枝が主軸になることによって導かれ、生じた主軸は**単軸** monopodium, -s, -dia と呼ばれる。維管束植物にごくふつうにみられ、種子植物では主軸の腋芽（側芽）から**側枝** lateral branch, -es が分かれる。

仮軸分枝 sympodial branching　側軸が発達し、側軸があたかも主軸のようになる分枝様式。二又分枝の一方の枝がよく発達する場合、つまり片出軸がつくられる場合は二又性仮軸分枝、単軸分枝の一つの枝がよく発達する場合は単軸性仮軸分枝という。このようにして生じたみかけの主軸は**仮軸**（連軸）sympodium, -s, -dia（英語は片出軸と同じ）と呼ばれる。たとえば、樹木でも草でも主軸の先が切り取られたりすると下方の腋芽（予備芽）が伸びて新しい主軸となる現象はふつうにみられるが、これは単軸性仮軸分枝である。茎の先に花序が生じて主軸の成長が止まり、下方の腋芽から新しいシュートが生ずる場

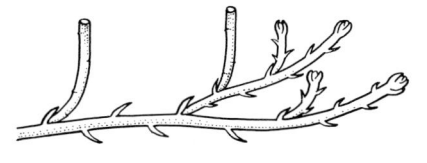

茎に関連する用語

単軸分枝の模式図

仮軸分枝の模式図

二又分枝　ヒカゲノカズラ

交代型

つぎ足し型

交代型とつぎ足し型分枝の模式図

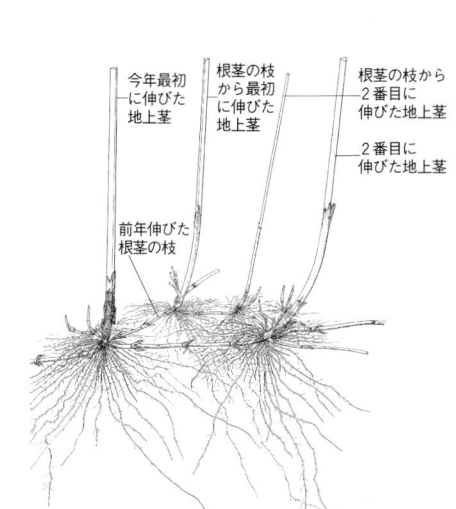

今年最初に伸びた地上茎
根茎の枝から最初に伸びた地上茎
根茎の枝から2番目に伸びた地上茎
2番目に伸びた地上茎
前年伸びた根茎の枝

単軸分枝　サンカクイ

交代型仮軸分枝　シランの偽球茎

合も同様である。

交代型仮軸分枝 alternative sympodial branching, -s と **つぎ足し型仮軸分枝** additional sympodial branching, -s　仮軸分枝のうち、古い仮軸単位が枯死するか活動を停止して新しい仮軸単位と交代していく場合は交代型仮軸分枝、古い仮軸単位がなお成長を続ける場合はつぎ足し型仮軸分枝という。たとえば、ナルコユリやユキザサなどでは根茎の茎頂から地下茎を1本ずつ伸ばす一方、根茎の腋芽から新しい側枝を伸ばして、一見連続する1本の根茎がつくられつくられる。この場合、前年の地上茎は枯死するので交代型である。これに対し、ススキやイではシーズンのはじめから次々と仮軸単位が形成され、はじめの仮軸単位はシーズン末まで成長を続けるので、つぎ足し型である。つぎ足し型仮軸分枝は樹木の分枝にふつうにみられる。

　カエデ属やアオキ属のように対生葉序をもつ場合、頂芽が伸びず、直近の両側の腋芽が成長して二又分枝のようにみえることがある。このような分枝は**偽二又分枝**（偽叉状分枝）pseudodichotomy または**二出仮軸分枝** dichasial sympodial branching と呼ばれる。

Ⅶ 芽に関連する用語

1. 幼植物

　種子植物の成長段階において、胚から実生の段階にある植物を**幼植物**（幼植物体）juvenile plant, -s と呼ぶ。ここでは、主として実生について記述する。**実生**（芽生え）seedling, -s はふつう子葉または第一葉をつけた状態の幼植物をいうが、子葉や初期の本葉の落下時期は分類群によって異なり、厳密に定義できるものではない。

(1) 双子葉植物
　双子葉植物の実生は、子葉・幼芽・上胚軸・胚軸・主根・側根からなる。
子葉 cotyledon, -s　種子植物の個体発生において最初に展開する葉。双子葉植物ではふつう2枚あって同形で主軸の子葉節に対生する。この形質は、双子葉植物綱（モクレン綱）を規定する重要な形質となっている。しかし、セツブンソウ・ニリンソウ、コマクサ・ヤマエンゴサク、ムシトリスミレ、ヒシ、ミミカキグサ、ヤブレガサでは1枚しかなく、シクラメン *Cyclamen* やイワタバコ科のストレプトカープス *Streptocarpus* やエピテーマ *Epithema* では子葉に大小の差があり、著しい**異形子葉性** anisocotyly; heterocotyly を示すなど、例外もみられる。

　実生における子葉の位置は分類形質として重要である。子葉が地上にある場合は**地上性** epigeal、地中にある場合は**地下性** hypogeal という。**地上性子葉** epigeal cotyledon, -s は左右に展開し、葉緑素を有して光合成をおこない、自身の貯蔵物質とともに幼植物に栄養を供給し、幼植物の成長にともなって早晩落下する。地上子葉はモクレン、サンカヨウ、アケビ、マンサク、ケヤキ、クワ、

213

芽に関連する用語

カバノキ・シデ、ツツジ、カキノキ、エゴノキ、サワフタギ、ナナカマド、グミ、アオキ、ニシキギ、モチノキ、カエデ、ウルシ、キハダ・サンショウ、ウコギ・タラノキ、ムラサキシキブ、イボタノキ、ガマズミ・ニワトコ各属など多くの木本植物にみられ、草本植物ではカンアオイ、サンカヨウ・トガクシショウマ、スズメウリ、クサネム・クズ・ツルマメ・ヤハズソウ、ツルリンドウ、ヤブレガサ各属にある。草本植物の実生には、胚軸がほとんど伸張せず、そのため子葉が地表面に接してある場合が多い。これを特に、**地表性子葉**mesogeal cotyledon, -s と呼ぶことにする。地表性子葉は発育の初期に上胚軸が伸張せず、根生葉をつくる分類群に主としてみられる。たとえば、オダマキ・カラマツソウ、コマクサ・ケマンソウ、ナデシコ、オトギリソウ、スミレ、キンミズヒキ・シモツケソウ・ダイコンソウ・ヘビイチゴ、シロツメクサ、カタバミ、フウロソウ、オミナエシ、マツムシソウ各属などの他、セリ科やキク科は多くが子葉は地表性である。

　地下性子葉hypogeal cotyledon, -s は、地中にあって展開することなく、もっぱら貯蔵栄養物質を幼植物に供給する。無胚乳種子をもつ一部の群にみられ、有胚乳種子をもつ群には知られていない。木本植物ではクスノキ・シロダモ・タブノキ、カシ・シイ、チャ、シャリンバイ・ビワ、フジ、トチノキ、クサギ属など、草本植物ではアマチャヅル・カラスウリ、アズキ・イタチササゲ・クララ・ソラマメ・ノササゲ、トチバニンジン属などにみられる。

　子葉の位置は、属レベルの形質としてほぼ一定しているが、例外もある。サクラ属では大部分の種が地上性の子葉をもつのに対し、バクチノキは地下性の子葉をもつ。ツリフネソウ属では、日本産の3種はいずれも子葉は地上性であるが、東南アジアには地表性の種も地下性の種もある。

幼芽 plumule, -s　実生において、子葉の付着部つまり、**子葉節** cotyledonary node, -s 以高に最初につくられる芽。頂芽と子葉腋にできる腋芽からなる。

上胚軸 epicotyl, -s　実生において頂生の幼芽から伸長した茎をいう。ナデシコ、スミレ、マツムシソウ各属、セリ科やキク科など上胚軸が伸張しない場合も少なくない。上胚軸の範囲については、主茎の全体をさす場合も、最初の普通葉（本葉）のつく節まで、つまり第一節間をさす場合もあって一定しない。

胚軸（下胚軸）hypocotyl, -s　幼植物において、子葉節より下部にある茎状の

芽に関連する用語

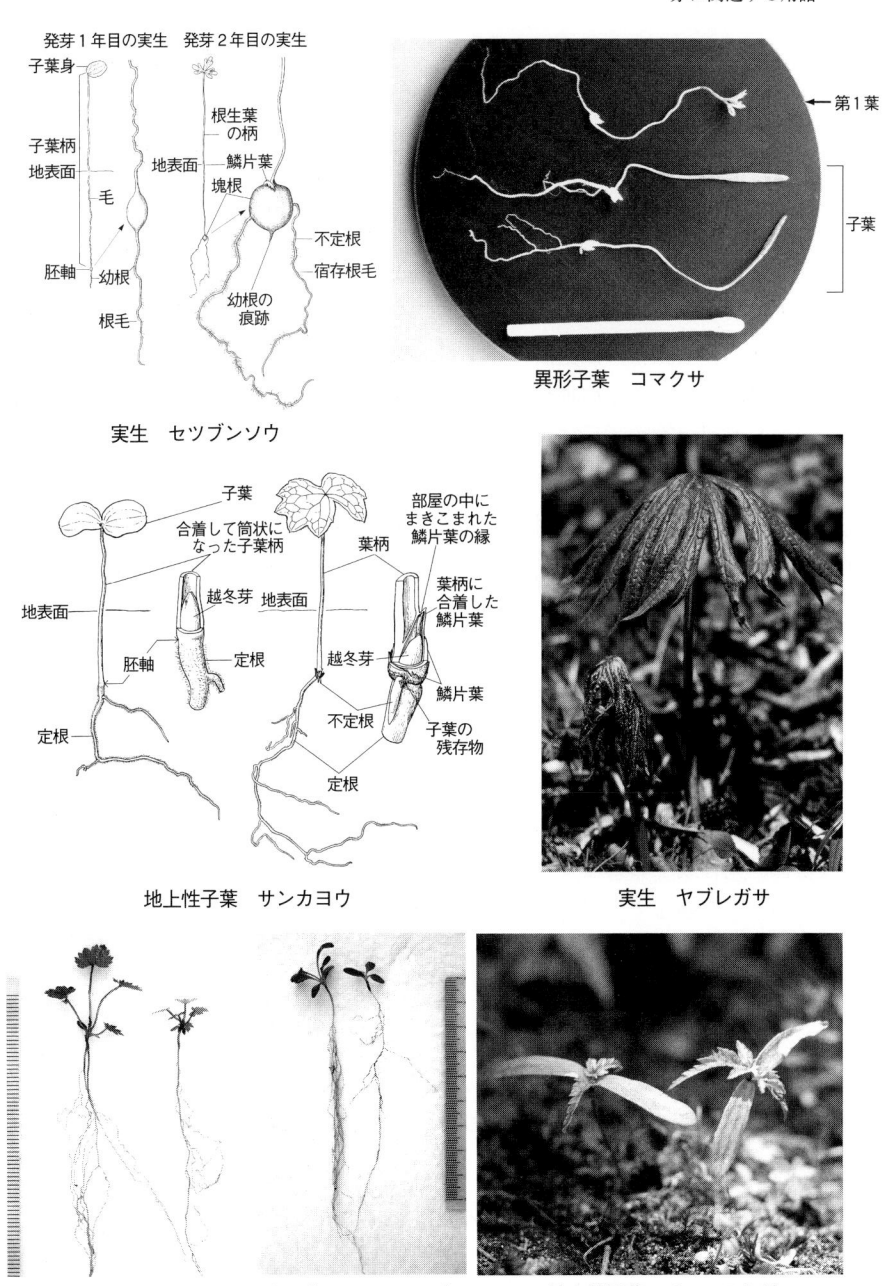

実生 セツブンソウ

- 発芽1年目の実生
- 発芽2年目の実生
- 子葉身
- 子葉柄
- 地表面
- 毛
- 胚軸
- 幼根
- 根毛
- 根生葉の柄
- 鱗片葉
- 塊根
- 不定根
- 宿存根毛
- 幼根の痕跡

異形子葉 コマクサ
- 第1葉
- 子葉

地上性子葉 サンカヨウ
- 子葉
- 合着して筒状になった子葉柄
- 地表面
- 胚軸
- 定根
- 越冬芽
- 葉柄
- 部屋の中にまきこまれた鱗片葉の縁
- 葉柄に合着した鱗片葉
- 鱗片葉
- 子葉の残存物
- 不定根
- 定根

実生 ヤブレガサ

地表性子葉 左＝シモツケソウ、右＝マツムシソウ

地上性子葉 イロハモミジ

器官。その下方は幼根または定根に続く。地下性の子葉や地表性の子葉をもつ種類ではほとんど伸長しない。また、たとえば、サンカヨウの実生では一見長い胚軸があるようにみえるが、これは2本の子葉柄が合着してできたもので、内部はほとんど中空でその底に越冬芽がある。ヤブレガサは1本の長い子葉柄の基部内に越冬芽がつくられ、やはり胚軸は発達しない。

　外部形態上、胚軸は上胚軸とは太さ・色・毛の有無や状態など異なる形質をもつ場合が少なくない。たとえば、クズやツルマメの胚軸には1列の短毛があるのに対し、上胚軸には全面に粗毛がある。

　内部形態上は、多くの種類で茎から根への維管束の配列様式が転換する茎根遷移部となっている。

根 root, -s; main root, -s　幼根が発達してできたもので、双子葉植物ではふつう**主根** tap root, -sと主根から分枝した**側根** lateral root, -sがある。

双葉と**本葉**　双子葉植物の実生において、展開した地上性および地表性の子葉を園芸界などでは双葉、普通葉を本葉と呼ぶ。両者に該当する英語はみあたらない。

(2) 単子葉植物

　単子葉植物の実生は、1個の子葉、普通葉（本葉）、胚軸および根からなる。しかし、子葉は双子葉植物のように一見して見分けることはむずかしい。多くの場合、光合成をおこなうとともに胚乳から養分を吸収するという2つの役割をもつ。したがって、緑色の部分の他に多かれ少なかれ、発芽後一定期間子葉の先端は種子の中に止まる。単子葉植物の子葉は大きく3型に分けることができる。

ネギ型 *Allium* type　子葉は線形で緑色、先端部だけ吸収器として種皮の中にあり、したがって子葉の先端には一定期間帽子のように種皮をかぶる。アマナ属・カタクリ属・クロユリ属・ツルボ属・ネギ属・バイケイソウ・ユリ属・リシリソウなどにみられる。しかし、実生の形成過程はさまざまである。ネギ属やツルボ属では子葉基部の子葉節から直接普通葉を生じ、比較的単純な実生の形をとるのに対し、アマナ属・キバナアマナ属・チシマアマナ属などでは、発芽1年目に子葉節から地下に**紐状体** dropper, -s; sinker, -sと呼ばれる紐状の器官

芽に関連する用語

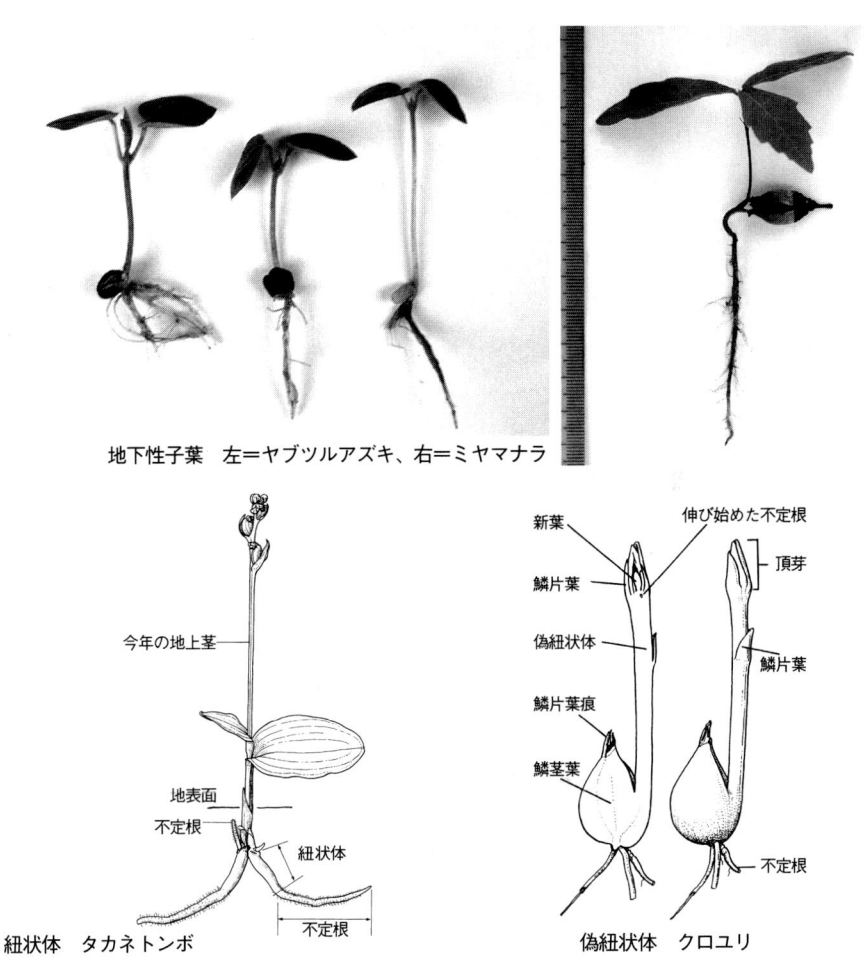

地下性子葉　左=ヤブツルアズキ、右=ミヤマナラ

紐状体　タカネトンボ

偽紐状体　クロユリ

を生じ、その先端に1個の小さな鱗片葉からなる小鱗茎をつくる。紐状体は子葉の下部組織と上胚軸が合体してつくられたものとみられ、茎頂は小鱗茎の向軸側にある。発芽2年目には、この茎頂から地上に第一普通葉を伸ばすとともにその葉鞘と茎軸が合体して地下に新しい紐状体をつくる。紐状体は年々短く太くなり、先の鱗茎は鱗茎葉の数をふやして成長し、開花株にいたる。開花株ではもはや紐状体はつくられない。紐状体には実生個体を地中に引き込む役割がある。紐状体は成長したツレサギソウ属にもみられる。

　クロユリでは、発芽1年目に地中にある子葉基部が球状に肥厚して小鱗茎葉

芽に関連する用語

となり、その向軸側にややうすい小型の鱗片葉を生じ、両者は向き合って小鱗茎をつくる。植物体の地中への牽引は、牽引根がおこなう。一方、クロユリの鱗茎は分離、成長して栄養繁殖をおこなう。すなわち、鱗茎からはずれた米粒状の鱗茎葉は向軸側から短い1本の紐状体類似の茎（**偽紐状体** pseudodropper; pseudosinker）を上向きに伸ばし、先に微細な小鱗茎をつくる。2年目には小鱗茎の最上の鱗茎葉が葉身を伸ばして第一普通葉となり、向軸側から新しい偽紐状体を伸ばす。偽紐状体の先にできる小鱗茎は年々大きくなり、4、5年目には偽紐状体の形成は止まり、鱗茎となる。

カンゾウ型 *Hemerocallis* type　子葉は全体が地下にあり、養分吸収と幼芽保護をおこなう。つまり、先端は吸収器として種子内に止まり、基部は鞘になって幼芽を包み、両者は紐状の子葉身によってつながれる。鞘になった部分は子葉基部が横に広がったもので、子葉の葉鞘である。子葉身は多くの場合、葉鞘の上端につくが、ツユクサでは葉鞘上端につく場合も一部分葉鞘の上部と合着する場合もみられる。また、ヒオウギでは葉鞘中部に、グロリオーサ *Gloriosa* では基部につく。

　多年草の場合、マムシグサ、ハナミョウガ、オモト・ギボウシ・ヤブラン、アヤメ各属では、発芽1年目に幼芽が伸長し、緑色の普通葉を地表に出す。これに対し、シオデ・スズラン・チゴユリ・ナルコユリ・マイヅルソウ各属では発芽1年目には普通葉は展開しない。たとえば、チゴユリの幼芽は発芽1年目には匍匐根茎となって地中を伸びて先に越冬芽をつけるか、ほとんど匍匐根茎を伸ばさずに越冬芽を生じ、越冬芽は翌春伸長して普通葉を開く。

イネ科型 graminoid type　イネ科植物では子葉がどの部分にあたるのかは、いまだに定説がないが、種子の中にあって養分を吸収する円盤状の**胚盤** scutellum, -la から地上に出て緑色となった鞘状の**幼葉鞘**（子葉鞘・幼芽鞘）coleoptile, -s; coleophyllum, -la までを子葉とみる見方がもっとも有力である。幼葉鞘は完全に筒状になった柔組織からなる器官で、幼芽を包み込んでこれを保護し、発芽時に最初に地上に抽出する。幼葉鞘より下の子葉の部分と胚軸が合着してつくられた部分は**中胚軸** mesocotyl, -s と呼ばれる。中胚軸はイネ科以外にはカヤツリグサ科やパイナップル科のいくつかの種属にみられるにすぎない。幼芽が成長を始めると幼葉鞘の背軸側が裂け、次々と普通葉が現れ、基部

ネギ型の子葉　クロユリ

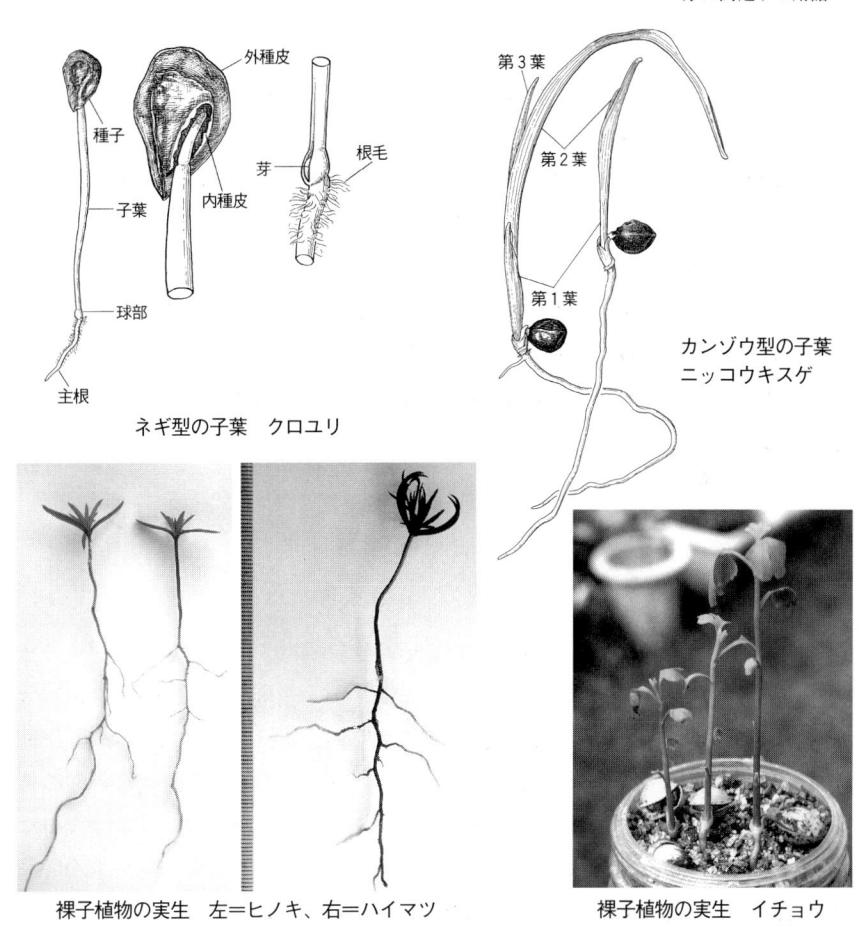

カンゾウ型の子葉
ニッコウキスゲ

裸子植物の実生　左＝ヒノキ、右＝ハイマツ

裸子植物の実生　イチョウ

からは幼根が伸長し、不定根が発生して実生が成長する。

(3) 裸子植物

　現生の裸子植物は大きくソテツ門、イチョウ門、球果植物門、グネツム門に分けられる。実生の形態はそれぞれに特徴をもつ。

ソテツ門 Cycadophyta　子葉は2個、地下性。終始種皮内に止まり、吸収器官として働き、しおれても数年間実生に付着したままである。発芽が始まると、ほどなく子葉の葉鞘と鱗片状の低出葉が現れ、数年間低出葉のみを形成した後、

普通葉を出す。
イチョウ門Ginkgophyta　子葉は2個、地下性。実生の発達はソテツ類に似ているが、子葉の付着期間は1、2年、低出葉形成の期間はより短い。
球果植物門Coniferophyta　子葉は線形、地上性、2〜8個が胚軸の頂端に輪生し、上胚軸には針葉が束生状に螺生する。
グネツム門Gnetophyta　マオウ類、ウェルウィッチア（サバクオモト）、グネツム類の3群ともに子葉は2個、前2者では子葉は地上性であるのに対し、グネツム類は地下性。ウェルウィッチアは上胚軸は伸びず、子葉と十字対生する2枚の普通葉を生ずるのみであるのに対し、他は上胚軸は伸長して、低出葉を螺生する。

2. 芽

芽bud, -sは未展開のシュートをいい、頂端分裂組織、未熟の茎およびそのまわりの未熟の葉からなる。発生的にみると、シュート頂にはシュートの頂端分裂組織と分類群のちがいに応じて周期的につくられてくる**葉原基**leaf primodium, -s, -dia　葉原基に腋生する別の頂端分裂組織がある。これらの組織はいずれもシュートの外層から発生してくるので**外生的起源**exogenous originであり、成長はふつうシュートの基部から先端に向かって進むので、**求頂的発生**acropetal developmentという。求頂的発生により、シュートの頂端分裂組織からは主軸（主茎）が伸び、葉原基は葉となり、腋生の分裂組織からは側軸（枝）が伸びてくる。

芽は形、つく位置、構成器官、活動状況などによってさまざまに分類される。

(1) 位置による分類

頂芽terminal bud, -sと**仮頂芽**pseudoterminal bud, -s　枝の頂端に大きく発達し、新しいシュートを伸長させる芽を頂芽という。これに対し、冬期や乾季のような不適期になって枝先が枯死して**枝痕**twig scar, -sを残し、最上位の側芽が頂芽のようにふるまうことがある。このような側芽は仮頂芽と呼ばれる。ふつう

芽に関連する用語

頂芽と側芽　テウチグルミ

仮頂芽をもつ一年生枝

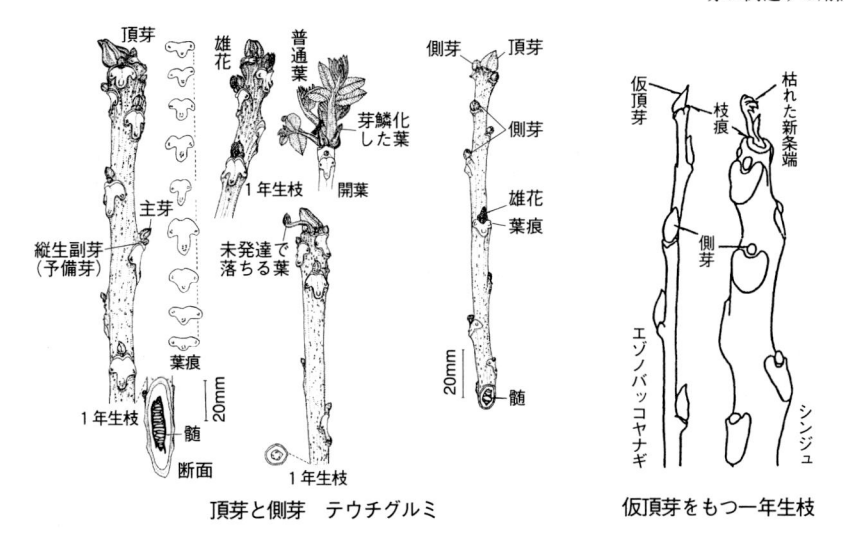

　樹木や草本は頂芽をもつが、コブシ、カツラ、ハルニレ、ヤマグワ、クリ、ブナ属、カバノキ属、ハンノキ属、シナノキ属、サクラ属など、仮頂芽をもつ樹種も少なくない。

側芽 lateral bud, -s と**頂生側芽** terminally lateral bud, -s　シュート頂の側方に新しいシュートをつくる芽を側芽という。種子植物ではふつう側芽は葉腋に**腋芽** axillary bud, -s としてつくられる。側芽は成長を始めると、頂端が新しい頂芽、側方には新しい側芽がつくられる。これに対し、側芽のうち頂芽の周囲に集まった芽は頂生側芽と呼ばれる。トドマツ、カツラ、アベマキ、コナラ、ミズナラなどにみられる。

主芽 main bud, -s と**副芽** accessory bud, -s　一つの葉腋に腋芽が２つ以上できるとき、最初に生じた芽、外見的には葉腋の中心または葉痕の直上にあるもっとも大きな芽を主芽、主芽以外の芽を副芽という。副芽のうち、主芽の上下にあるものは**縦生副芽**（直立副芽、重生芽）serial accessory bud, -s、主芽の左右両側または片側にあるものは**並生副芽**（平行芽）collateral accessory bud, -s と呼ぶ。双子葉植物の副芽は概して縦生副芽であるのに対し、単子葉植物では並生副芽であることが多い。たとえば、ジャケツイバラでは葉柄の上に縦に並んだ数個の副芽ができるし、エゴノキ属では１、２個の副芽ができる。バナナ属では横

221

に並んだいくつかの副芽がみられる。バナナの房は2列に並んだ並生副芽が発達したものである。副芽の有無や数は分類形質としても重要で、サクラ属ではアンズやウメでは副芽はできないのに対し、モモやヘントウでは並生副芽が2個ずつ生じ、亜属の形質として扱われる。また、イネ科タケ亜科では、ササ、スズタケ、ヤダケ各属では副芽はなく、アズマザサ属では0～2個、マダケ属では1個、シホウチクでは2個、オカメザサ属やカンチクでは2～4個、メダケ属では数個の並生副芽を生じ、分類形質として重視される。

定芽 definite bud, -s と**不定芽** adventitious bud, -s; adventive bud, -s; indefinite bud, -s
種子植物では茎頂と葉腋は定常的に芽を生ずる位置であるので、頂芽（仮頂芽を含む）および腋芽（副芽を含む）をあわせて定芽、そのほかの場所にできる芽を不定芽という。

不定芽は生ずる位置によって**茎上不定芽** cauline bud, -s、**葉上不定芽** epiphyllous bud, -s　**根上不定芽**（根出芽・根生芽）radical bud, -s に分けられる。茎上不定芽は側芽ではあって腋芽でない芽をいい、タカワラビやマルハチなどのシダ植物に例をみるが、種子植物の節間に芽ができたようにみえる場合は潜伏芽であることが多く、確実な例は少ない。たとえば、ガジュマル、パンノキ、カカオなどの熱帯樹では幹に直接花がつくし（**幹生花** cauliflory）、リギダマツやハナノキでは、幹から葉を生ずることもあるが、これらは潜伏芽から生じたもので茎上不定芽から出たものではない。葉上不定芽はクモノスシダ、コモチシダ、ツルデンダ、ヒメイワトラノオなどのシダ植物、タネツケバナ、セイロンベンケイ、カラスビシャク、ショウジョウバカマなど、根上不定芽はハシバミ、ヒメスイバ、ヤナギ属、キイチゴ属、ニセアカシア、ヤナギラン、イヌツゲ、ウコギ、ガガイモ、ナベナ、ヒメジョオンなどに知られる。サツマイモの栄養繁殖は根上不定芽によることは有名である。カワゴケソウやカワゴロモなどカワゴケソウ科の植物では、急流の岩に固着するために根が扁平に広がって深緑色の葉状体をつくり、この葉状体に芽ができて小さな葉や花茎を伸ばす。特異な根上不定芽である。

真の不定芽ではないが、見かけ上不定芽または不定芽から発生したようにみえる場合がある。たとえば、腋芽の柄が伸びて部分的に茎と癒合すれば茎上不定芽のようにみえる。ハナイバナ、コムラサキ、タマミクリなどの花序にみら

芽に関連する用語

縦生副芽　ジャケツイバラ

並生副芽　バナナの房

並生副芽　ハチク

幹生花（左）と果実（右）　カカオ

葉上不定芽　コモチシダ

茎上不定芽のようにみえる例　コムラサキ

れる。芽の下側にあって腋芽をいただく葉を**蓋葉**（母葉）subtending leaf, ‒ leavesというが、腋芽が蓋葉と癒合して葉上不定芽のようにみえる例は、ハナイカダ属やシナノキ属の花序にみられる。

(2) 構成による分類

葉芽 leaf bud, -s; foliar bud, -sと**花芽** flower bud, -s; floral bud, -sと**混芽** mixed bud, -s　展開したとき普通葉をつけ、花をつけないシュートとなる芽を葉芽、1個の花または複数の花からなる花序を展開するシュートとなる芽を花芽、普通葉と花をつけたシュートになる芽を混芽という。芽の構成は多くの場合、属のレベルで一定している。たとえば、マツ属は混芽を有し、今年枝の先に雌の球花、基部近くに雄の球花をつけるのに対し、カラマツ属では頂芽は長枝を伸ばし、花芽は雌雄別に短枝にできる。イチイ属も同様に頂芽は葉芽、花芽は前年枝の葉腋につく。　被子植物では、モクレン、クロモジ、ツバキなどの各属では花芽と葉芽をもつのに対し、タブノキ、エノキ、ブナ、ヤナギ、ナナカマドなどの各属では混芽をもつ。同一属の中で芽の構成が異なる場合もある。たとえば、カエデ属ではカジカエデやハナノキは花芽が前年枝に側生するのに対し、イロハモミジ・ウリカエデ・オガラバナなどでは混芽となる。ツツジ属ではシャクナゲ類・セイシカ・バイカツツジ・ヒカゲツツジ・レンゲツツジは花芽と葉芽は別であるのに対し、コメツツジ・サツキ・モチツツジ・ヤマツツジなどは混芽をもつ。

隠芽 concealed bud, -sと**葉柄内芽** intrapetiolar bud, -s　冬芽は外観ではみえないことがある。一つは隠芽で、今年枝の組織の内部に隠された芽をいう。たとえば、ニセアカシアでは葉痕をつけた隆起した組織（葉枕）内に埋もれていて外からはみえない。マタタビ属の冬芽は葉痕の上にあるが、サルナシやミヤマタタビではまったく組織に埋もれているのに対し、マタタビではわずかに頭を出す。マタタビの冬芽は**半隠芽** semiconcealed bud, -sと呼ばれる。

　他の一つは葉柄内芽と呼ばれるもので、腋芽が葉柄の鞘部に包まれる場合である。葉柄の落下後は環状の葉痕の中心に冬芽が現れる。ユリノキやプラタナスなどは有名な例であるが、日本自生の樹木にもハクウンボクやコハクウンボク、フジキやユクノキ、ウリノキ、キハダなどに知られる。草本植物の冬芽に

芽に関連する用語

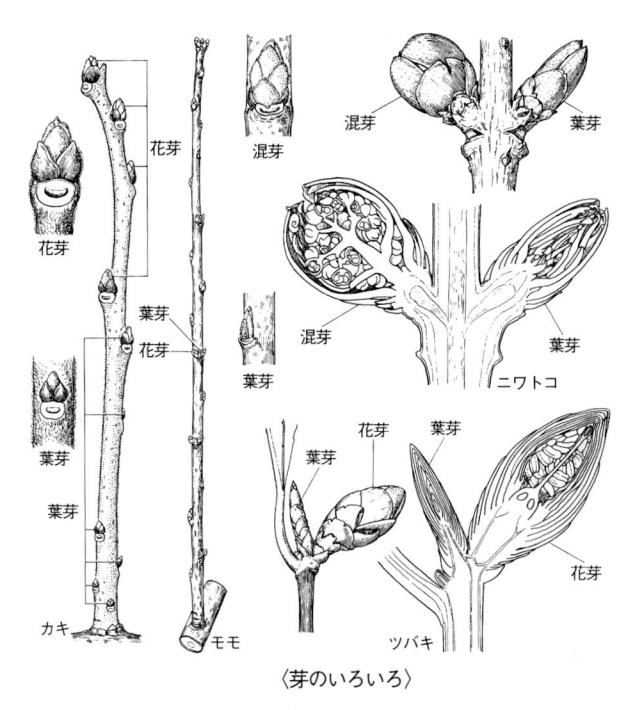

花芽／花芽／混芽／葉芽／混芽／葉芽／葉芽／葉芽／ニワトコ／花芽／葉芽／葉芽／花芽／カキ／モモ／ツバキ

〈芽のいろいろ〉

花芽と葉芽　レンゲツツジ　　花芽（縦断面）　レンゲツツジ　　混芽（縦断面）　タブノキ

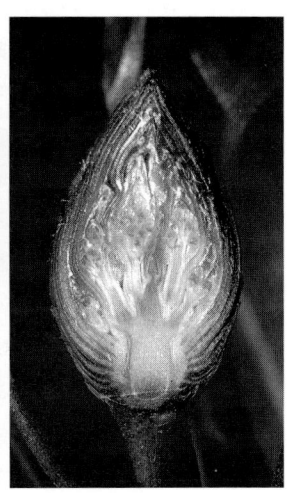

ついての調査は必ずしも多くはないが、葉柄内芽はキツネノボタン属、シシウド属、ハナウド属などにみることができる。

むかご（珠芽）propagule, -s　地上のシュートの腋芽が肥大したもので、落下して新個体をつくる。一般に親の栄養体から分離して無性的に繁殖する細胞または小さな多細胞体を一般に**無性芽** gemma, -mae; brood body, -dies という。むかごは無性芽の一つである。むかごのうち、葉原基が肉質となり幼茎を取り巻いたものは**鱗芽** bulbil, -s、茎が肥大し球状になったものは**肉芽** brood, -s; brood bud, -s（狭義のむかご）という。コモチマンネングサやオニユリのむかごは鱗芽、ムカゴイラクサ、ムカゴトラノオ、ムカゴユキノシタ、ヤマノイモのむかごは肉芽である。

(3)　休眠状態による分類

　一般に、生物の発生過程において成長や活動を一時的に停止した状態を**休眠** dormancy という。芽にも時期や位置によって異なるさまざまな休眠がみられる。

休眠芽（抵抗芽）dormant bud, -s; resistant bud, -s; resting bud, -s　休眠状態にある芽を総称していう。頂芽が盛んに成長しているときには、頂芽優勢によって側芽は休眠芽となることが多いが、頂芽を除去したり、主軸の先が枯死したときには代わって側芽が伸長してくる現象はふつうにみられる。樹木や多年草では、定常的に休眠して成長の不適期をすごす冬芽や夏芽がある。

冬芽（越冬芽）winter bud, -s と**夏芽** summer bud, -s　冬に休眠状態にある芽を冬芽、夏に休眠状態にある芽を夏芽という。一般に四季のある地方に生育する植物は、樹木・草本を問わず冬芽をもつ。草本の冬芽は、越冬芽と呼ぶことが多い。これに対し、夏が乾季となる地方では、休眠芽は夏芽となる。

　温帯の夏緑樹林地帯にも、夏に休眠する植物がある。たとえば、オオユリワサビやショウキズイセンやヒガンバナの葉芽や花芽は鱗茎内につくられ、夏には休眠して地上に植物体は姿を現さない。これも夏芽といえる。また、早春から初夏にかけてわずかな期間だけ地表に現れるフクジュソウやカタクリなどのいわゆる**早春季植物**（スプリング・エフェメラル）spring ephemeral, -s では根茎や鱗茎にできる芽は、夏芽でもあり冬芽でもある。

むかご（鱗芽）　オニユリ

むかご（肉芽）　ナガイモ

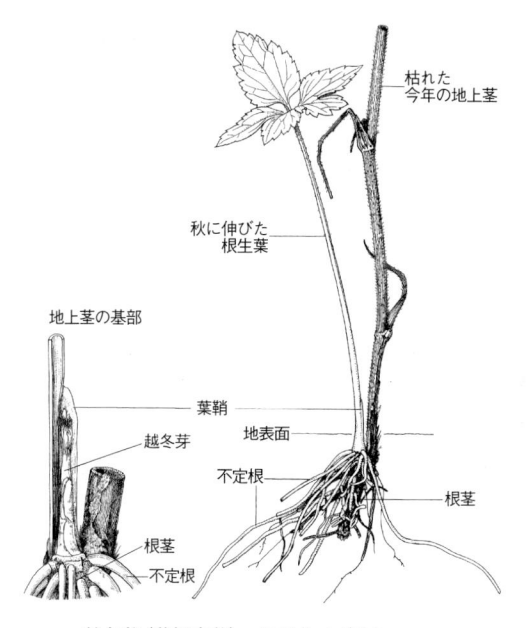

越冬芽（葉柄内芽）　キツネノボタン

潜伏芽 latent bud, -s　冬芽や夏芽はふつう不適期をすごした後、新シーズン中に新しいシュートを伸ばすのに対し、2シーズン以上にわたって休眠状態がつづき、痕跡的になった芽は潜伏芽という。樹木の場合、潜伏芽は茎の二次肥大成長によって次第に材の中に埋まる。多くの潜伏芽は活動を停止したままで終

わるが、中にはイチョウやハンノキ属のように数年後に活動を再開することがある。その場合、一見幹や枝の不定芽から葉や花が生じたようにみえる。

(4) 芽鱗の有無による分類

冬芽をおおい、これを保護する鱗片葉を**芽鱗** bud scale, -s といい、芽鱗におおわれた芽を有鱗芽、芽鱗をもたない芽は裸芽という。

有鱗芽（鱗芽）scaled bud, -s　芽鱗は1～多数が瓦重ね状または敷き石状に並ぶ。芽鱗の数や並び方は分類形質として重要である。たとえば、ヤナギ属の芽鱗は1枚、マルバヤナギでは両縁は重なり合うのに対し、その他のヤナギでは両縁は癒合して深い帽子状になる。カツラ、シナノキ、キハダなどでは芽鱗は2枚、ハンノキ・ミヤマハンノキなどでは3枚、ヤマグワ、ウダイカンバ、ガマズミは4枚、ブナ・ミズナラ、サワシバは20枚以上の芽鱗をもつ。カエデ属では芽鱗の数や並び方は重要な節レベルの分類形質として扱われる。たとえば、イロハモミジやハウチワカエデ節では芽鱗は4対が敷き石状、カラコギカエデ節では7～10対が瓦重ね状、アサノハカエデ節やミツデカエデ節はもっとも少なく2対が敷き石状、メグスリノキ節ではもっとも多く8～15対が瓦重ね状にそれぞれ並ぶ。また、ガマズミ属のように同一属内でもガマズミ・カンボク・ゴマギなどが有鱗芽であるのに対し、オオカメノキやヤマシグレなどは芽鱗がない。ウルシ属ではヌルデ、ハゼノキ、ヤマハゼの冬芽は有鱗であるのに対し、ツタウルシやヤマウルシは裸芽をもつ。

なお、鱗芽という用語はむかごの1種を指すこともあるので、混同を避け有鱗芽を用いた。

裸芽（裸出芽、無鱗芽）naked bud, -s　芽鱗をもたない冬芽をいう。前項の例の他、クルミ属・サワグルミ属、クサギ属・ムラサキシキブ属に例がみられる。カバノキ属やハンノキ属などの雄の尾状花序では、つぼみが均密に並び、芽鱗に包まれることはない。裸芽では、もっとも外側の葉が芽鱗の働きをしていて内部を保護し、越冬後に脱落したり、葉全体が多様な絨毛におおわれていたり、葉柄内芽にみられるように葉柄中にあるなど、なんらかの保護手段がみられる。

草本植物における、たとえばロゼット植物の地表の越冬芽は裸芽であり、外側の葉が芽鱗の役割を果たす。葉の展開とともにロゼットの外側の葉は順次に

鱗芽　シロダモ 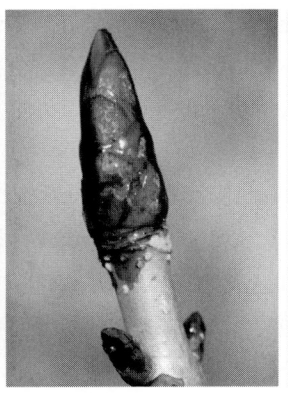　　　　　鱗芽　トチノキ 　　　　　裸芽　ミヤマハンノキ

枯れ、内側の葉と交代する。

(5) 芽内形態

　高等植物において芽中における個々の葉の形や相互の関係を**芽内形態** vernation; praefoliation、花芽における花葉の形や並び方を**花芽内形態** aestivation; estivation; praefloration という。個々の葉の形態を表す場合は、**芽中姿勢**（折り畳み・芽襞・葉畳み）ptyxis, -xes とも呼ばれ、次の方式がある。
扁平状 plane　どんな形にでも折り畳まれることなく、内側に向かって多少湾曲しても扁平なままの場合。カシ属・ブナ属、ツバキ属、ヤナギ属など、もっとも普遍的にみられる。
扇だたみ（摺襞状）plicate; plaited　いくつかの肋で扇のようにたたまれる場合。掌状脈をもつスグリ属、ハゴロモグサ属やカエデ属などの葉芽、ヒルガオ科の花芽にみられる。
二つ折り（摺合状）conduplicate　1本の中肋を軸に向軸面を内側にして縦に2つにたたまれる場合。モクレン属、ニレ属などふつうにみられる。サクラ属ではほとんど二つ折りの芽内形態を示すが、アンズ節とスモモ節だけは扁平状になる。
外巻き（外旋状）revolute と**内巻き**（内旋状）involute　葉の両側の縁が背軸面において中肋に向かって巻き込む場合を外巻き、向軸面において中肋に向かっ

て巻き込む場合を内巻きという。プラタナス、ツツジ属やローズマリーの葉は外巻き、ハコヤナギ属、スイレン属、スミレ属は内巻きの例である。サクラソウ属ではサクラソウ亜属やユキワリソウ亜属は外巻き、ハクサンコザクラ亜属は内巻きになる。

しわ寄り corrugate; crampled　しわくちゃにたたまれた場合。一定の限られた空間の中で急に成長することによって生ずる。ケシ属の花芽に好例がみられる。

渦巻き状（磐旋状）circinal; circinate　上記の例はいずれも芽を横方向にみた場合であるが、これは縦方向に先から基部に向かって螺旋状に巻き込む場合をいう。シダ類一般やモウセンゴケ属にみられる。

　芽内形態のうち、葉や花葉（花冠裂片を含む）の相互の位置関係を表す場合には**芽中包覆**（幼葉重畳法・芽層）aestivation（狭義）と呼び、次の三つの方式がある。芽鱗や各種の鱗片葉などの相互の位置関係についても、芽内姿勢ではないが、同じ用語が用いられる。

瓦重ね状（覆瓦状）imbricate; imbricative　花葉その他の葉状の器官が互いに重なり合う場合をいう。重なり合う器官の数はさまざまであり、たとえば、ツバキ属の花葉では萼片と花弁が幾重にも重なり合うのに対し、バラ属やフウロソウ属では一輪の花弁が重なり合う。扁平状の葉や花葉は芽中では、瓦重ね状にたたまれるのがふつうであり、普遍的にみられる芽中苞覆の型である。なお、コナラ属・ブナ属、トチノキ属の芽鱗、キク属やアザミ属の総苞片、ユリ属の鱗茎葉の配列など、例はたいへん多い。

敷石状（扇状、接合状、鑷合状、辺合状）valvate; valvular　互いに重ならず、縁が二つの扉のように接合する場合。フタバアオイの萼片、ウスバサイシンの萼裂片、アブラナ科の花弁や萼片、バラ属、フウロソウ属、アオイ科の萼片、イワイチョウ、ツリガネニンジン属・キキョウの萼裂片や花冠の裂片、カワラマツバ属の花冠裂片など、よくみられる。

　芽鱗の並び方にも敷石状の場合がある。たとえば、モクレン属やミツバウツギでは2枚の芽鱗が敷石状に並ぶ。1つの属の中で芽鱗の並び方の異なる例はカエデ属に好例がある。つまり、前述のようにイロハモミジやハウチワカエデなどカエデ節の芽鱗は4対、ミツデカエデは2対あってそれぞれ敷き石状に接するのに対し、カラコギカエデ、カジカエデ、イタヤカエデ節、メグスリノキ

芽に関連する用語

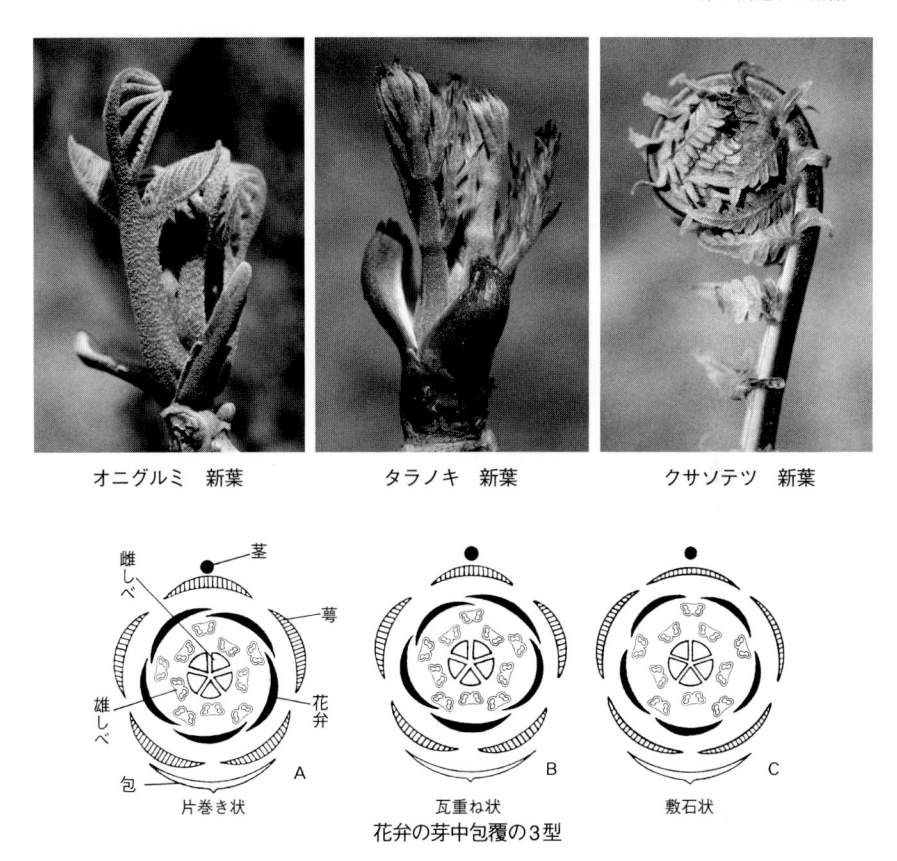

オニグルミ　新葉　　　　タラノキ　新葉　　　　クサソテツ　新葉

A 片巻き状　　B 瓦重ね状　　C 敷石状
花弁の芽中包覆の3型

節の芽鱗は5対以上あって瓦重ね状となる。キク科の総苞片はキオン属、コウモリソウ属、ニガナ属などでは敷石状に並び、属の形質として扱われる。

片巻き状（回旋状、包旋状）convolute; obvolute; contorted; twisted　花葉や花冠の裂片または葉が一方向に順次に重なり合う場合をいい、瓦重ね状の一型とされることもある。ナデシコ属、アオイ科、アカバナ科の花弁、ツマトリソウ属、リンドウ科、キョウチクトウ科、ハナシノブ科の花冠の裂片にみられる。前述のように、サクラ属の葉芽では、葉は多くは二つ折れになるが、アンズ節やスモモ節では扁平で互いに片巻き状に重なる。ヒルガオ科では扇だたみ状になった花冠が上からみて左巻きに回旋する。

VIII 根に関連する用語

1. 根

　維管束植物において、茎の下方に連続して植物体の軸をなす器官を**根** root, -s といい、ふつう地中にあって植物体を支持し、水および無機栄養塩類の吸収をおこない、通道の役割を担う。貯蔵器官となる場合も少なくない。
　外形的には先端に根冠を有し、先端近くに根毛（宿存根毛を除く）をもつ。内部形態的には分類群のいかんを問わず、内皮に囲まれた放射中心柱を特徴とする。内皮のすぐ内側の1～数層の細胞層は**内鞘** pericycle, -s と呼ばれるが、内鞘の各所で数細胞が二次的に分裂をはじめ、外側に側根を伸張させる。したがって、根は**内生起源** endogenous origin であり、分枝は**内生分枝** endogenous branching, -s であるという。ふつう、側根は縦の数列になって生ずるが、この側根の列の数は原生木部の数に等しいことが多い。
　根は概して、茎や葉、花や果実などの地上器官に比べて変化に乏しく、根自体の形質が分類形質として扱われることは少ない。これは、地中環境の変化が地上に比べて乏しいためと考えられる。

(1) 根系

　地上のシュート系に対し、地下器官の全体の形状を**根系** root system, -s という。木本植物と草本植物を比べた場合、前者ではふつう地下器官はもっぱら根からなり、地下部全体を一つの根系としてまとめて扱うことができる。また、草本植物では一年草の地下器官は主根および側根からなり、一つのまとまった根系を形成する。これを**一次根系** primary root system, -s という。これに対し、多年草の地下器官は地下茎を有し、中でも根茎は各所から断続する根群を生ず

る。このような場合、根系は分散した根群の一つ一つをさすのではなく、地下茎およびそれから発する不定根の全体を根系とみるのが合理的である。これを**二次根系**secondary root system, -s または**不定根系**adventitious root system, -s という。双子葉植物には一次根系、二次根系の両者をみることができるが、単子葉植物ではほとんどの場合、二次根系である。

根および根系はほとんどすべての維管束植物にみられるが、原始的陸上植物のマツバラン属や水生植物のサンショウモやムジナモにはない。

(2) 根を構成する部分

根冠root cap, -s　根の最先端をおおう多細胞層からなる柔組織。頂端分裂組織から外側に向けて形成され、根が伸長するにつれてもっとも外側の細胞層からはげ落ち、絶えず新しい細胞が追加されるので、常に同じ形を保つ。根冠細胞がつくり出されてから、最外層ではがれ落ちるまでの時間は、植物の種や環境条件などで異なるが、1日ないし9日程度と考えられている。根冠は粘液を分泌して根端を保護する他、重力の方向を感知するのに役立つと考えられる。シュート頂にはない特殊な保護組織であり、根の内生的起源と関係し、根の発生や成長過程において重要な生理的環境を形成しているものとみられる。

根冠は、ヤドリギの寄生根や一部の植物の根にはみられない。また、トチノキ属の根では発達は悪く、細根ではほとんどみることができない。

根毛root hair, -s　根端から少し離れた伸長帯で、ふつうの表皮細胞に混在する**根毛形成細胞**trichoblast, -s に生ずる突起をいう。細い根を土壌に密着させて安定させたり、根の表面積を増大させることによって水や栄養塩類の吸収を高める役割をもつ。太さは径10 μm 程度で、植物種を問わずほぼ一定しているが、長さはさまざまで、中には1 mm を超えるものもある。

成熟した根毛は、根の伸長に伴ってふつう順次に枯死、脱落するか、しおれていき、その寿命は数日ないし数週間、イネでは1～3日間である。

根毛はほとんどすべての根に生ずるが、例外的に菌根植物のイチヤクソウ属、寄生植物のヤドリギ属やネナシカズラ属の寄生根、ヒシ属やウキクサ属など一部の水生植物にはみられない。一般の植物でも、水耕栽培をおこなったりする場合には根毛ができないことがある。

根に関連する用語

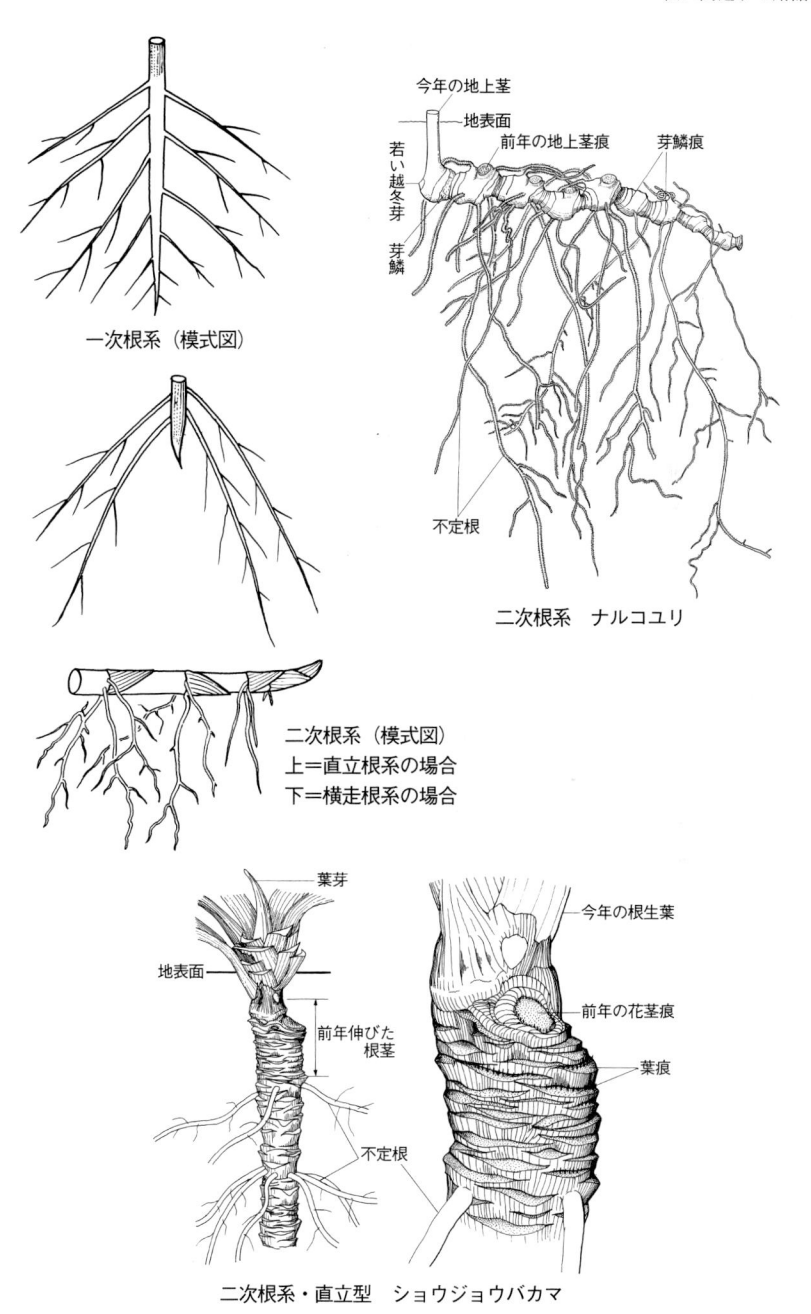

一次根系（模式図）

今年の地上茎
地表面
前年の地上茎痕
芽鱗痕
若い越冬芽
芽鱗
不定根

二次根系　ナルコユリ

二次根系（模式図）
上＝直立根系の場合
下＝横走根系の場合

葉芽
地表面
前年伸びた根茎
不定根

今年の根生葉
前年の花茎痕
葉痕

二次根系・直立型　ショウジョウバカマ

宿存根毛persistent root hair, -s; permanent root hair, -s　根毛は一般には短命であるが、中には半年から3年も生存するものもある。これを宿存根毛という。宿存根毛の存否や長さは、種間差は大きいが種内変異は小さく、種的特性になりうると考えられる。

　ヤマトリカブトの宿存根毛は縮毛で、根の形態や新旧を問わず密生し、長さ150〜1300 μm、径12〜16 μmと、変化に富む。根端付近には発生途上の短い根毛が散生するものの、塊根や塊根近くの不定根上には若い根毛はなく、母根上でも脱落しないので、根毛の密度はすべての根を通してほぼ同じである。根毛形成細胞と非根毛形成細胞の大きさのちがいはない。オカトラノオでは今年生の匍匐根茎から生ずる不定根には先から根元まで根毛を密生し、密度は太い根ほど、かつ根元に近いほど高いので、根毛は根の伸長に伴って増加していくものと考えられる。これは長さは60 μm未満、径10〜12 μm、直毛である。また、ミヤマナルコユリでは、今年生および前年生の不定根は全体が宿存根毛におおわれ、根茎に近い部分にも伸びかけた根毛がみられるので、根の伸長につれて根毛の密度が大きくなるものと考えられる。どちらかといえば、縮毛で成長したものは長さ250〜500 μm、径10〜12 μmである。このように、宿存根毛は野生植物では顕著にみられる例があり、通覧するところ宿存根毛の存在はめずらしいことではない。日本産のキク科植物で134種についてその存否を調べたところ、ほぼ半数の58種に認められたという報告がある。

　宿存根毛は通常の根毛同様養水分の吸収をおこなうとともに、いっそう根の土壌への付着の役割を果たしているものとみられる。

2　根の分類

　根は発生的にみれば定根と不定根、形態的にみれば普通根と特殊根、機能的にみれば吸収根と貯蔵根などさまざまに分類される。

(1) 普通根

　形態的にも機能的にも通常の様相を呈する根は**普通根**ordinary root, -sとい

定根（左）と不定根（右）、黒い部分は茎を示す

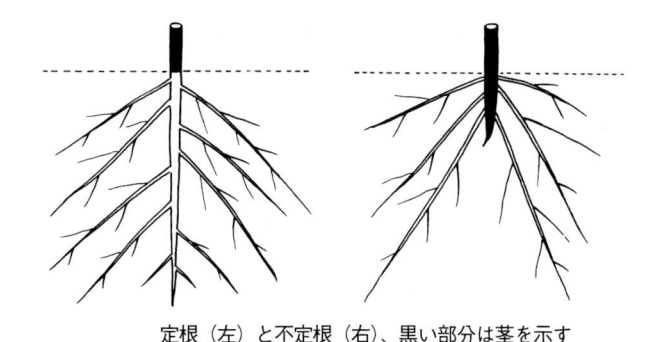

う。

定根 root, -s と**不定根** adventitious root, -s　種子が発芽をはじめると、まず種子の中の**幼根** radicle, -s が伸長し、1本の根を伸ばす。この根は、**初生根** primary root, -s といい、やがて分枝して側根を生ずる。イネ科植物では、種子の中で幼根から側根を生じていることがあり、これらを**種子根** seminal root, -s と呼ぶ。幼根および幼根から派生するすべての根を定根（狭義）という。

　これに対し、定根以外のすべての根を不定根という。双子葉植物の二次根系では地下茎から生ずる不定根はふつうにみられるし、単子葉植物では定根の発達は悪く、遅かれ早かれすべての種において茎から不定根を生じ、**ひげ根型根系** fibrous root system, -s と呼ばれる二次根系をつくる。茎上の節から発生する不定根は特に**節根** nodal root, -s と呼ばれる。

　なお、定根の用語はふつうには用いられることは少なく、的確な英語も見あたらないが、ここでは不定根との対比のために用いた。

主根（直根）taproot, -s; main root, -s と**側根**（枝根）lateral root, -s　裸子植物と双子葉植物において、幼根が発達して生じた主軸にあたる根を主根という。主根は少なくとも生育の初期にみられるが、単子葉植物ではほとんど発達しない。ふつう肥大、伸長して枝を出す。主根から生じた根を側根といい、枝分かれの順序にしたがって**一次側根** primary lateral root, -s、**二次側根** secondary lateral root, -s のように呼ばれる。生じた根の全体は**主根型根系** taproot system, -s と呼ばれる一次根系をつくる。

ひげ根 fibrous root, -s　単子葉植物において茎から生ずる多数の節根はひげ根と

いい、ひげ根型根系の主体をなす。双子葉植物の二次根系をつくる不定根もひげ根である。

太根 woody root, -s; thick root, -s と**細根** fine root, -s; rootlet, -s　根は太さからみた場合、樹木の根やサツマイモの塊根のように一部の根が肥大して細い根をまじえる場合とイネ科植物のようにほとんど肥大せずすべての根が同じような太さである場合がある。樹木では肥大した根は木化する。このように肥大した根は太根、細いままの根は細根と呼ばれる。もちろん両者の間に厳密な太さの区分があるわけではない。

太根を主とする根系は**太根型根系** woody root system, -s、細根を主とする根系を**細根型根系** fine root sysytem, -s と呼ぶ。

(2) 特殊な根

根はふつう地中にあるので**地中根** terrestrial root, -s としてまとめられる。これに対し、空中にある根は**気根** aerial root, -s、水中にある根は**水中根** aquatic root, -s と呼ばれる。

1) 地中根

地中根の中で特殊根とされるものには次のようなものがある。

貯蔵根 storage root, -s　地中根の変態の中でもっとも多いのは、肥大して養分や水を貯える器官となった貯蔵根である。貯蔵根は形態的には**塊根** root tuber, -s と**多肉根** succulent root, -s に分けられる。

塊根は地中にあってふつう不定形に肥大した根をいい、定根からも不定根からもつくられる。トリカブト類、ムカゴイラクサ、カラスウリ属、ホドイモ、ジャノヒゲ属・ヤブカンゾウ・ヤブラン属、サギソウ・テガタチドリなどがその例で、これらの塊根はすべて不定根が肥大したものである。

一方、主根および主根に連なる胚軸が肥大することがある。ダイコンやカブラが好例で、ダイコンは胚軸の部分と主根が連続的に肥大したもの、カブラはもっぱら胚軸部分が肥大し主根はしっぽになったものである。野生植物ではセツブンソウやムラサキケマンでは胚軸と主根が連続して肥大する。いずれの場合も主根の部分には子葉の下方に、左右2列に側根が並び、内部構造は二原型であることを示している。このように主根や胚軸が肥大した場合、多肉根とい

根に関連する用語

主根と側根　セリモドキの根系

ひげ根　サンカクイ

塊根　カラスウリ

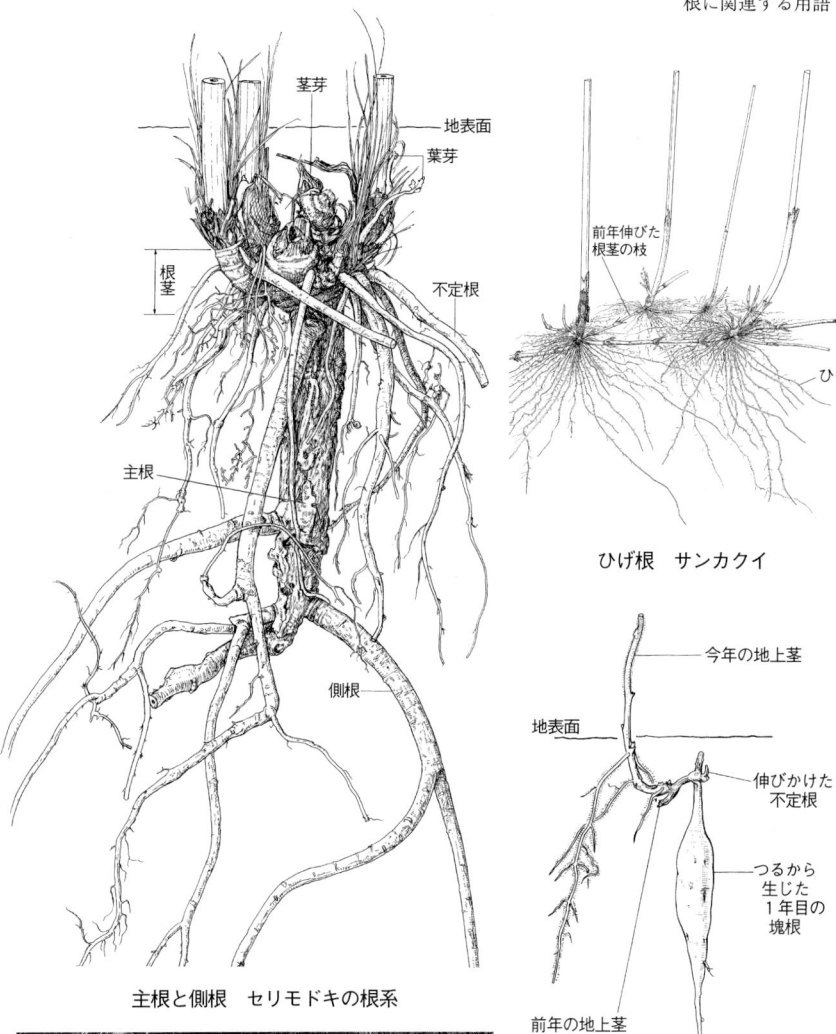

塊根　サツマイモ

う。多肉根は塊根に含めて扱われることも多い。

　塊根の一つであるが、紡錘形に肥大した根をとくに**紡錘根** spindle root, -s という。ミヤマカラマツ、タチフウロ、アキギリなどにみられ、いずれも不定根からつくられる。この場合、紡錘根になるのは一部の根であり、他に糸状または紐状の不定根も併存していて、根の二形性を示す。この点、ムカゴイラクサのように、たとえ紡錘形であってもすべての根が肥大する場合とは異なる。

牽引根（収縮根）traction root, -s; contractile root, -s　直立根茎が上へ上へ伸び、新しい球茎や鱗茎が旧球より上側につくられると、これらはやがて地上に出ることになる。しかし、実際には根茎が地上につき出ていたり、球茎や鱗茎が地表にあることはめったにない。その理由はこれらの器官に不定根が新生され伸長するにつれて収縮し、根茎や球茎を地中に引き入れるからである。このような働きをする不定根を牽引根という。牽引根はふつうユリ科やアヤメ科の球茎や鱗茎によく知られているが、双子葉植物ではフウロソウ属、シシウド属・セリモドキ・ハナウド属、オヤマリンドウ・リンドウ、アザミ属などの直立根茎、テバコモミジガサやモミジガサなどの匍匐根茎の先端部には太い不定根を生じ、牽引根として働く。単子葉植物ではバイケイソウ属やアヤメ属の直立根茎、ユリ属の子球、マムシグサ属の球茎にみられる。

　牽引根は先端付近が土壌粒子の間に固着し、基部が収縮することによって、地下器官を地中に引き込む。そのため、牽引根にはふつう密に並んだ環状のしわがみられる。

2）気根と水中根

　地上の茎から生ずる場合と地中または水中から伸び出す場合がある。いずれも不定根である。

呼吸根 respiratory root, -s　沼沢地やマングローブ地帯など、酸素の乏しい場所に生える植物には根の一部を空中に露出し、内部には特別の通気組織をそなえた呼吸根がつくられる。呼吸根は上方へ垂直に伸びる**直立根** erect root, -s（例　ハマザクロ、マヤプシキ、ヒルギダマシ）、上下に屈曲しながら横に伸び、ところどころで空中に現れる**屈曲膝根** curved knee-root, -s（例、オヒルギ）、横走する根の背面がところどころで肥大して柱状になる**直立膝根** erect knee-root, -s（例　ヌマスギ）、横走する根の背面全体が肥大して屏風のようになる**板根**

根に関連する用語

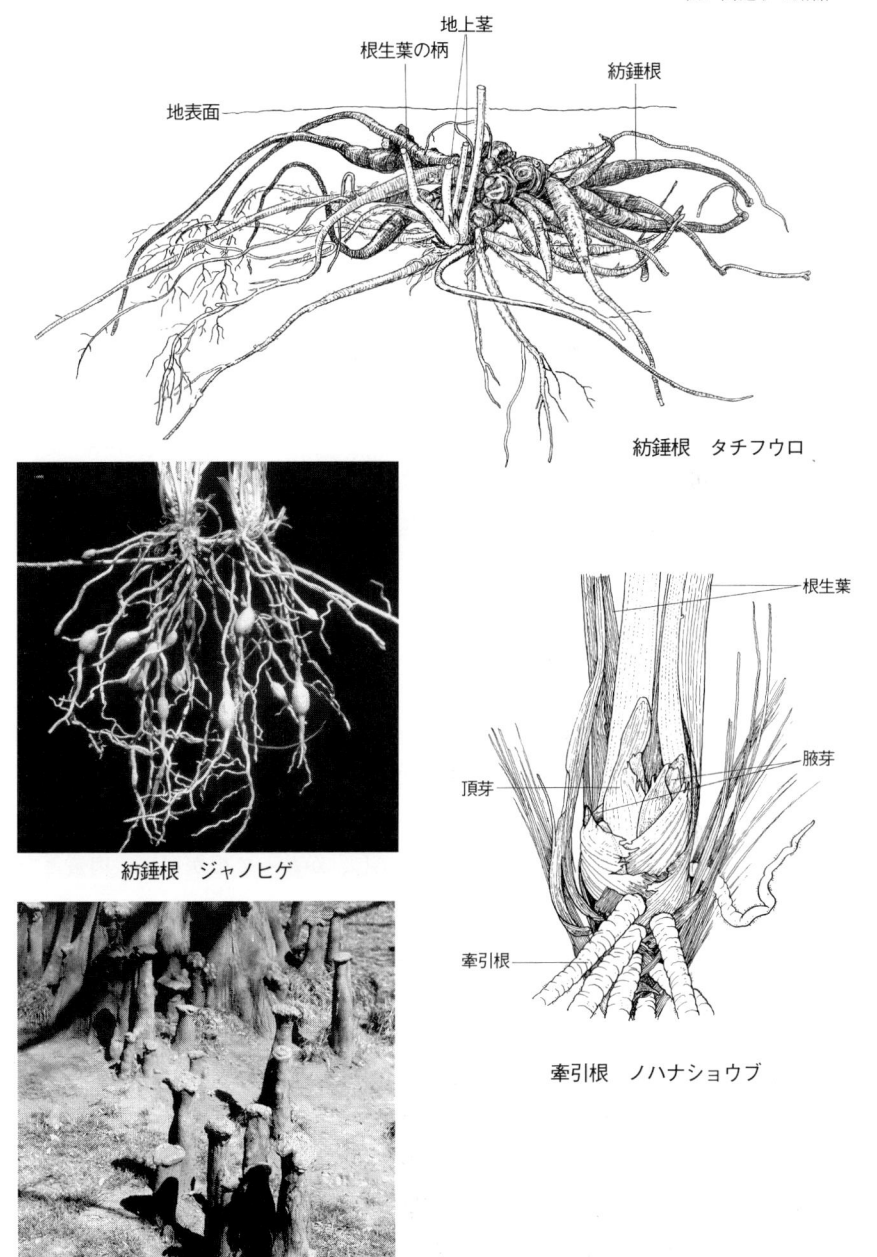

地表面 / 根生葉の柄 / 地上茎 / 紡錘根

紡錘根　タチフウロ

紡錘根　ジャノヒゲ

根生葉 / 腋芽 / 頂芽 / 茎 / 牽引根

牽引根　ノハナショウブ

呼吸根　ヌマスギ

buttress root, -s; brent root, -s（例、サキシマスオウノキ、インドゴムノキ）などに分けられる。

支柱根（支持根、支柱気根）prop root, -s; prop aerial root, -s　地上茎から四方に伸びて植物体を支持する不定根。オオバヒルギやオヒルギなどのマングローブ植物、インドボダイジュやガジュマル、タコノキ属などに顕著にみられる。トウモロコシには、小規模な支柱根ができる。

保護根 protective root, -s　木生シダ類の中にはヘゴやエダウチヘゴのように茎から生じた不定根が厚く密に絡み合って幹をおおう場合がある。このような根を保護根という。ヘゴでは茎の直径13cm、保護根層の厚さ56cmに達した例がある。

付着根 adhesive root, -s　よじ登り植物には茎から生じ、他物にはりついて植物体を支える役割をもつ不定根が出る。これを付着根といい、ツタやキヅタなどに好例がみられる。

吸水根 absorptive root, -s　前述のように、サトイモ科や着生ランなどの気根では、根被を生じて空中の水分を吸収する。このような根は、機能からみて特に吸水根と呼ばれる。

同化根 assimilation root, -s; assimilatory root, -s　光合成をおこなう根をいう。たとえば、カワゴケソウ科では茎や葉は著しく退化し、根が扁平になるか紐状に長く伸びる。いずれの場合も、根は緑色で光合成をおこなう。また、クモラン属では普通葉は線状に退化するかまたは欠如し、かわって根が扁平、肉質となって伸び同化根となる。

根針（根刺）root spine, -s; root thorn, -s　一部の根が硬い刺になったものをいい、ヤシ科によく知られている。たとえば、クリソフィラ属 *Crysophila*（ヤシ科）では地上の幹や支柱根の株に生じて上向きに、数cmから20cmに伸び、分枝した根針をつくる。イリアルテラ属 *Iriartella*（ヤシ科）では、支柱根の側根が根針となり、マウリティア属（ヤシ科）では幹に直接生じ、ともに短くて分枝しない。その他、モラエア属 *Moraea*（アヤメ科）やヤマノイモ属に例がある。双子葉植物ではよく知られていないが、熱帯の樹木ではめずらしくないという。

　ミズキンバイの呼吸根は水中根であるが、横走する根茎の背面に並んで直立し、水中に浮かぶことから特に**浮根** floating root, -s と呼ばれる。

根に関連する用語

板根　*Koompassia excelsa* 　　　　支柱根　タコノキ

気根　ガジュマル 　　　　付着根　ツタ

3） 菌根

　糸状菌の菌糸が根の組織内に入りこんで恒常的に植物と共生生活を営む場合、そのような根を菌根mycorrhiza, -eという。共生菌は**菌根菌**mycorrhizal fungus, -giである。菌根は菌糸が細胞内に入り込んだ**内生菌根**endomycorrhiza, -ae、菌糸が根の表面および表皮細胞や皮層細胞の表面にあって細胞内には侵入しない**外生菌根**ectomycorrhiza, -ae、両様の菌糸をもつ**内外生菌根**ectendomycorrhiza, -aeに分けられる。

　内生菌根では、根の皮層組織に菌糸が侵入するが、外形からは判別できない。ラン科植物では、コイル状にかたまった菌糸が皮層の随所の細胞にあるのが特徴で、**ラン型菌根**orchid mycorrhiza, -aeと呼ばれる。ラン科の種子には未分化の胚しかなく、発芽、生育にはまず未分化の胚が分裂肥大してプロトコームを形成し、その後幼芽や幼根が形成される。このプロトコーム形成期に菌根菌が侵入してはじめてランは発芽し、幼苗期の栄養が保証される。もちろん、腐生ランはその一生を菌根菌に依存する。一方、侵入した菌糸が皮層の細胞間隙および細胞壁と細胞膜との間に**嚢状体**vesicle, -sと呼ばれる袋状の養分貯蔵器官を、細胞壁と細胞膜との間に**樹枝状体**arbuscule, -sと呼ばれる枝状に分枝する栄養授受器官をつくる菌根菌がある。つくられる菌根は、両者の頭文字をとって従来**VA菌根**VA mycorrhiza, -ae; vesicular-arbuscule mycorrhiza, -aeと呼ばれていたが、中に樹枝状体しかつくらない菌もあることから、今では**アーバスキュラー菌根**arbuscular mycorrhiza, -aeと呼ばれることが多くなった。多くの維管束植物に広くみられるという。

　ガンコウラン科やツツジ科（大部分）では、細根の内皮の細胞内にコイル状の菌糸を有し、そこから根の表面を通って土壌中に細かい菌糸が伸びる。このような菌根は特に**ツツジ型菌根**（エリコイド菌根）ericaceous mycorrhiza, -ae; ericoid mycorrhiza, -aeと呼ばれる。やはり内生菌根である。

　外生菌根は、樹木の細根にみられ、菌糸は表皮および皮層の細胞間隙に網目状に伸び細胞を包み込むようにみえるが、細胞内には入らないのが特徴。この網目を**ハルティッヒネット**hartig net, -sと呼ぶ。細根の周囲は、**菌鞘**（菌套）fungal sheath, -s; fungal mantle, -sと呼ばれる分厚い菌糸層に包まれる。その結果、形態的にも特徴ある外生菌根が形成される。菌鞘からは、土壌中に菌糸束が伸

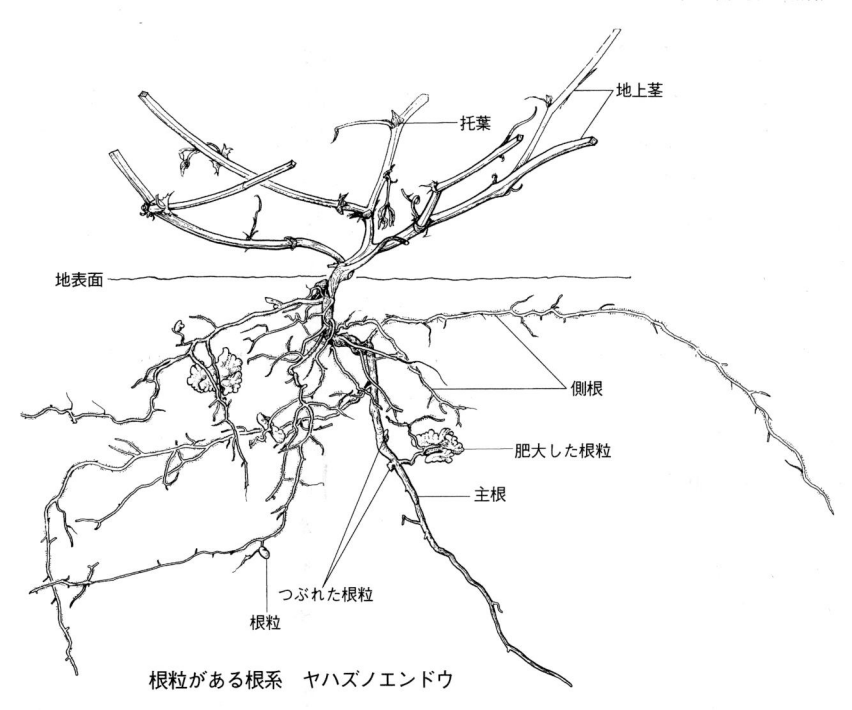

根粒がある根系　ヤハズノエンドウ

び、先に**子実体** fruit body, -dies ができる。マツタケ、ハツタケ、ショウロ、イグチなどのキノコ類は、外生菌根菌がつくり出す子実体である。

　ツツジ科のアルブツス *Arbutus*、イチヤクソウ科、シャクジョウソウ科では根の表皮細胞内に菌糸を進入させた上、ハルティッヒネットを形成する。このような菌根は内外生菌根に分類される。

根粒（根瘤）root nodule, -s; root tubercle, -s　根に**根粒菌**（根瘤菌）leguminous bacterium, -ia; root nodule bacterium, -ia; rhizobium, -ia と呼ばれる細菌が侵入してつくられる粒状の構造物をいう。根粒菌は宿主植物と共生し、窒素同化作用を通して空中窒素を固定することで知られる。根粒はマメ科植物に普遍的に生ずるほか、ドクウツギ、ヤマモモ、ハンノキ、モクマオウ、キイチゴ・チョウノスケソウ各属に例が知られている。

4) 寄生根

　寄生または半寄生植物が、宿主植物から栄養を得るために特殊化した根を**寄生根**（吸根）parasitic root, -s といい、養分吸収は宿主の通道組織に根を連結さ

せておこなう。形態的にいくつかの型に分類することができる。

ハマウツボ型 *Orobanche* type　ツチトリモチ科、ヤッコソウ科、ハマウツボ科など、直立性の全寄生植物で、芽生えの幼根がまず宿主の根に侵入し、分枝する。ツチトリモチ属では、はじめは寄生根を生ずるが、成長するにつれ茎の基部に球形の根茎をつくり、この中に宿主の細根を取り込む形で寄生を続け、寄生根自体は消失する。

ネナシカズラ型 *Cuscuta* type　スナヅルやネナシカズラ属は、つる性の全寄生植物で、種子発芽後、間もなく、主根は萎縮、消滅し、茎は宿主に巻きつき随所に不定根（寄生根）を宿主の茎や葉に差し込んで、養分を吸収する。

ヤドリギ型 *Viscum* type　ヤドリギ科のような宿主の幹に寄生する半寄生植物。種子は発芽しても主根は伸長せず、まず、胚軸の下部が吸盤状に変化し、固着する。ついで、そこから不定根を生じて樹皮内に侵入し、樹皮下を横走して伸長し、分枝する。分枝した短い根が垂直に木部に侵入して吸器となる。

シオガマギク型 *Pedicularis* type　コゴメグサ属・シオガマギク属・ママコナ属などのゴマノハグサ科やカナビキソウやツクバネなどのビャクダン科にみられる半寄生植物で、宿主の地中根に寄生する。シオガマギク属やコゴメグサ属では細根が発達し、地中でイネ科の根と接した個所に球形の連結部を形成してこれを取り込む。ツクバネでは根に吸盤を生じ、他種の樹木の根に吸着し、吸器を伸ばす。

3　根の内部構造

　根は内部構造上、葉や茎と同様に表皮系、基本組織系、維管束系の3組織系からなるが、基本的な構造はほとんど同じで、茎におけるような分類群による大きなちがいはない。

(1) 表皮

　根の表皮も、他の器官同様に基本的に細胞は1層である。地中を伸びて剥げ落ちると、裸子植物や木本の双子葉植物では**周皮** periderm, -s、一部のシダ植物

根に関連する用語

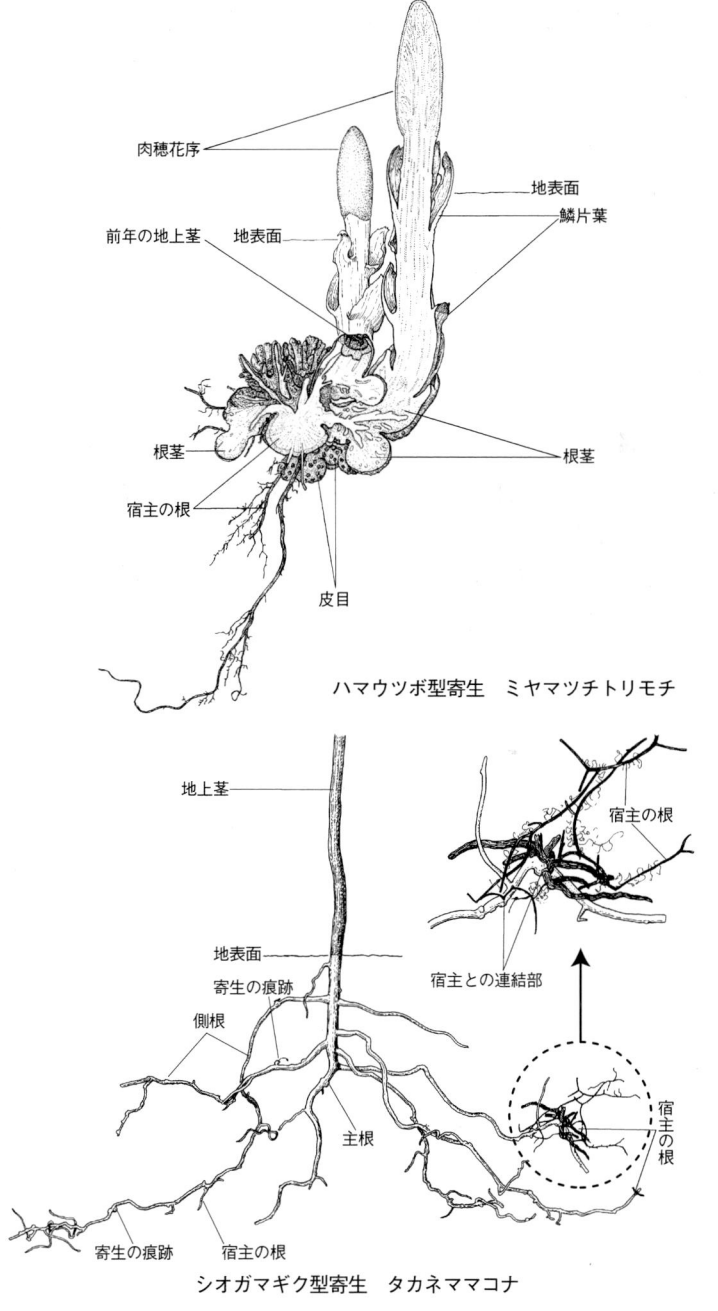

ハマウツボ型寄生　ミヤマツチトリモチ

シオガマギク型寄生　タカネママコナ

247

や単子葉植物では**外皮**（外被）exodermis を生じて組織内部の保護をおこなう。外皮は皮層の最外層の1～数層の細胞壁が木化し、厚化したもので、トクサやアヤメ属の根、着生ランの気根などに好例をみることができる。

タコノキ科、サトイモ科、着生ランなどの着生植物の気根の先端では、表皮は多層で数層ないし数十層になり、細胞内容を失い、ところどころに裂け目を生じて水分を吸収し、貯水する特殊な組織となる。これを**根被**（套被）velamen, -s という。

(2) 皮層

表皮と内鞘の間の部分、すなわち外皮と内皮および両者にはさまれた柔組織からなる。分類群のいかんを問わず、内皮が常にあることが根の特徴である。柔組織は一般に貯蔵組織として重要な役割をもつ。たとえば、トリカブト類、チョウセンニンジン、ニンジン、ツリガネニンジンの塊根は、皮層組織の連続した**平層分裂**（並層分裂）periclinal division によってつくられる。平層分裂とは植物体の表面に平行な方向に起こる細胞分裂をいい、植物体の肥大をもたらす。

(3) 中心柱

根の中心柱の外周は、**内鞘** pericycle, -s によって占められる。内鞘は若い根では分裂機能をもち、ところどころから、**垂層分裂** anticlinal division, -s によって側根を伸ばす。垂層分裂とは、植物体の表面に垂直な方向に起こる細胞分裂をいい、植物体の表面積の増大をもたらす。古い根では、内鞘の細胞分裂は起こらない。

一次維管束は根の中央を占める木部から放射状の腕を出し、腕と腕の間に師部がはさまれた形状を示す。このような維管束は**放射維管束** radial vascular bundle, -s といい、放射維管束を有する中心柱を**放射中心柱** actinostele, -s と呼ぶ。放射中心柱はすべての植物の根に共通する中心柱で、ショウブ属のように中心部の木部はなく、木部の腕と師部が交互に放射状に配列し、中心部は髄となる場合も少なくない。

放射中心柱においては、原生木部は腕の先端にあり、中心に向かって腕や中

表皮　皮層(内皮を含む)　内皮

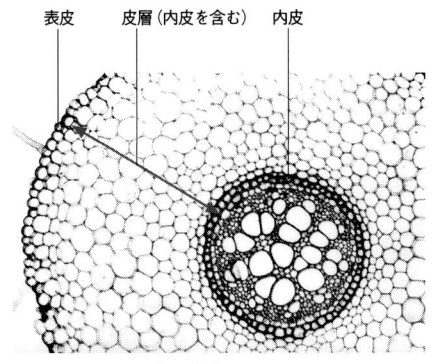

根の表皮と内皮　カノコユリ

心部の木部、すなわち後生木部がつくられる。原生師部は内鞘側にあって後生師部も中心に向かってつくられる。このように、原生木部や原生師部が維管束の外側にある構造を**外原型**exarchという。これは、すべての根にみられる構造である。ちなみに、原生木部が木部の内側にある場合は**内原型**endarchといい、種子植物の茎や葉にみられるし、原生木部が木部の内部にあって内外に後生木部を分化する場合は**中原型**mesarchといい、ウラジロ属やワラビなどのシダ植物の茎、ソテツ属の葉柄などにみられる。

一方、放射中心柱において原生木部が1個の場合は**一原型**monoarch、2個の場合は**二原型**diarchのように順次呼び、6個以上の場合は**多原型**polyarchと呼ぶ。一原型の例は稀でミズニラ属に知られ、二、三原型はその他のシダ植物にみられる。裸子植物では**三原型**triarchと**四原型**tetrarchが多く、双子葉植物では三ないし**五原型**pentarch、単子葉植物では多原型の場合が多い。しかし、原生木部の数、つまり、一次木部や一次師部の数は同じ種であっても根の太さによって変異があり、分類形質としては取り上げることはできない。

IX 生殖に関連する用語

1 有性生殖と無性生殖

　自然界において、生殖のために二つの細胞が合体し、核物質を混合、更新した後、新しい個体をつくる生殖法を**有性生殖** sexual reproduction という。このとき、合体する二つの細胞は**配偶子** gamete, -s、合体して生じた細胞は**接合子** zygote, -s と呼ばれる。陸上植物ではすべて配偶子は**卵細胞** egg cell, -s と**精細胞** androcyte, -s; sperm cell, -s に分化しており、接合子は**受精卵** fertilized egg, -s と呼ばれる。これに対して、細胞の融合を伴わないすべての生殖法を**無性生殖** asexual reproduction という。無性生殖には胞子生殖、単為生殖、栄養生殖が含まれる。ただし、単為生殖は配偶子を出発点とすることから有性生殖に含めて扱う立場もある。陸上植物はすべて有性生殖と胞子生殖をおこない、多くが栄養生殖をおこなう。

(1) 世代交代

　陸上植物の**生活環** life cycle, -s をみると、必ず有性生殖をおこなう**有性世代** sexual generation と胞子生殖をおこなう**無性世代** asexual generation が交互に現れる。一つの生活環の中に有性世代と無性世代が規則正しく交互に現れる現象を**世代交代** alternation of generations という。
配偶体 gametophyte, -s と**胞子体**（造胞体）sporophyte, -s; sporothallus, -li　世代交代における有性世代は配偶体が担う。被子植物では、雌の配偶体は**胚嚢** embryo sac, -s; embryosac, -s、雄の配偶体は**花粉** pollen であり、裸子植物ではそれぞれ**一次胚乳**（一次内乳）primary endosperm, -s と花粉がほぼ相当する。コケ植物では、配偶体はコケの本体、シダ植物では**前葉体** prothallium, -lia;

prothallus, -liであるが、雌雄別の配偶体をもつ例はイワヒバ科、ミズニラ科、デンジソウ科、サンショウモ科、アカウキクサ科に限られる。**核相**nuclear phase, -sはいずれも**単相**haploid phase, -sである。

　無性世代は胞子体が担う。維管束植物の胞子体は植物の本体であり、コケ植物のセン類やツノゴケ類では蒴や蒴柄がこれにあたる。シダ植物では雌雄別の胞子体をもつ例は少ないが、裸子植物では雌雄異株か雌雄同株、被子植物では両全株、雌雄異株、混株などがあり、性表現は複雑である。

　上記のように、配偶体と胞子体の核相は、それぞれ単相と複相であるので、世代交代は**核相の交代**alternation of nuclear phasesでもある。

同相世代交代（同相交代）isophase alternation of generationsと**異相世代交代**（異相交代）heterophase alternation of generations　有性世代と無性世代が同じ核相のもとで交代する世代交代を同相世代交代、それぞれに異なる核相のもとで交代する場合を異相世代交代という。単相型の同相世代交代は、原生動物のステファノスファエラ*Stephanosphaera*の例があげられるが、植物には知られていない。また、複相型の同相世代交代はヒドロ虫綱の一部にみられるが、やはり植物には知られていない。植物の世代交代は、もっぱら異相世代交代である。

同型世代交代isomorphic alternation of generationsと**異型世代交代**heteromorphic alternation of generations　世代交代において、有性世代（配偶体）と無性世代（胞子体）が大きさと形がほぼ同じとみなされる場合を同型世代交代、互いに異なる場合を異型世代交代という。同型世代交代は緑藻類のアオノリやヒトエグサ、褐藻類のクロガシラやシオミドロなどにみられる一方、褐藻類のコンブやワカメなどでは異型世代交代をおこなう。陸上植物の世代交代はすべて異型

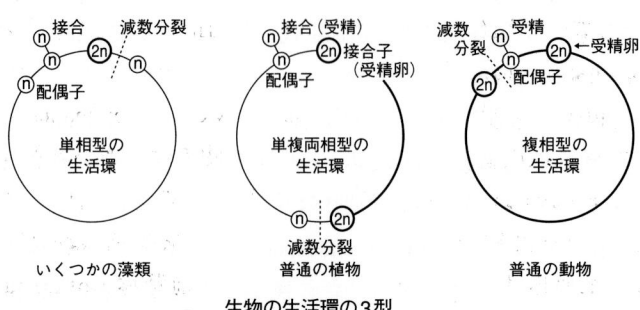

生物の生活環の3型

コケ類の生活史　ゼニゴケ

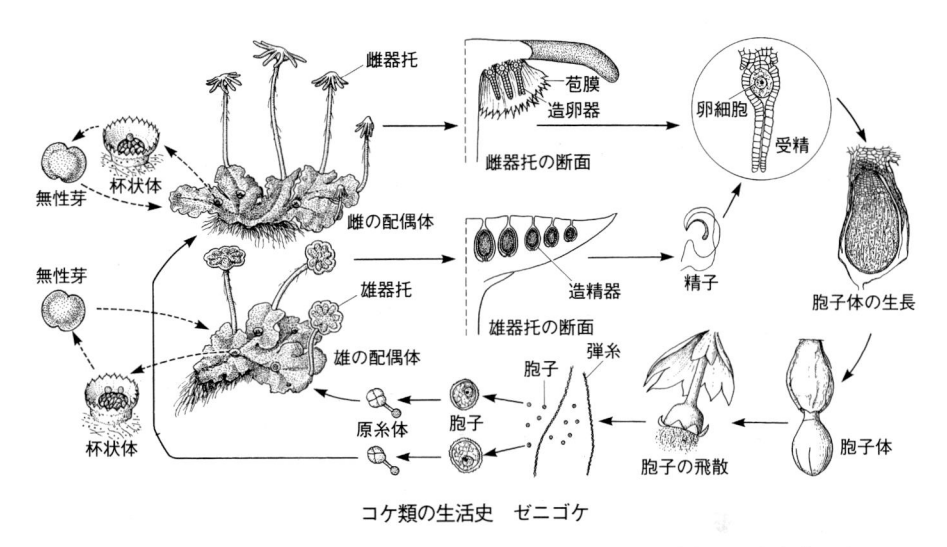

世代交代である。進化の観点からみれば、同型世代交代は異型世代交代より原始的である。

(2) 生活環

　生物の発育過程において、ある段階から次の同一段階にいたるまでの過程を**生活環** life cycle, -s という。たとえば、配偶子の段階から出発すれば、受精し、発育・成熟し、ふたたび配偶子をつくるまでの過程である。**生活史** life history が個体あるいは個体群の一生の過程を意味するのに対し、生活環は生活史の中の要素とみることができる。植物では、一年草の場合は生活環と生活史は一致するが、多年草や樹木の生活史は生活環を反復したものとなる。

　生活環は大きく次の3型にまとめることができる。

単相型の生活環 haplontic life cycle, -s　接合子または受精卵をのぞき、生活環の全体を通して核相が単相である場合をいう。接合子または受精卵は発生時にただちに減数分裂をおこない（**接合子還元** zygotic reduction）、配偶子は単相の植物体から直接つくられる。緑藻植物のオオヒゲマワリ目・ホシミドロ目などの単細胞および糸状の藻類や輪藻植物（シャジクモ類）にみられる。陸上植物にはない。

単複両相型の生活環 haplodiplontic life cycle, -s　一つの生活環の中に、単相の胞子・配偶体・配偶子、複相の接合子または受精卵、胞子体が順次に現れる場合

253

生殖に関連する用語

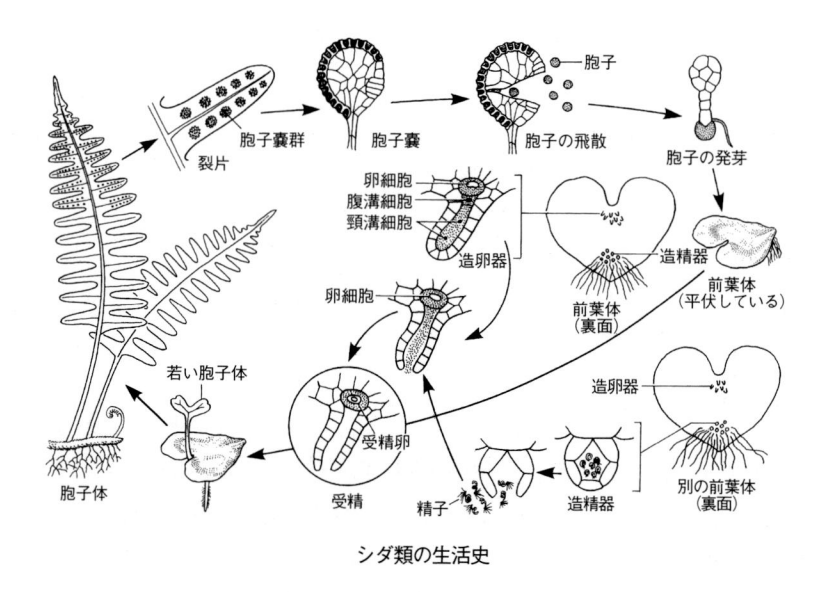

シダ類の生活史

をいう。減数分裂は胞子形成時におこなわれるので、**胞子還元** sporic reduction という。異相世代交代は単複両相型の生活環においておこなわれる。すべての陸上植物およびアオサやアオノリなどの緑藻植物、コンブやヒジキなどの褐藻植物の大部分、すべての紅藻植物にみられる。

複相型の生活環 diplontic life cycle, -s　配偶子を除き、生活環の全体を通して核相が複相である場合をいう。減数分裂は配偶子形成時におこなわれるので、**配偶子還元** gametic redution という。原生動物の一部をのぞき、すべての動物の生活環は複相型であるが、植物では褐藻類のヒバマタ科やホンダワラ科にみられる。

(3) **受粉と受精**

　被子植物では雌しべの柱頭に、裸子植物では胚珠の珠孔部に**花粉粒** pollen grain, -s が付着する現象を**受粉**（授粉、送粉）pollination、花粉あるいは花粉管の中で発生して生じた精子や精細胞の精核が卵細胞の核と融合する現象を**受精**（授精）fertilization という。有性生殖は受精による両者の核融合を通してはじめて成立する。

シダ植物やコケ植物では、受粉現象はなく配偶体上の造卵器内で精子と卵細胞による受精がおこなわれる。藻類では、配偶子に精細胞と卵細胞への分化がみられず、**同型配偶子** isogamete, -s（例　ヒビミドロ）または、大、小の**異型配偶子** anisogamete, -s であることが多いが、この場合は**配偶子接合**（配偶子融合）gametogamy; gametic copulation という。配偶子接合は広義には受精を含む。

1）受粉

受粉は風や水などの自然の力を媒介としたり、昆虫や鳥などの動物を**花粉媒介者**（送粉者）pollinator, -s としておこなわれる。受粉は花粉媒介者の例からみれば、**送粉（授粉）**pollination（英語は同じ）である。受粉に際しては、裸子植物の多くは珠孔から**受粉滴** pollination drop, -s; pollination droplet, -s を分泌し、被子植物では柱頭に密生する微突起あるいは分泌する粘液によって花粉を受け止める。

風媒 anemophily; wind pollination　風によって花粉が媒介され、受粉がおこなわれる現象をいう。風媒によって受粉する花は**風媒花** anemonophilous flower, -s; wind pollinating flower, -s; anemogamous flower, -s と呼ばれる。裸子植物の大部分は風媒であり、ニレ科、クルミ科、ブナ科、カバノキ科、ヤナギ科（一部）などの樹木、イグサ科、カヤツリグサ科、イネ科などの草本植物にみられる。一般に風媒の被子植物では、色彩に富む目立った花被はなく、かわりにブナ科などの尾状花序、イネ科などの小穂や複合花序にみるように小さな花を多数集合させ、受粉の効率を高めている。マツ科、スギ科、ヒノキ科などの裸子植物では、胚珠が緊密に集合した球花をつくる。

一方、風媒の花粉は、分類群によるちがいはあるが、概して小さく、かつ、1花あたりの数は多い傾向がある。また、マツ科（ツガ・カラマツ・トガサワラ属をのぞく）やマキ科では花粉粒に左右2個の**気嚢** air sac, -s をそなえて、分散しやすくなっている。

田中（2000）によると、風媒花はその散布様式によってエノキ、クワ、イラクサ科のような弾発型、ニレ、クワ、クルミ、ヤマモモ、カバノキ、モクマオウ、アカザ、タデ、イグサ科のような強風型、ヤマグルマ、カツラ、フサザクラ、ブナ、ヤナギ、アリノトウグサ、オオバコ、ヤマトグサ、ホロムイソウ、カヤツリグサ科、イネのような長花糸型に分けられる。弾発型は屈曲した花糸

が瞬間的に反転して花粉を放出するもので、林縁や林内のギャップ、畑地など、風の弱い環境に多く、花粉粒の長径は平均15 μmと小さい。強風型は強い風に吹かれて花粉を長距離散布させるもので、高木や荒地の植物が目立ち、花粉粒の大きさは平均26 μmとやや大きい。長花糸型は細長い花糸を伸ばして葯が風に揺られて花粉を飛ばすもので、群生する種が多く、短距離散布のためか、花粉粒は平均40 μmと大きくなってくる。

水媒 hydrophily; water pollination　水の動きによって花粉が媒介され、受粉がおこなわれる現象。水媒は水中で起こる場合は**水中受粉** hydrogamy、水面でおこなわれる場合は**水面受粉** epihydrogamyといい、水媒によって受粉をおこなう花は**水媒花** hydrophilous flower, -s と呼ぶ。水中受粉では、雄花も雌花も水中にあり、マツモやミズハコベのように花粉粒が水中に拡散しておこなわれる場合や、イバラモ属のように雄花から放出された花粉粒が沈降し水底の雌花と受粉する場合がある。水面受粉はセキショウモ属に好例がみられる。ここでは、苞鞘に包まれた多数の雄花のつぼみは、苞鞘が破れるといっせいに水面に浮かび上がって開花し、水面をかたまって漂う。一方、雌花は水中で開花し長い花柄を伸ばして水面に浮かぶ。雌花が風に吹かれて流されると、花柄は急激に縮んで引き戻す。このとき生ずる水のくぼみにいくつもの雄花が落ち込み、雌花にぶつかって受粉が成立する。

動物媒 zoophily; animal pollination　動物によって花粉が媒介され、受粉がおこなわれる現象を総称していう。動物媒によって受粉する花は**動物媒花** zoophilous flower, -s; animal pollinating flower, -sである。動物媒は、動物の種類によって、虫媒、鳥媒、コウモリ媒、カタツムリ媒などに分けられるが、虫媒の場合が圧倒的に多い。

　訪花動物には送粉の報酬として花蜜や花粉の食餌が与えられる。

①**虫媒** entomophily; insect pollination　虫媒によって受粉する花は**虫媒花** entomophilous flower, -sという。虫媒花は送粉昆虫の種類によってハチ媒花、ハエ・アブ媒花（例　ヤツデ・ヤマゼリ）、チョウ媒花（例　ナデシコ属、ツツジ類、栽培植物ではアブラナ属）、ガ媒花（例　マツヨイグサ、クサギ）、甲虫媒花（例　モクレン属、スイレン属）などに分けられる。中でもハチ媒花、特にハナバチ類による送粉は広くみられ、マルバハギとミツクリヒゲナガバチ、

イチジクとイチジクコバチのように昆虫の体の大きさや口吻の長さに応じて特定の花を訪れる定花性も発達している。花の形と昆虫の進化にはしばしば強い相互関係がみられ、共進化の例としてあげられる。

　ハナバチ類と花の形の関係をみると、蜜提供の花には、花筒が細長く、ハナバチが口吻を花筒の底までさし込んで吸蜜するさし込み型の花（例　イワガガミ属、サクラソウ属、クガイソウ属、アザミ属・トウヒレン属、ネギ属などの放射相称花、ケマンソウ属、ヤマハッカ属などの左右相称花）、花筒が太く、ハナバチが体ごと花筒内にもぐり込んで吸蜜するもぐり込み型の花（例　リンドウ属、キキョウ属・ツリガネニンジン属・ホタルブクロ属、ホトトギス属などの放射相称花、オドリコソウ属・ミソガワソウ属、シオガマギク属・ママコナ属などの左右相称花）、上半部は広く下半部は急に細い筒となった花冠、あるいは距のある花冠をもつもぐりさし込み型の花（例、イカリソウ類、ハナイカリ属、ツクバネウツギ属・ハコネウツギ属、ギボウシ属などの放射相称花、オダマキ属・トリカブト属、ツリフネソウ属、ラショウモンカズラ属、ウンラン属、エビネ属などの左右相称花）があるとされる。また、花粉提供の花には小さくて多数集合し、雄しべをつき出したものが多い（例、カラマツソウ属、アジサイ属、シモツケ属）。

　その他、ハチ媒花にはツメクサやコニシキソウなど地表面近くで開花し、アリを送粉者とするアリ媒花も知られている。アリ媒花の例は少ない。

② **鳥媒** ornithophily; bird pollination　鳥媒によって受粉する花は**鳥媒花** ornithophilous flower, -s という。南アメリカのベニツツバナ属など、ハチドリ類による鳥媒は有名である。日本ではヤッコソウやヤブツバキが、メジロやヒヨドリによって送粉されることが知られている。栽培植物では、ザクロはヒヨドリが送粉者となっているが、サルビアは日本では花粉を媒介する鳥がいない。

③ **コウモリ媒** chiropterophily; bat pollination　コウモリ類によって受粉される花は**コウモリ媒花** chiropterophilous flower, -s という。送粉は食植性のコウモリ類によっておこなわれる。サボテン類やバナナ類に知られ、日本にはリュウキュウイトバショウの例がある。

④ **カタツムリ媒** malacophily; snail pollination　カタツムリによって受粉される花は**カタツムリ媒花** malacophilous flower, -s という。ネコノメソウ属やオモトな

生殖に関連する用語

どで植物体上をカタツムリやナメクジがはいまわって花粉を運ぶことが知られている。

2) 受精

受粉後、精子や精細胞を卵細胞に接近させるための手段は、裸子植物と被子植物では異なっている。

裸子植物の中では、イチョウやソテツ綱では、まず早朝に珠孔に分泌された受粉滴が日の出とともに濃縮されて、表面についた花粉粒を胚珠の上部の花粉室内に引き込む。引き込まれた花粉粒は、珠孔近くの珠心組織に根を張るように花粉管を伸ばし、養分を吸収しながら成熟し、生殖細胞から2個の精子を完成する。精子は花粉粒から放出されて造卵器室の液の中を泳いで、造卵器に到達する。受粉から受精まで数ヶ月を要する。

球果綱やマオウ綱では、精子や花粉室は生じないが、同様に受粉滴を分泌し（ツガ属・トガサワラ属は分泌しない）、胚珠内に花粉粒を取り込む。受粉時には雌性配偶体は発生しておらず、数ヶ月ないし1年あまり、花粉粒は珠心表面で成熟し、雌性配偶体の完成をまって珠心中に花粉管を伸ばし、2つの精細胞を造卵器に送り込む。この場合、受精がおこなわれるのは1胚珠あたり1卵細胞であるので、受精に有効な精細胞は1つである。

被子植物では、雌しべの柱頭で受粉がおこなわれると、花粉粒はほどなく発芽し、花粉管を伸ばす。もっともふつうには、花粉管は花柱を通過しその基部から胚珠と子房内壁の間隙を通って、珠孔から胚珠内に進入する（**珠孔受精** porogamy）。花粉管の胚嚢への誘導は助細胞から分泌される化学物質および助細胞の珠孔側の基部にある糸状装置によってなされると考えられ、助細胞に到達した花粉管は先端が破れて2個の精核その他の内容物を助細胞内に放出する。花粉管が、花柱・子房壁を通って合点から胚珠内へ進入する**合点受精** chalazogamyはモクマオウ属などにみられるが、例は少ない。この場合、胚珠はすべて厚層珠心をもつ。

(4) 雌雄性

性 sex, -es は、同種の生物における雄と雌の区別をいい、性にともなって生ずる細胞や個体における異なる現象を**雌雄性** sexuality という。元来、性は、小

形で細胞質を喪失し、それ自身運動するかあるいは花粉管によって他律的に輸送される配偶子、つまり**精子** sperm, -s; spermatid, -s または**精細胞** sperm cell, -s; androcyte, -s、大形で豊富な細胞質をもち運動性を有せず移動もしない配偶子、つまり**卵** egg, -s または**卵細胞** egg cell, -s のちがいを表したものであり、前者は**雄性** male、後者は**雌性** female と呼ばれる。したがって、多くの藻類にみられる同型配偶子には雌雄の区別はなく、異型配偶子はそれぞれ小配偶子、大配偶子と呼び、雄性・雌性とはいわない。このような場合は、接合という性現象はあるものの雌雄の性の分化にはいたっていないとみなされる。

　大部分の植物は、動物と異なり単複両相型の生活環をもち、配偶子は配偶体上につくられる。つまり、配偶体は配偶子と直結しているので、配偶体の性（単相世代の性）は生ずる配偶子の雌雄によってきめられる。種子植物の場合、裸子植物の胚嚢（一次胚乳と造卵器）や被子植物の胚嚢は雌の配偶体であり、花粉粒や花粉管は雄の配偶体である。種子植物の配偶体は常に雌雄別で、**単性** unisexual である。これに対し、シダ植物の前葉体やコケ植物の本体は、それぞれ、イワヒバ科、サンショウモ科、デンジソウ科、およびジャゴケ属、ゼニゴケ属、ケゼニゴケ属などをのぞき、大部分は一つの配偶体上に雌雄の配偶子を生ずるので、**両性** bisexual という。藻類では褐藻植物のコンブやワカメなどに単性の配偶体をみるにすぎず、多くは両性である。両性の植物体および単性の植物体がそれぞれ独立生活をする場合、**雌雄同株** monoecious（名詞は monoecism）および**雌雄異株** dioecious（名詞は dioecism）という。したがって、イワヒバ、ジャゴケ、コンブなどの配偶体は雌雄異株、その他の配偶体は雌雄同株である。配偶子および配偶体の性は**一次的な性** primary sex ということができる。

　これに対し、雌雄の配偶子の合体によって生じた胞子体は本来中性であるはずであるが、特に種子植物では花や個体のレベルにおいてさまざまな性表現をみせる。胞子体の性は、**二次的な性** secondary sex, -es である。

1）**花の性**

　花の性にかかわる要素は、雄しべと雌しべである。一つの花の中の雄しべ・雌しべの有無によっていくつかの花型が認められる。

両性花 hermaphrodite flower, -s; bisexual flower, -s　一つの花に雄しべと雌しべの両者がある花。ただし、どちらかまたは両者が形態的に識別できても、退化し

生殖に関連する用語

てそれぞれの機能を果たさない場合は、両性花とは呼ばない。多くのイネ科植物のように個々の花が小花 floret, -s と呼ばれる場合は、**両性小花** hermaphrodite floret, -s; bisexual floret, -s という。被子植物の大多数の種、おそらく90％以上の種が両性花をもつと推定される。

単性花 unisexual flower, -s　一つの花に雄しべか雌しべかどちらかがある花。雄しべだけある花は**雄花** male flower, -s; staminate flower, -s、雌しべだけある花は**雌花** female flower, -s; pistillate flower, -s という。ただし、ハナノキのように形態的に雄しべと雌しべが識別できても、どちらかが退化して機能を果たさない場合はやはり雄花、雌花と呼ぶ。スゲ属のように個々の花が小花と呼ばれる場合は、それぞれ**雄性小花** male floret, -s; staminate floret, -s および**雌性小花** female floret, -s; pistillate floret, -s という。

　裸子植物では、基本的には胞子葉が集合した**球花**（胞子嚢穂）strobile, -s; strobilus, -li をつくる。雄しべをつけた球花は**雄性球花** male strobile, -s; male strobilus, -li、胚珠をつけた球花は**雌性球花** female strobilus, -li; female strobile, -s という。両性球花は存在しない。

　単性花をもつ種は被子植物の30％足らずと推定される。

中性花 neutral flower, -s; neuter flower, -s　一つの花の中に雄しべや雌しべがあっても退化して機能を失うか、これらがまったくみられない花。たとえば、ヤマハハコやフキの雌株の頭花にある1～数個の中心花、タムラソウの頭花の外側の1列の管状花は、両性花とされることもあるが正しくは中性花である。中性花は花粉も果実も稔らないので**不稔花** sterile flower, -s とも呼ばれる。

　中性花の中で他の両性花などに比べて萼や花冠が特に大きくなったものは**装飾花**（飾り花）ornamental flower, -s という。装飾花はふつう多数の小花の集合した花序のまわりにあり、訪花昆虫を誘導する役割をもつと考えられる。たとえば、イワガラミ・タマアジサイ・ツルアジサイ・ノリウツギ・ヤマアジサイなどのアジサイ科の装飾花は萼が花冠状に発達したもの、オオカメノキ・カンボク・ヤブデマリなどのスイカズラ科の装飾花は花冠が大きくなったものである。園芸植物の中には、アジサイ・ミナヅキ・テマリタマアジサイやテマリカンボク・オオデマリのようにすべての花が装飾花になった例もみられる。また、ヒマワリのように頭花の周辺にある不稔となった舌状花も装飾花とみることが

できる

2) 個体の性

　胞子体である植物個体（クローンを含む）の性は、ふつうそれがつける花の性によって判定される。受精卵や芽生えや花をつけない幼若な胞子体では、性染色体が検出される場合はともかく、両性か単性かはわからない。胞子体の性は、発育の過程で二次的に現れてくるとみることができる。

　花には両性、雄性、雌性（中性をのぞく）があるが、いま、任意の種を取り上げた場合、これら3種の花の個体レベルでの現れ方に着目すると大きくは4つの性型を区別することができる。

両全性個体 hermaphrodite plant, -s　両性花だけをつける個体。例　ヤマザクラやサクラソウのすべての個体。

両性個体 monoecious plant, -s　雄花と雌花をつける個体。例　ブナやトウダイグサのすべての個体。

雄性個体 male plant, -s　雄花だけをつける個体。例　ネコヤナギやヤマブキショウマの雄花をつける個体。

雌性個体 female plant, -s　雌花だけをつける個体。例、ネコヤナギ、ヤマブキショウマの雌花をつける個体。

雑性個体 polygamous plant, -s　両性花の他に雄花または雌花をつける個体、および3種の花をつける個体。

①雄花をつける個体　例　トチノキやバイケイソウのすべての個体。
②雌花をつける個体　例　ホウキギやキオンのすべての個体。
③雄花も雌花もつける個体　日本産の例は確認されていない。

　上記の例は、個体として遺伝的に安定した性型を示す場合であるのに対し、ときには同一個体の性型が変化することがある。これを**性転換** sex reversal; sex change という。テンナンショウ属の球茎のサイズの増減による雄から雌への転換あるいはその逆の現象はよく知られている。キクバオウレンには雄花、両性、雌花の3様の花があるが、成熟するにつれて雄性個体から両性個体へ、両性個体から雌性個体への転換が観察される。また、クロユリには雄花と両性花があり、着花の初期には雄花をつけ、成熟すれば両性花をつける。樹木では、イチイやカエデ類で同一個体上に年によって異なる花をつけることがある。

3) 種レベルの性

個体の性の集合が種レベルの性といえる。上記の 6 型の個体が同種内でどのように現れるかに着目すると少なくとも 9 通りの性型を区別することができる。用語法とともにシンボルマークの用法にしたがって、両性花を☿、雌花を♀、雄花を♂で表し、（ ）は個体として、それぞれの例をあげる。日本産被子植物の性型については、『金沢大学理学部附属植物園年報 18 ～ 21 号』（1995 ～ 1998）に詳しいリストが掲載されている。

A. **混性** synoecy（形容詞は synoecious）　すべての個体が両性花をつけるか、単性花だけの場合は雄花と雌花の両者をつける場合。

a. **両性**（完全同株）cosexuality（cosexual）

1. **雌雄両全株**（両全性雌雄同株・両性花株）hermaphroditism（hermaphrodite）（☿☿）　被子植物の代表的な性型で 70％以上の種がこの性型をもつと推定される。例　ヤマザクラ、サクラソウ
2. **雌雄同株**（単性雌雄同株・雌雄異花同株）monoecism（monoecious）（♂♀）裸子植物の大部分および被子植物の 5％程度の種がこの性型をもつと推定される。例　アカマツ、ブナ、トウダイグサ

b. **雑性**（不完全同株）polygamy（polygamous）;submonoecy（submonoecious）

3. **雄性同株**（雄性両全性同株・雄花両性花同株）andromonoecism（andromonoecious）（☿♂）被子植物の 0.3％程度の種がこの性型をもつと推定される。例　ミネカエデ、バイケイソウ
4. **雌性同株**（雌性両全性同株・雌花両性花同株）gynomonoecism（gynomonoecious）（☿♀）被子植物の 3％程度の種がこの性型をもつと推定される。例　ホウキギ、キオン
5. **三性同株**（雄性雌性両全性同株）androgynomonoecism; trimonoecism（androgynomonoecious; trimonoecious）（☿♂♀）デモルフォテカ属 *Dimorphotheca*、日本の植物では例が知られていない。

B. **離性** heteroecy（heteroecious）少なくとも一部の個体は両性花、雄花、雌花のいずれかのみをつけ、他の個体はいずれか 2 種あるいは 3 種の花をつける場合

c. **単性**（完全異株）dioecy（dioecious）

6. **雌雄異株**（単性雌雄異株）dioecism（dioecious）（♂♂）（♀♀）裸子植物の一部および被子植物の4％程度の種がこの性型をもつと推定される。例　イチョウ、ネコヤナギ、ヤマブキショウマ
d.**多性**（不完全異株）polyecy（polyecious）；subdioecy（subdioecious）
   7. **雄性異株**（雄性両全性異株）androdioecism（androdioecious）（⚥⚥）（♂♂）被子植物の6％程度の種がこの性型をもつと推定される。例　ハマハコベ、ミヤマニガウリ
   8. **雌性異株**（雌性両全性異株）gynodioecism（gynodioecious）（⚥⚥）（♀♀）被子植物の6％程度の種がこの性型をもつと推定される。例　オケラ、メガルガヤ
   9. **三性異株**（雄性雌性両全性異株）trioecism（trioecious）；androgyno-dioecious　例　*Acer platanoides*、日本の植物では例が知られていない。

　離性の場合は、この他（♂♂）（⚥♀）、（♀♀）（⚥♂）、（♂♂）（⚥♂）、（♀♀）（⚥⚥）、（⚥⚥）（♂♀）、（⚥♀）（⚥♂）、（⚥）（⚥♀）あるいは（♂♂）（♀♀）（⚥♂）、（⚥⚥）（♂♂）（⚥♂）、（⚥）（♂♂）（♀♀）（⚥♂）、（⚥）（♂♂）（♀♀）（⚥♀）など、多数の組み合わせが考えられる。事実、キクバオウレンやヒメニラでは、性型が（⚥♀）（♂♂）（♀♀）（⚥♂）、クロユリでは（⚥♀）（⚥♂）（♂♂）であることが確かめられている。

(5) 両親生殖と単親生殖

　有性生殖というとき、異なる個体に由来する配偶子どうしが融合して新しい個体をつくる場合と同一個体に由来する配偶子どうしが融合して新しい個体をつくる場合がある。前者が**両親生殖** biparental reproduction、後者が**単親生殖** uniparental reproduction である。単親生殖には無融合生殖や栄養生殖も含まれる。

1）両親生殖

　動物界では、両親生殖が一般的であるのに対し、植物では**他家受粉**（外交配）cross pollination をおこなう場合に限られる。他家受粉は、雌雄異株はもちろん異なる個体（クローンを含む）の花の間で受粉がおこなわれる現象で、受粉後に起こる受精は**他家受精** cross fertilization という。他家受精は両親の遺伝子の組み換えを通して、子孫の遺伝子型を多様化し、ひいては長期的にみて種族の

維持に有利に働くと考えられる。そのため、多くの雌雄両全性の種においては他家受粉を促すためのさまざまな機構が知られている。Fryxell（1957）によれば、調査した被子植物1530種のうち53.6％がもっぱら他家受精をおこなうという。

自家不和合性 self-incompatibility 一つの両性花の中、または同一個体の花の間で雄しべと雌しべが同時に成熟し受粉がおこなわれても、花粉の発芽や花粉管の伸長が起こらず、したがって受精がおこなわれない現象をいう。自家不和合性は科や属のレベルで固定した形質ではなく、たとえばマメ科のシロツメクサ属・ウマゴヤシ属・レンリソウ属などには自家不和合性と自家和合性の両者の種がみられるし、カエデ属には自家不和合性や雌雄異熟の種が知られている。

①**同形花型不和合性** isomorphic incompatibility 自家不和合性が花の形態的な変化を伴わず、異なる個体の同形花の間でのみ受精が可能である場合をいう。先にあげた例の他、ミヤマキンポウゲ・リュウキンカ、ヤマブキ、ゲットウ、栽培植物ではセイヨウミザクラ・ナシ・リンゴ・ビワ、ペチュニア、ショウガなど広く知られている。

②**異形花型不和合性** heteromorphic incompatibility 自家不和合性が花の形態的な変化を伴ない、異なる個体の異形花の間でのみ受精が可能である場合をいう。同一個体につく花はいずれも同じである。この場合、花の形態的な変化は、おもに雄しべと雌しべの位置や長さに現れて**異形ずい性**（異形花柱性）heterostyly を示し、そのような花は**異形ずい花**（異形花柱花）heterostylous flower, -s と呼ばれる。サクラソウ属では古くから異形ずい性が知られており、たとえばサクラソウの花には花柱が長く雄しべが花筒の内面下部に位置する**ピン型** pin type と花柱が短く雄しべが花筒の内面上部につく**スラム型** thrum type の2型があり（**二異形ずい性・二異形花柱性** distyly）、受精は異なる型の花の間でのみおこなわれる。花柱の長さに長・中・短の3型がある場合は**三異形ずい性**（三異形花柱性）tristyly という。異形ずい花はサクラソウ属の他アサザ属、イワイチョウ属、ミツガシワ属などにみられ、三異形ずい花はカタバミ属の *Oxalis speciosa* やミソハギなどに知られている。

雌雄異熟 dichogamy 両性花にあって雌しべと雄しべの成熟時期に時間的なずれがあり、自家受精を防ぐ性質をいい、そのような花は**雌雄異熟花**

dichogamous flower, -s と呼ばれる。これに対し、両者の成熟時期が同じで自家受粉が可能な場合は**雌雄同熟**adichogamy; synacmy といい、そのような花は**雌雄同熟花** adichogamous flower, -s と呼ばれる。

　雌雄異熟には雄しべの成熟が雌しべより早い**雄性先熟**（雄しべ先熟）protandry とその逆の**雌性先熟**（雌しべ先熟）protogyny があり、たとえばヤナギラン、シャク、ウツボグサなどは**雄性先熟花**（雄しべ先熟花）protandrous flower, -s をつけ、オオバコは**雌性先熟花**（雌しべ先熟花）protogynous flower, -s をつける。カエデ属ではイロハモミジ・トウカエデ・ネグンドカエデ・ハウチワカエデなどは雄性先熟、アメリカヤマモミジ・ギンヨウカエデ・ヨーロッパカエデなどは自家不和合性を通して他家受精を営む。

2）単親生殖

①**自家受粉** self-pollination　開放花において一つの個体（クローンを含む）の花の雌しべが同一個体の花粉によって受粉する現象。一つの両性花内で受粉がおこなわれる場合は**同花受粉** strict self-pollination、一つの個体の異なる花の間で受粉がおこなわれる場合は**隣花受粉** self-pollination（狭義）という。受粉後に起こる受精はそれぞれ**同花受精** autogamy および**隣花受精** geitonogamy と呼ぶ。同花受粉はハコベ、チシマオドリコソウ、作物ではアズキやイネで知られている。隣花受粉もおこなうかどうかは定かでないがホソバトリカブト、オオツメクサ、ウバウルシ・クロマメノキ・ヒメシャクナゲ、シャクジョウソウ、イワカガミ、ヒメフウロ、オドリコソウ・ハッカ・ヒメオドリコソウ、イヌビエ・イヌムギ、作物のダイズ、トマト、カラスムギなども自家受粉をおこなう。もっともこれらの例の多くは、ある程度の他家受粉を伴うので、完全に自家受粉というわけではない。同花受粉が完全におこなわれるのは、**開花前受粉** preanthesis self-pollination（つぼみ受粉 bud pollination）と**閉鎖花** cleistogamous flower, -s による場合である。たとえば、カラスノエンドウでは、つぼみのうちに葯は開裂して、花粉は竜骨弁内にたまり、その後に雌しべが伸びて開花前に受粉を終了する。

　閉鎖花は、ふつうの**開放花** chasmogamous flower, -s と異なり、花冠は発達しないか貧弱で開花せず、同花受粉によって結実する。スミレ属をはじめ、フタリシズカ、オニバス、ミゾソバ、ヤブマメ、ミヤマカタバミ、キツリフネ、ホ

トケノザ、センボンヤリ、マルバツユクサなどに知られている。これらの種は、他家受粉をする開放花もつけ、両親生殖の機能もあわせもつ。たとえば、センボンヤリは春には筒形の開放花、秋には線形の閉鎖花をつけ、季節によって規則正しく両者を咲き分ける著しい例である。

②**無融合生殖**apomixis　配偶子が融合しないまま、つまり受精をおこなわずに配偶体から新しい胞子体をつくる生殖法をいう。無融合生殖のみをおこなう種は**無融合生殖種**apomictic species, －speciesと呼ばれる。これに対し、通常の受精をおこなう場合は**融合生殖**amphimixisという。シダ植物の進化した群では、ふつう1個の胞子嚢に16個の複相の胞子母細胞を生じ、減数分裂によって64個の単相の胞子がつくられる。しかし、無融合生殖種では、4倍性の8個の胞子母細胞を生じ、減数分裂によって32個の複相の胞子をつくるか、正常につくられた16個の複相の胞子母細胞が正常な減数分裂をせず32個の複相の胞子をつくる。複相の胞子が発生すれば複相の配偶体を生じ、受精を省略して親の胞子体と同じ核相をもつ新しい胞子体を生ずることになる。この現象は、配偶子の省略という意味で**無配生殖**apogamyとも呼ばれる。

　シダ植物では全体の10％ほど、日本では15％以上の種が無融合生殖種とみられ、イワヘゴ・イワイタチシダ・オオクジャクシダ・サイゴクベニシダ・ツクシイワヘゴ・ナガバノイタチシダ・ヌカイタチシダ・マルバベニシダ・ミサキカグマなどのオシダ属、オニイノデ・ヒメカナワラビ・ヤシャイノデなどのイノデ属、メヤブソテツ・ヤブソテツなどのヤブソテツ属植物は、前記の4倍性の胞子母細胞を生ずる。ウチワゴケ、チャセンシダ、エゾデンダなどは2倍性の胞子母細胞に由来する例として知られている。

　種子植物においても、無融合生殖は重要な生殖法であり、受精を伴わずに種子をつくることから**無融合種子形成**agamospermyとも呼ばれる。無融合種子形成は、さらに配偶体無融合生殖と不定胚形成に分けられる。**配偶体無融合生殖**gametophytic apomixisは親の体細胞と同一の核相（2n、3nなど）をもつ胚嚢から胚がつくられる場合をいい、胚珠内の倍数性の大胞子からそのまま胚嚢がつくられる**複相胞子生殖**diplospory; aneuspory（例　シロバナタンポポ、セイヨウタンポポ、ニガナ、ヒメジョオン）、大胞子はつくらずに倍数性の珠心や内珠皮または胚嚢母細胞（大胞子母細胞）から倍数性の胚嚢がつくられる**無胞子生**

殖 apospory（例　アカソ、コアカソの無融合生殖型、ヤナギタンポポ属、ノガリヤス属）が認められる。

　不定胚形成 adventitious embryony は、胚嚢をつくらずに、珠心や内珠皮の組織から胚がつくられる場合である。日本の野生植物には確かな例は知られていないが、栽培植物ではグレープフルーツが例とされる。

2）栄養生殖

栄養生殖 vegetative reproduction（**栄養繁殖** vegetative propagation、**クローン成長** clonal growth）　胞子生殖および無融合生殖以外の無性生殖をいう。栄養生殖はむかご形成、不定芽形成、地下器官の成長・分離によっておこなわれ、つくられる個体は親個体と同一の遺伝子型をもつ。一般には同一の親個体あるいは細胞から生じた同一の遺伝子型をもつ個体あるいは細胞の集合をクローンというが、植物の場合は特に同一遺伝子型をもつ個体の集合は**ジェネート** genet, -s、それぞれの個体は**ラミート** ramet, -s と呼ばれる。子株が親株と地下茎などによって連結している場合をラミート、離れた場合には**オーテット** ortet, -s と呼ぶこともある。

①**むかご形成** vivipary; viviparity　花が正常に発生せず変型してむかご（球芽）となる場合や腋生の栄養器官が変形してむかごになる場合がある。ムカゴトラノオ、ムカゴユキノシタ、ノビル、コモチミヤマイチゴツナギなどは前者の例、ムカゴイラクサ・コモチミヤマイラクサ、オニユリ、ヤマノイモなどは後者の例である。

②**不定芽形成** adventitious bud formation; adventive bud formation; indefinite bud formation　不定芽による栄養生殖をさす。たとえば、コモチシダやセイロンベンケイの葉上不定芽、ヤナギ属やキイチゴ属の根上不定芽は幼植物を形成した後、母株から分離してラミートとなる。

③**地下茎の形成・分離** formation and separation of underground stems　根茎植物の多くは根茎にしろ匍枝にしろ、年とともに古い部分は切断されたり、栄養分が吸収されて消失したり、あるいは枯死腐朽して多かれ少なかれ新しい部分だけが生き残って年々新しいラミートをつくっていく。毎年規則正しく新しいラミートをつくる根茎植物は**分離型地中植物** separated geophytic plant, -s; separated geophyte, -s と呼ばれる。根茎や匍枝が分離する例は比較的多く、モミジガサ属

やホウチャクソウ属などがあげられる。これに対し、根茎が分離しない場合は、部分的な新旧交代はみられても、木本植物における成長と変わりがなく、栄養生殖とはみなされない。

　いわゆる球根植物では、球茎、塊茎、鱗茎はいずれの場合でもシーズンごとに旧球は完全に新旧交代し、母株から独立する。

付録 I　形やつき方・質を表す用語

付録 I　形やつき方・質を表す用語

1　形を表す用語　　＊用語の番号は図の番号に対応する。
（1）平面的な左右相称の全形を表す用語
（Taxon 11: 145-156, 1962 に一部加筆；訳語は豊国秀夫『植物ラテン語文法』1987 による）

A. 楕円形の系列
1. 線形の linear
2. 狭楕円形の（長楕円形の）narrow elliptic
3. 楕円形の elliptic
4. 広楕円形の broadly elliptic
5. 円形の circular（orbicular は厚みのある場合）
6. 横広楕円形の transversely broadly elliptic
7. 横楕円形の transversely elliptic
8. 横狭楕円形の（横長楕円形の）transversely narrowly elliptic
9. 横線形の transversely linear

B. 矩形の系列
10. 線形の linear
11. 狭矩形の narrowly oblong
12. 矩形の oblong
13. 広矩形の broadly oblong
14. 正方形の square
15. 横広矩形の transversely broadly oblong
16. 横矩形の transversely oblong
17. 横狭矩形の transversely narrowly oblong
18. 横線形の transversely linear

付録 I　形やつき方・質を表す用語

C. 菱形の系列
19. 狭菱形の narrowly rhombic
20. 菱形の rhombic
21. 広菱形の broadly rhombic
22. 正四辺形状菱形の quarate-rhombic
23. 横広菱形の transversely broadly rhombic
24. 横菱形の transversely rhombic
25. 横狭菱形の transversely narrowly rhombic

D. 卵形の系列
26. 狭卵形の（披針形の）narrowly ovate (lanceolate)
27. 卵形の ovate
28. 広卵形の broadly ovate
29. 広卵形の broadly ovate または超広卵形の very broadly ovate
30. 超広卵形の very broadly ovate
31. 圧平卵形の depressed ovate

E. 倒卵形の系列
32. 狭倒卵形の（倒披針形の）narrowly obovate (oblanceolate)
33. 倒卵形の obovate
34. 広倒卵形の broadly obovate
35. 広倒卵形の broadly obovate または超広倒卵形の very broadly obovate
36. 超広倒卵形の very broadly obovate
37. 圧平倒卵形の depressed obovate

F. 角卵形の系列
38. 狭角卵形の narrowly trullate; narrowly angular-ovate
39. 角卵形の trullate; angular ovate
40. 広角卵形の broadly trullate; broadly angular-ovate

付録I　形やつき方・質を表す用語

縦と横の比	A 楕円形の	B 矩形の	C 菱形の	D 卵形の	E 倒卵形の	F 角卵形の	G 倒角卵形の	H 三角形の	I 倒三角形の（くさび形の）
1:12	9	18							
1:6	8	17	25					57	65
1:3	8	17	25					57	65
1:2	7	16	24	31	37	43	49	56	64
2:3	7	16	24	31	37	43	49	56	64
5:6	6	15	23	30	36	42	48	55	63
1:1	5	14	22	29	35	41	47	54	62
6:5	4	13	21	28	34	40	46	53	61
3:2 (標準形)	3	12	20	27	33	39	45	52	60
2:1	3	12	20	27	33	39	45	52	60
3:1	2	11	19	26	32	38	44	51	59
6:1	2	11	19	26	32	38	44	51	59
12:1	1	10						50	58

行ラベル（上から）: 1 横細の, 横長の, 5 横広い, 4 広い, 3, 2 細い, 1

付録I　形やつき方・質を表す用語

41. 広角卵形の broadly trullate; broadly angular-ovate または超広角卵形の very broadly trullate; very broadly angular-ovate
42. 超広角卵形の very broadly trullate; very broadly angular-ovate
43. 圧平角卵形の depressed trullate; depressed angular-ovate

G. 倒角卵形の系列
44. 狭倒角卵形の narrowly obtrullate; narrowly angular-obovate
45. 倒角卵形の obtrullate; angular-obovate
46. 広倒角卵形の broadly obtrullate; broadly angular-obovate
47. 広倒角卵形の broadly obtrullate; broadly angular-obovate または超広倒角卵形の very broadly obtrullate; very broadly angular-obovate
48. 超広倒角卵形の very broadly obtrullate; very broadly angular-obovate
49. 圧平倒角卵形の depressed obtrullate; depressed angular-obovate

H. 三角形の系列
50. 線状三角形の（きり形の）linear-triangular; subulate
51. 狭三角形の narrowly triangular
52. 三角形の triangular
53. 広三角形の broadly triangular
54. 広三角形の broadly triangular または超広三角形の very broadly triangular; deltate
55. 超広三角形の very broadly triangular; deltate
56. 圧平三角形の sharrowly triangular
57. 超圧平三角形の very sharrowly triangular

I. 倒三角形（くさび形）の系列
58. 線状倒三角形の linear-obtriangular
59. 狭倒三角形の narrowly obtriangular
60. 倒三角形の obtriangular
61. 広倒三角形の broadly obtriangular

62. 広倒三角形の broadly obtriangular または超広倒三角形の very broadly obtriangular; obdeltate
63. 超広倒三角形の very broadly obtriangular; obdeltate
64. 圧平倒三角形の sharrowly obtriangular
65. 超圧平倒三角形の very sharrowly obtriangular

上記以外の用語
66. 心臓形の（心形の）cordate
67. 倒心臓形の（倒心形の）obcordate
68. 腎臓形の reniform
69. へら形の spathulate
70. 矢尻形の saggitate
71. 矛形の hastate
72. 三日月形の lunate
73. 扇形の flabellate; flabelliform; fan-shaped

（2）平面的な左右非相称の全形を表す用語
1. 不等形の unequal
2. かま形の falcate

（3）立体的な全形を表す用語
1. 球形の globose; spherical
2. 楕円体の ellipsoidal
3. 卵形体の ovoid
4. 倒卵形体の obovoid
5. 棍棒状の clavate; club-shaped
6. 横楕円体の transversely ellipsoidal
7. 円錐形の conical
8. 倒円錐形の obconical
9. 三角錐形の pyramidal

付録 I　形やつき方・質を表す用語

10. 倒三角錐形の obpyramidal
11. 紡錘形の fusiform
12. レンズ形の lenticular; lens-shaped
13. 円柱形の cylindrical
14. 管状の tubular; fistulate
15. 三角柱の（プリズム形の）prismatic; prism-shaped
16. 立方体の（さいころ形の）cubic
17. 環状の annular; ring-shaped
18. 円板状の discoid
19. 螺旋形の spiral
20. 数珠形の moniliform
21. かぶ形の napiform
22. 洋梨形の pyriform

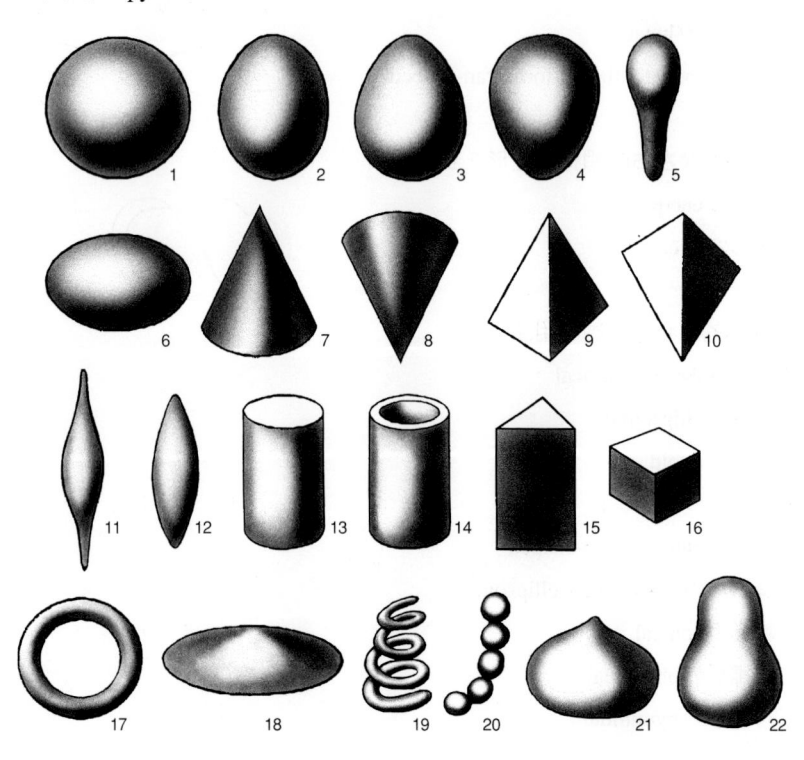

付録Ⅰ　形やつき方・質を表す用語

（4）先端の形を表す用語

1. 鋭形の acute
2. 鋭尖形の acuminate
3. 尾状鋭尖形の attenuate-acuminate
4. 鈍形の obtuse
5. 円形の rotund
6. 小凹形の retuse
7. 凹形の emarginate
8. 倒心形の obcordate
9. 芒形の aristate
10. 尾状の caudate
11. 微突形の（微凸形の） mucronate
12. 突形の（凸形の） cuspidate
13. 咬歯状の bitten
14. 切形の（截形の） truncate

（5）基部を表す用語

1. 漸尖形の attenuate
2. くさび形の cuneate
3. 鈍形の obtuse
4. 円形の rotund
5. 切形の（截形の） truncate
6. 心臓形の（心形の） cordate
7. 腎臓形の（腎形の） reniform
8. 矢尻形の sagittate
9. 矛形の hastate
10. 耳形の auriculate

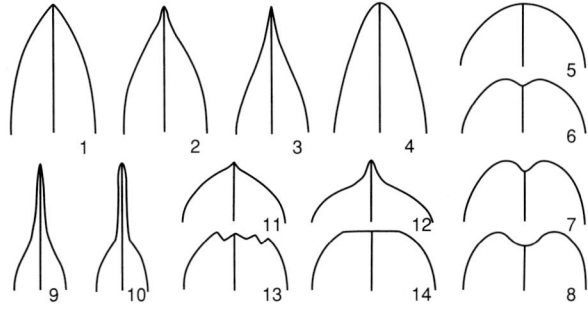

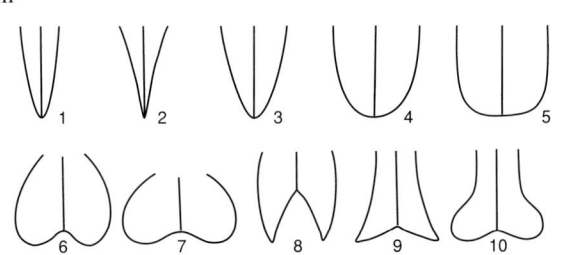

275

付録I　形やつき方・質を表す用語

2　縁の切れ方を表す用語

(1) 鋸歯の有無とその形

1. 全縁の（全辺の）entire
2. 深波状の（湾ある）sinuate
3. 波状の undulate; repand
4. 円鋸歯状の crenate; scalloped
5. 鋸歯状の serrate ——鋸歯の先は葉の先を向く
6. 細鋸歯状の serrulate ——同上
7. 歯状の（歯牙のある）dentate; toothed ——鋸歯の先は開出し、葉の先を向かない
8. 細歯状の（細歯牙のある）denticulate ——同上
9. 重鋸歯の biserrate; double serrate
10. 鋭浅裂の（欠刻のある）incised

鋸歯ではないが、葉縁を表す次の用語がある。

11. 毛縁の（縁毛のある）ciliate
12. 長毛縁の（ふさ毛のある）fimbriate

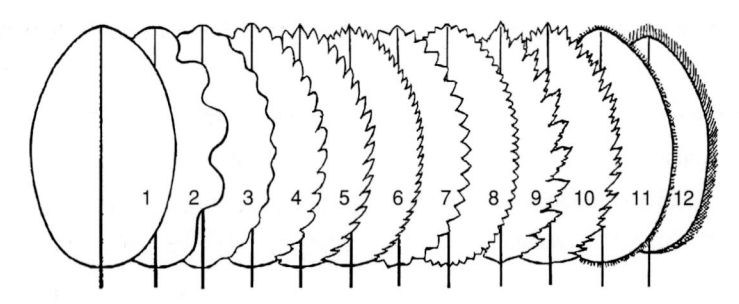

(2) 縁の切れ込みの深さと形

1,5. 浅裂の lobed; lobate

2,6. 中裂の cleft

3,7 深裂の parted

4,8 全裂の divided

1. 羽状浅裂の pinnately lobed

付録I　形やつき方・質を表す用語

2. 羽状中裂の pinnately cleft
3. 羽状深裂の pinnately parted
4. 羽状全裂の（羽状複葉の）pinnately divided; pinnately compound
4'. 下向羽裂の（逆羽状分裂の）runcinate
4". 頭大羽状の lyrate
4'". 櫛の歯状の pectinate
5. 掌状浅裂の palmately lobed
6. 掌状中裂の palmately cleft
7. 鳥足状深裂の pedately parted
8. 掌状全裂の（掌状複葉の）palmately divided; palmately compound

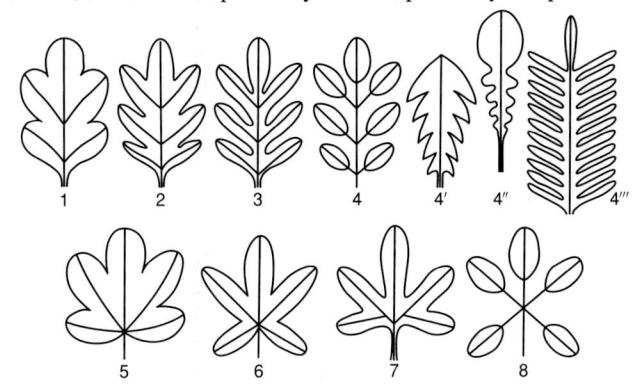

（3）つき方を表す用語

1. 直立する erect
2. 斜上する ascendent, ascending
3. 開出する patent
4. 下垂する pendulous
5. 点頭する nodding
6. 湾曲する bent
7. 圧着する appressed
8. 沿下する（沿着する）decurrent
9. 抱茎する amplexicaul
10. つき抜け形の perfoliate

277

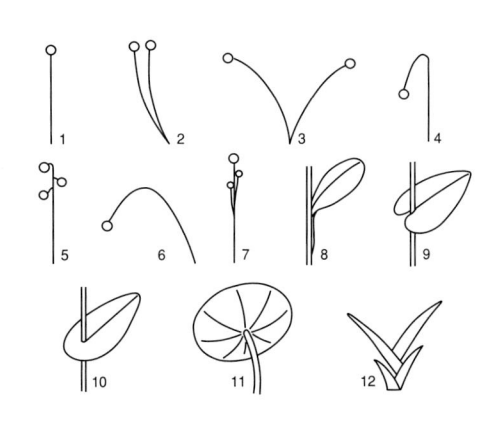

付録Ⅰ　形やつき方・質を表す用語

11. 盾形の peltate
12. 跨状の equitant

（4）**質を表す用語**（例はキク科で示した）

乾膜質 scarious　例　アザミの総苞内片、ヤマハハコの花冠

革質の coriaceous　例　ツワブキやフジアザミの葉、一般に常緑広葉樹の葉

草質の herbaceous　例　フキやノアザミの葉

洋紙質の（紙質の）chartaceous　例　ノブキやコウモリソウの葉

膜質の membranaceous　例　タンポポやアザミ属などの花冠、一般に花冠は膜質である。

肉質の sarcoid; fleshy　例　ハマグルマやハマニガナの葉、一般に多肉植物の葉や茎。

木質の ligneous　例　ヨモギやキクの茎の基部、一般に木本植物の茎と根。

付録II 突起や毛・腺に関する用語

1 突起や毛に関する用語

高等植物の体表面に生ずる表皮系起源の突起状構造を**毛**（毛状突起）trichome, -s; hair, -s、表皮系だけでなく表皮下の基本組織系や維管束系が加わった突起状構造を**毛状体**emergenceという。両者の区別は外形上区別しがたい場合は、毛として扱う。モウセンゴケの葉面の触毛、イラクサの刺毛、ノイバラの刺は毛状体である。

（1）形による毛の分類
1. 単細胞毛 unicellular hair, -s
2. 多細胞毛 mulicellular hair, -s
3. 単列毛 uniseriate hair, -s
4. 腺毛 glandular hair, -s
5. 刺毛（螫毛）stinging hair, -s
6. 嚢状毛 bladder hair, -s
7. 小棍棒状毛 clavellate hair, -s
8. かぎ状毛 glochidiate hair, -s
9. 逆刺毛 retrorsely barbed hair, -s

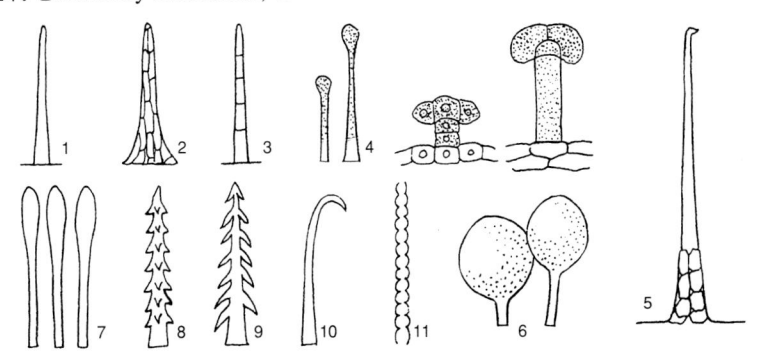

付録Ⅱ　突起や毛、腺に関する用語

10. かぎ毛 uncinate hair, -s
11. 数珠状毛 moniliform hair, -s
12. 星状毛 stellate hair, -s
13. 丁字状毛 cruciate hair, -s
14. ちぢれ毛（縮毛）crispate hair, -s
15. くも毛（蜘蛛毛）arachnoid hair, -s
16. 鱗片毛（鱗毛）scaly hair, -s
17. 粘毛 mucilage hair, -s
18. 長毛 long hair, -s
19. 短毛 short hair, -s
20. 微毛 fine hair, -s

（2）性質や生え方を表す用語
1. 細軟毛のある puberulous; puberulent
2. 密綿毛のある tomentose; tomentous
3. 硬先毛のある strigose
4. 絹毛のある sericeous
5. 軟毛のある pilose
6. ビロード状の velutinous; velvety
7. 粗面の scabrous

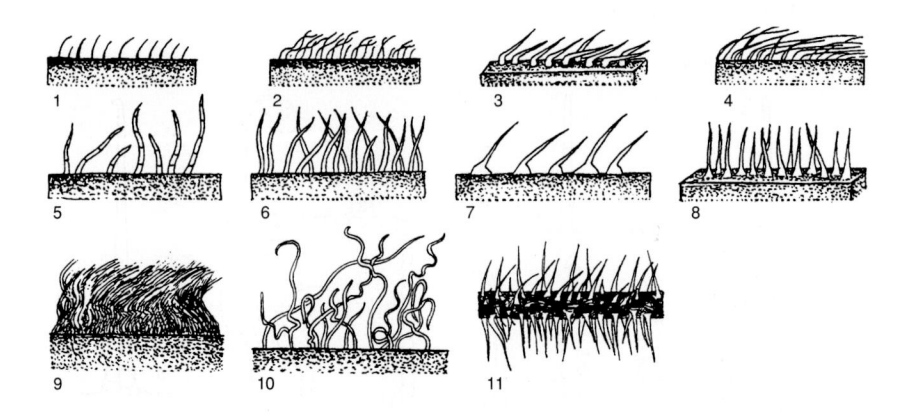

付録Ⅱ　突起や毛、腺に関する用語

8. 粗長毛のある hirsute
9. 羊毛状の woolly
10. 長軟毛のある villose; villous
11. 剛毛のある hispid

（3）つき方を表す用語
1. 圧毛（伏毛）addpressed hair, -s; appressed hair, -s
2. 開出毛 patent hair, -s
3. 逆毛（下向毛）retrose hair, -s
4. 束毛 fasciculate hair, -s

［注］毛のつき方に関する用語は、各種の器官や付属物のつき方と共通である

（4）表面の性質や模様を表す用語
1. 乳頭状突起のある papillate
2. 微細突起のある muricate
3. しわの多い rugose
4. しわのある bullate
5. はちの巣状の alveolate
6. 凹点のある foveolate
7. いぼ状突起のある tuberculate
8. 網状の reticulate

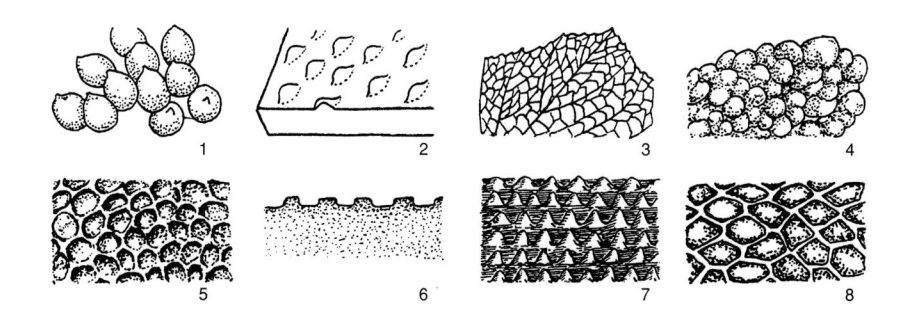

2　腺に関する用語

植物体の表面から分泌物を出す構造物を**腺** gland, -s という。その形態や分泌物の種類はさまざまである。

腺点 punctate gland, -s　精油成分を分泌する精油細胞が集合し、表面組織に生じた点状の構造。ミカン科やオトギリソウ科などの葉面や花部にふつうにみられる。

蜜腺 nectary, -ies　被子植物のみにみられる蜜を分泌する構造。多くは子房の基部や子房と雄しべの間にあって、粒状（例　アブラナ科、リンドウ科）、直方形（例　ヤナギ属）をなすか、花盤と呼ばれる環状または盤状をなす。花部以外の、たとえば托葉（例　イタドリ属、ソラマメ属）や葉身基部や葉柄上（例　サクラ属）にある場合は、**花外蜜腺** extrafloral nectary, -ries という。

付録III　日本産種子植物分類表

[　]：別名／（　）：英名／＊：日本に自生種はないがよく知られた科

被子植物門 Angiospermae [Magnoliophyta]（the Angiosperms）
　双子葉植物綱 Dyctyledonae [Magnoliopsida]（the Dicotyledons）
　　モクレン亜綱 Magnoliidae
　　　モクレン目 Magnoliales
　　　　1. モクレン科 Magnoliaceae（the Magnolia Family）
　　　　2. バンレイシ科 Annonaceae（the Custard-Apple Family）
　　　クスノキ目 Laurales
　　　　1. クスノキ科 Lauraceae（the Laurel Family）
　　　　2. ハスノハギリ科 Hernandiaceae（the Hernandia Family）
　　　コショウ目 Piperales
　　　　1. センリョウ科 Chloranthaceae（the Chloranthus Family）
　　　　2. ドクダミ科 Saururaceae（the Lizard's-tail Family）
　　　　3. コショウ科 Piperaceae（the Pepper Family）
　　　ウマノスズクサ目 Aristolochiales
　　　　1. ウマノスズクサ科 Aristolochiaceae（the Birthwort Family）
　　　シキミ目 Illiciales
　　　　1. シキミ科 Illiciaceae（the Star-anise Family）
　　　　2. マツブサ科 Schisandraceae（the Schisandra Family）
　　　スイレン目 Nymphaeales
　　　　1. ハス科 Nelumbonanceae（the Lotus-lily Family）
　　　　2. スイレン科 Nymphaeaceae（the Water-lily Family）
　　　　3. マツモ科 Ceratophyllaceae（the Hornwort Family）
　　　キンポウゲ目 Ranunculales
　　　　1. キンポウゲ科 Ranunculaceae（the Buttercup Family）
　　　　2. メギ科 Berberidaceae（the Barberry Family）
　　　　3. アケビ科 Lardizabalaceae（the Lardizabala Family）
　　　　4. ツヅラフジ科 Menispermaceae（the Moonseed Family）
　　　　5. ドクウツギ科 Coriariaceae（the Coriaria Family）
　　　　6. アワブキ科 Sabiaceae（the Sabia Family）
　　　ケシ目 Papaverales
　　　　1. ケシ科 Papaveraceae（the Poppy Family）
　　　　2. ケマンソウ科 Fumariaceae（the Fumitory Family）
　　マンサク亜綱 Hamamelidae
　　　ヤマグルマ目 Trochodendrales
　　　　1. ヤマグルマ科 Trochodendraceae（the Yama-Kuruma Family）
　　　マンサク目 Hamamelidales
　　　　1. カツラ科 Cercidiphyllaceae（the Katsura Family）
　　　　2. フサザクラ科 Eupteleaceae（the Euptelea Family）
　　　　3. スズカケノキ科 *Platanaceae（the Plane-tree Family）
　　　　4. マンサク科 Hamamelidaceae（the Witch-hazel Family）

付録Ⅲ　日本産種子植物分類表

ユズリハ目 Daphniphyllales
  1. ユズリハ科 Daphniphyllaceae（the Daphniphyllum Family）
トチュウ目 Eucommiales
  1. トチュウ科 Eucommiaceae（the Eucommia Family）
イラクサ目 Urticales
  1. ニレ科 Ulmaceae（the Elm Family）
  2. アサ科 Cannabaceae（the Hemp Family）
  3. クワ科 Moraceae（the Mulberry Family）
  4. イラクサ科 Urticaceae（the Nettle Family）
クルミ目 Juglandales
  1. クルミ科 Juglandaceae（the Walnut Family）
ヤマモモ目 Myricales
  1. ヤマモモ科 Myricaceae（the Bayberry Family）
ブナ目 Fagales
  1. ブナ科 Fagaceae（the Beech Family）
  2. カバノキ科 Betulaceae（the Birch Family）
モクマオウ目 Casuarinales
  1. モクマオウ科*Casuarinaceae（the She-oak Family）

ナデシコ亜綱 Caryophyllidae
 ナデシコ目 Caryophyllales
  1. ヤマゴボウ科 Phytolaccaceae（the Pokeweed Family）
  2. オシロイバナ科*Nyctaginaceae（the Four O'clock Family）
  3. ハマミズナ科（ツルナ科）Aizoaceae（the Fig-marigold Family）
  4. サボテン科*Cactaceae（the Cactus Family）
  5. アカザ科 Chenopodiaceae（the Goosefoot Family）
  6. ヒユ科 Amaranthaceae（the Amaranth Family）
  7. スベリヒユ科 Portulacaceae（the Purslane Family）
  8. ツルムラサキ科*Basellaceae（the Basella Family）
  9. ザクロソウ科 Molluginaceae（the Carpet-weed Family）
  10. ナデシコ科 Caryophyllaceae（the Pink Family）
 タデ目 Polygonales
  1. タデ科 Polygonaceae（the Buckwheat Family）
 イソマツ目 Plumbaginales
  1. イソマツ科 Plumbaginaceae（the Leadwort Family）

ビワモドキ亜綱 Dilleniidae
 ビワモドキ目 Dilleniales
  1. ボタン科 Paeoniaceae（the Peony Family）
  2. シラネアオイ科 Glaucidiaceae（the Glaucidium Family）
 ツバキ目 Theales
  1. ツバキ科 Theaceae（the Tea Family）
  2. マタタビ科 Actinidiaceae（the Chinese Gooseberry Family）
  3. ミゾハコベ科 Elatinaceae（the Waterwort Family）

　　　　 4. オトギリソウ科 Guttiferae [Clusiaceae]（the Mangosteen Family）
アオイ目 Malvales
　　　　 1. ホルトノキ科 Elaeocarpaceae（the Elaeocarpus Family）
　　　　 2. シナノキ科 Tiliaceae（the Linden Family）
　　　　 3. アオギリ科 Sterculiaceae（the Cacao Family）
　　　　 4. アオイ科 Malvaceae（the Mallow Family）
ウツボカズラ目 Nepenthales
　　　　 1. サラセニア科 *Sarraceniaceae（the Pitcher-plant Family）
　　　　 2. ウツボカズラ科 *Nepenthaceae（the East Indian Pitcher-plant Family）
　　　　 3. モウセンゴケ科 Droseraceae（the Sundew Family）
スミレ目 Violales
　　　　 1. イイギリ科 Flacourtiaceae（the Flacourtia Family）
　　　　 2. キブシ科 Stachyuraceae（the Stachyurus Family）
　　　　 3. スミレ科 Violaceae（the Violet Family）
　　　　 4. ギョリュウ科 *Tamaricaceae（the Tamarix Family）
　　　　 5. トケイソウ科 *Passifloraceae（the Passion-flower Family）
　　　　 6. ウリ科 Cucurbitaceae（the Cucumber Family, the Cucurbit Family）
　　　　 7. シュウカイドウ科 Begoniaceae（the Begonia Family）
ヤナギ目 Salicales
　　　　 1. ヤナギ科 Salicaceae（the Willow Family）
フウチョウソウ目 Capparidales
　　　　 1. フウチョウソウ科 Capparidaceae（the Caper Family）
　　　　 2. アブラナ科 Cruciferae [Brassicaceae]
　　　　　　　　　　　（the Mustard Family, the Crucifer Family）
ツツジ目 Ericales
　　　　 1. リョウブ科 Clethraceae（the Clethra Family）
　　　　 2. ガンコウラン科 Empetraceae（the Crowberry Family）
　　　　 3. ツツジ科 Ericaceae（the Heath Family）
　　　　 4. イチヤクソウ科 Pyrolaceae（the Shinleaf Family）
　　　　 5. ギンリョウソウ科（シャクジョウソウ科）Monotropaceae
　　　　　　　　　　　（the Indian Pipe Family）
イワウメ目 Diapensiales
　　　　 1. イワウメ科 Diapensiaceae（the Diapensia Family）
カキノキ目 Ebenales
　　　　 1. アカテツ科 Sapotaceae（the Sapodilla Family）
　　　　 2. カキノキ科 Ebenaceae（the Ebony Family）
　　　　 3. エゴノキ科 Styracaceae（the Styrax Family）
　　　　 4. ハイノキ科 Symplocaceae（the Sweetleaf Family）
サクラソウ目 Primulales
　　　　 1. ヤブコウジ科 Myrsinaceae（the Myrsine Family）
　　　　 2. サクラソウ科 Primulaceae（the Primrose Family）

バラ亜綱 Rosidae
バラ目 Rosales
1. トベラ科 Pittosporaceae（the Pittosporum Family）
2. ベンケイソウ科（タコノアシを含む）Crassulaceae（the Stonecrop Family）
3. ユキノシタ科 Saxifragaceae（the Saxifraga Family）
4. スグリ科 Grossulariaceae（the Currant Family）
5. アジサイ科 Hydrangeaceae（the Hydrangea Family）
6. バラ科 Rosaceae（the Rose Family）

マメ目 Fabales
1. マメ科 Papilionaceae [Fabaceae]（the Pea Family, the Bean Family）
2. ジャケツイバラ科 Caesalpiniaceae（the Caesalpinia Family）
3. ネムノキ科 Mimosaceae（the Mimosa Family）

ヤマモガシ目 Proteales
1. グミ科 Elaeagnaceae（the Oleaster Family）
2. ヤマモガシ科 Proteaceae（the Protea Family）

カワゴケソウ目 Podostemales
1. カワゴケソウ科 Podostemaceae [Podostemonaceae]（the Podostemum Family）

アリノトウグサ目 Haloragidales
1. アリノトウグサ科 Haloragidaceae [Haloragaceae]（the Water Milfoil Family）

フトモモ目 Myrtales
1. ハマザクロ科 Sonneratiaceae（the Sonneratia Family）
2. ミソハギ科 Lythraceae（the Loosestrife Family）
3. ジンチョウゲ科 Thymelaeaceae（the Mezereum Family）
4. ヒシ科 Trapaceae（the Water Chestnut Family）
5. フトモモ科 Myrtaceae（the Murtle Family）
6. ザクロ科 *Punicaceae（the Pomegranate Family）
7. アカバナ科 Onagraceae（the Evening Primrose Family）
8. ノボタン科 Melastomataceae（the Melastome Family）
9. シクンシ科 Combretaceae（the Indian Almond Family）

ヒルギ目 Rhizophorales
1. ヒルギ科 Rhizophoraceae（the Red Mangrove Family）

ミズキ目 Cornales
1. ウリノキ科 Alangiaceae（the Alangium Family）
2. ミズキ科 Cornaceae（the Dogwood Family）

ビャクダン目 Santalales
1. ボロボロノキ科 Olacaceae（the Olax Family）
2. ビャクダン科 Santalaceae（the Sandalwood Family）
3. マツグミ科 Loranthaceae（the Showy Mistletoe Family）
4. ヤドリギ科 Viscaceae（the Christmas Mistletoe Family）

付録III　日本産種子植物分類表

　　　　5. ツチトリモチ科 Balanophoraceae（the Balanophora Family）
　　ラフレシア目 Rafflesiales
　　　　1. ヤッコソウ科 Mitrastemmataceae（the Mitrastemon Family）
　　ニシキギ目 Celastrales
　　　　1. ニシキギ科 Celastraceae（the Bittersweet Family）
　　　　2. モチノキ科 Aquifoliaceae（the Holly Family）
　　　　3. クロタキカズラ科 Icacinaceae（the Icacina Family）
　　トウダイグサ目 Euphorbiales
　　　　1. ツゲ科 Buxaceae（the Boxwood Family）
　　　　2. トウダイグサ科 Euphorbiaceae（the Spurage Family）
　　クロウメモドキ目 Rhamnales
　　　　1. クロウメモドキ科 Rhamnaceae（the Buckthorn Family）
　　　　2. ブドウ科 Vitaceae（the Grape Family）
　　アマ目 Linales
　　　　1. アマ科 Linaceae（the Flax Family）
　　ヒメハギ目 Polygalales
　　　　1. キントラノオ科 Malpighiaceae（the Barbados-cherry Family）
　　　　2. ヒメハギ科 Polygalaceae（the Milkwort Family）
　　ムクロジ目 Sapindales
　　　　1. ミツバウツギ科 Staphyleaceae（the Bladdernut Family）
　　　　2. ムクロジ科 Sapindaceae（the Soapberry Family）
　　　　3. トチノキ科 Hippocastanaceae（the Horse-Chestnut Family）
　　　　4. カエデ科 Aceraceae（the Maple Family）
　　　　5. ウルシ科 Anacardiaceae（the Sumac Family）
　　　　6. ニガキ科 Simaroubaceae（the Quassia Family）
　　　　7. センダン科 Meliaceae（the Mahogany Family）
　　　　8. ミカン科 Rutaceae（the Rue Family）
　　　　9. ハマビシ科 Zygophyllaceae（the Creosote-bush Family）
　　フウロソウ目 Geraniales
　　　　1. カタバミ科 Oxalidaceae（the Wood-Sorrel Family）
　　　　2. フウロソウ科 Geraniaceae（the Geranium Family）
　　　　3. ノウゼンハレン科 *Trapaeolaceae（the Nasturtium Family）
　　　　4. ツリフネソウ科 Balsaminaceae（the Touch-me-not Family）
　　セリ目 Apiales
　　　　1. ウコギ科 Araliaceae（the Ginseng Family）
　　　　2. セリ科 Umbelliferae [Apiaceae]（the Carrot Family）
キク亜綱 Asteridae
　　リンドウ目 Gentianales
　　　　1. マチン科 Loganiaceae（the Logania Family）
　　　　2. リンドウ科 Gentianaceae（the Gentian Family）
　　　　3. キョウチクトウ科 Apocynaceae（the Dogbane Family）
　　　　4. ガガイモ科 Asclepiadaceae（the Milkweed Family）

287

付録Ⅲ　日本産種子植物分類表

ナス目 Solanales
    1. ナス科 Solanaceae（the Potato Family）
    2. ヒルガオ科 Convolvulaceae（the Morning-glory Family）
    3. ネナシカズラ科 Cuscutaceae（the Dodder Family）
    4. ミツガシワ科 Menyanthaceae（the Buckbean Family）
    5. ハナシノブ科 Polemoniaceae（the Phlox Family）
シソ目 Lamiales
    1. ムラサキ科 Boraginaceae（the Borage Family）
    2. クマツヅラ科（ハエドクソウ科を含む）Verbenaceae
       （the Verbena Family）
    3. シソ科 Labiatae [Lamiaceae]（the Mint Family）
アワゴケ目 Callitrichales
    1. スギナモ科 Hippuridaceae（the Mare's-tail Family）
    2. アワゴケ科 Callitrichaceae（the Water-starwort Family）
オオバコ目 Plantaginales
    1. オオバコ科 Plantaginaceae（the Plantain Family）
ゴマノハグサ目 Scrophulariales
    1. フジウツギ科 Buddlejaceae（the Butterfly-bush Family）
    2. モクセイ科 Oleaceae（the Olive Family）
    3. ゴマノハグサ科 Scrophulariaceae（the Figwort Family）
    4. グロブラリア科（ウルップソウ科）Globulariaceae
       （the Globularia Family）
    5. ハマジンチョウ科 Myoporaceae（the Myoporum Family）
    6. ハマウツボ科 Orobanchaceae（the Broom-rape Family）
    7. イワタバコ科 Gesneriaceae（the Gesneria Family）
    8. キツネノマゴ科 Acanthaceae（the Acanthus Family）
    9. ゴマ科 Pedaliaceae（the Sesame Family）
    10. ノウゼンカズラ科 Bignoniaceae（the Trumpet-creeper Family）
    11. タヌキモ科 Lentibulariaceae（the Bladderwort Family）
キキョウ目 Campanulales
    1. ナガボノウルシ科 Sphenocleaceae（the Sphenoclea Family）
    2. キキョウ科 Campanulaceae（the Bellflower Family）
    3. クサトベラ科 Goodeniaceae（the Goodenia Family）
アカネ目 Rubiales
    1. アカネ科 Rubiaceae（the Madder Family）
    2. ヤマトグサ科 Theligonaceae（the Theligonum Family）
マツムシソウ目 Dipsacales
    1. スイカズラ科 Caprifoliaceae（the Honeysuckle Family）
    2. レンプクソウ科 Adoxaceae（the Moschatel Family）
    3. オミナエシ科 Valerianaceae（the Valerian Family）
    4. マツムシソウ科 Dipsacaceae（the Teasel Family）
キク目 Asterales

　　　　　　　1. キク科 Compositae [Asteraceae]（the Aster Family）
単子葉植物綱 Monocotyledonae [Liliopsida]（the Monocotyledons）
　オモダカ亜綱 Alismatidae
　　　オモダカ目 Alismatales
　　　　　　　1. オモダカ科 Alismataceae（the Water-plantain Family）
　　　トチカガミ目 Hydrocharitales
　　　　　　　1. トチカガミ科 Hydrocharitaceae（the Tape-grass Family）
　　　イバラモ目 Najadales
　　　　　　　1. レースソウ科 *Aponogetonaceae（the Cape-pondweed Family）
　　　　　　　2. ホルムイソウ科 Scheuchzeriaceae（the Scheuchzeria Family）
　　　　　　　3. シバナ科 Juncaginaceae（the Arrow-grass Family）
　　　　　　　4. ヒルムシロ科 Potamogetonaceae（the Pondweed Family）
　　　　　　　5. カワツルモ科 Ruppiaceae（the Ditch-grass Family）
　　　　　　　6. イバラモ科 Najadaceae（the Water-nymph Family）
　　　　　　　7. イトクズモ科 Zannichelliaceae（the Horned pondweed Family）
　　　　　　　8. シオニラ科 Cymodoceaceae（the Manatee-grass Family）
　　　　　　　9. アマモ科 Zosteraceae（the Eel-grass Family）
　　　ホンゴウソウ目 Triuridales
　　　　　　　1. サクライソウ科 Petrosaviaceae（the Petrosavia Family）
　　　　　　　2. ホンゴウソウ科 Triuridaceae（the Triuris Family）
　ヤシ亜綱 Arecidae
　　　ヤシ目 Arecales
　　　　　　　1. ヤシ科 Palmae[Arecaceae]（the Palm Family）
　　　タコノキ目 Pandanales
　　　　　　　1. タコノキ科 Pandanaceae（the Screw-Pine Family）
　　　サトイモ目 Arales
　　　　　　　1. サトイモ科 Araceae（the Arum Family）
　　　　　　　2. ウキクサ科 Lemnaceae（the Duckweed Family）
　ツユクサ亜綱 Commelinidae
　　　ツユクサ目 Commelinales
　　　　　　　1. ツユクサ科 Commelinaceae（the Spiderwort Family）
　　　ホシクサ目 Eriocaulales
　　　　　　　1. ホシクサ科 Eriocaulaceae（the Pipewort Family）
　　　サンアソウ目 Restionales
　　　　　　　1. トウツルモドキ科 Flagellariaceae（the Flagellaria Family）
　　　イグサ目 Juncales
　　　　　　　1. イグサ科 Juncaceae（the Rush Family）
　　　カヤツリグサ目 Cyperales
　　　　　　　1. カヤツリグサ科 Cyperaceae（the Sedge Family）
　　　　　　　2. イネ科 Gramineae [Poaceae]（the Grass Family）
　　　ガマ目 Typhales
　　　　　　　1. ミクリ科 Sparganiaceae（the Bur-reed Family）

付録III　日本産種子植物分類表

       2. ガマ科 Typhaceae（the Cat-tail Family）
     パイナップル目 Bromeliales
       1. パイナップル科 Bromeliaceae（the Bromeliad Family）
     ショウガ目 Zingiberales
       1. バショウ科 Musaceae（the Banana Family）
       2. ショウガ科 Zingiberaceae（the Ginger Family）
       3. カンナ科*Cannaceae（the Canna Family）
   ユリ亜綱 Liliidae
     ユリ目 Liliales
       1. タヌキアヤメ科 Philydraceae（the Philydrum Family）
       2. ミズアオイ科 Pontederiaceae（the Water-Hyacinth Family）
       3. ユリ科（ヒガンバナ科を含む）Liliaceae（the Lily Family）
       4. アヤメ科 Iridaceae（the Iris Family）
       5. アロエ科*Aloeaceae（the Aloe Family）
       6. リュウゼツラン科*Agavaceae（the Century-plant Family）
       7. ビャクブ科 Stemonaceae（the Stemona Family）
       8. サルトリイバラ科 Smilacaceae（the Catbrier Family）
       9. ヤマノイモ科 Dioscoreaceae（the Yam Family）
     ラン目 Orchidales
       1. ヒナノシャクジョウ科 Burmanniaceae（the Burmannia Family）
       2. ラン科 Orchidaceae（the Orchid Family）

裸子植物門 Gymnospermae（the Gymnosperms）
  ソテツ綱 Cycadopsida（Cycadophyta）
     ソテツ目 Cycadales
       1. ソテツ科 Cycadaceae（the Cycas Family）
     イチョウ目 Ginkgoales
       1. イチョウ科 Ginkgoaceae（the Ginkgo Family）
     球果植物目 Coniferae
       1. マツ科 Pinaceae（the Pine Family）
       2. スギ科 Taxodiaceae（the Taxodium Family）
       3. コウヤマキ科 Sciadopityaceae（the Sciadopitys Family）
       4. ヒノキ科 Cupressaceae（the Cypress Family）
       5. マキ科 Podocarpaceae（the Podocarpus Family）
       6. イヌガヤ科 Cephalotaxaceae（the Plum-yew Family）
  イチイ綱 Taxopsida [Taxinae]
     イチイ目 Taxales
       1. イチイ科 Taxaceae（the Yew Family）

参考文献一覧

Bell, A.D. 1991. Plant Form — An illustrated guide to flowering plant morphology. Oxford Univ. Press, Oxford
Cronquist, A. 1981. An Integrated System of Classification of Flowering Plants. Columbia Univ. Press, New York
Cronquist, A. 1988. The Evolution and Classification of Flowering Plants. 2nd Ed. New York Bot. Gard., New York
Esau, K. 1960. Anatomy of Seed Plants. John Wiley & Sons, Inc., New York
Esau, K. 1965. Plant Anatomy. 2nd ed. John Wiley & Sons, Inc., New York
Gifford. E. & Foster. A. 1988. Morphology and Evolution of Vascular Plants. W. H. Freeman and Co., New York
Gray, A. 1907. Structural Botany — Gray's Botanical Text-book Vol. I. American Book Co., New York
原　襄　1994. 植物形態学　朝倉書店、東京
本田正次（監修）・山崎　敬（編）1984. 現代生物学大系 7a2 高等植物 A2　中山書店、東京
猪野俊平　1964. 植物組織学　訂正第1版　内田老鶴圃新社、東京
岩槻邦男（編）1992. 日本の野生植物　シダ　平凡社、東京
Jackson, B.D. 1928. A Glossary of Botanical Terms with their Derivation and accent 4thed. Gerald Duckworth & Co. Ltd., London
熊沢正夫　1980. 植物器官学　第2版　裳華房、東京
Mabberley, D.J. 1990. The Plant-book — A portable dictionary of the higher plants. Cambridge Univ. Press, Cambridge
文部省・日本植物学会　1990. 学術用語集　植物学編（増訂版）丸善、東京
中村信一・戸部　博（訳）1999. ウエルナー・ラウ　植物形態の事典　朝倉書店、東京
根の事典編集委員会（編）1998. 根の事典　朝倉書店、東京
小倉　謙　1947. 植物形態学　第4版　養賢堂、東京
小倉　謙　1952. 植物解剖及形態学　第3版　養賢堂、東京
佐竹義輔　1964. 植物の分類——基礎と方法——　第一法規、東京
佐竹義輔・大井次三郎・北村四郎・亘理俊次・冨成忠夫（編）1981. 日本の野生植物　III　草本（合弁花類）　平凡社、東京
佐竹義輔・大井次三郎・北村四郎・亘理俊次・冨成忠夫（編）1982. 日本の野生植物　I　草本（単子葉類）、II　草本（離弁花類）　平凡社、東京
佐竹義輔・原　寛・亘理俊次・冨成忠夫（編）1989. 日本の野生植物　木本 I, II　平凡社、東京
四手井綱英・斉藤新一郎　1978. 落葉広葉樹図譜 ——冬の樹木学——　共立出版、東京
清水建美　1986. 検索入門　高原と高山の植物①②　保育社、大阪
清水建美　1987. 検索入門　高原と高山の植物③④　保育社、大阪
清水建美（監修）1997. 長野県植物誌　信濃毎日新聞社、長野
清水建美・梅林正芳（図）1995. 日本草本植物根系図説　平凡社、東京
鈴木三男・田川裕美（訳）1997. ポーラ・ルダル　植物解剖学入門　——植物体の構造とその形成——　八坂書房、東京
濱　健夫　1968. 植物形態学　第7版　コロナ社、東京
豊国秀夫　1987. 植物学ラテン語辞典　至文堂、東京
八杉龍一・小関治男・古谷雅樹・日高敏隆（編）1996. 岩波生物学辞典　第4版　岩波書店、東京

和文索引

【ア 行】

亜高木ぁこうぼく 22
亜低木ぁていぼく 22
アーバスキュラー菌根——きんこん 244
アリ植物——しょくぶつ 16
アリロイド 116
アルカリ植物——しょくぶつ 13
アルベド 102
異花被花いかひか 28
維管束いかんそく 181
維管束系いかんそくけい 157, 163, 181
維管束間形成層いかんそくかんけいせいそう 196
維管束形成層いかんそくけいせいそう 195, 196
維管束鞘いかんそくしょう 161
維管束植物いかんそくしょくぶつ 4
維管束鞘延長部いかんそくしょうえんちょうぶ 161
維管束内形成層いかんそくないけいせいそう 196
異形雄しべいけいおしべ 52
異形花型不和合性いけいかがたふわごうせい 264
異形花柱花いけいかちゅうか 264
異形細胞いけいさいぼう 162
異形雄ずいいけいゆうずい 52
異形子葉性いけいしようせい 213
異形ずい花いけいずいか 264
異形ずい性いけいずいせい 264
異型世代交代いけいせだいこうたい 252
異型配偶子いけいはいぐうし 254
異形複合花序いけいふくごうかじょ 86
異形葉性いけいようせい 164
繭状花序いじょうかじょ 86
異相交代いそうせだい 252
異相世代交代いそうせだいこうたい 252
イチゴ状果——じょうか 96, 106
一次維管束いちじいかんそく 181
イチジク状果——じょうか 96, 106
イチジク状花序——じょうかじょ 86
一次根系いちじこんけい 233
一次師部いちじしぶ 185
一唇形いっしんけい 38
一次側脈いちじそくみゃく 134
一次組織いちじそしき 195
一次内乳いちじないにゅう 251
一次胚乳いちじはいにゅう 111, 251
一次脈いちじみゃく 136
一次木部いちじもくぶ 183
1種皮性の種子いっしゅひせいのしゅし 114

一年生幹いちねんせいかん 172
一年生植物いちねんせいしょくぶつ 8
一年生草本いちねんせいそうほん 20
一年草いちねんそう 20
一稔草いちねんそう 21
一回結実性多年草いっかいけつじつせいたねんそう 21
逸出帰化植物いっしゅつきかしょくぶつ 17
移入植物にゅうしょくぶつ 16
移入組織にゅうそしき 161
異類合着いるいがっちゃく 48
隠花植物いんかしょくぶつ 4
隠芽いんが 224
咽喉いんこう 38
陰樹いんじゅ 9
陰生植物いんせいしょくぶつ 8
隠頭花序いんとうかじょ 86
浮き袋うきぶくろ 146
羽状複葉うじょうふくよう 130
羽状脈系うじょうみゃくけい 136
渦鞭毛藻類うずべんもうそうるい 2
羽片うへん 130
ウリ状果——じょうか 102
雨緑樹うりょくじゅ 23
穎果えいか 100
穎花えいか 30
永久組織えいきゅうそしき 195
栄養生殖えいようせいしょく 267
永存組織えいぞんそしき 195
栄養シュート えいよう—— 168
栄養繁殖えいようはんしょく 267
液果えきか 102
腋果えきか 78
腋芽えきが 221
液果型多花果えきかがたたかか 108
液材えきざい 195
枝えだ 172
越冬芽えっとうが 226
越冬性多年草えっとうせいたねんそう 20
越冬一年生草本えっとういちねんせいそうほん 20
越年生草本えつねんせいそうほん 20
エライオソーム 116
エリコイド菌根——きんこん 244
塩基性植物えんきせいしょくぶつ 13
遠心性花序えんしんせいかじょ 80
円錐花序えんすいかじょ 88
塩生植物えんせいしょくぶつ 13

和文索引

縁辺胎座えんぺんたいざ　66
横臥茎おうがけい　198
扇状花序おうぎじょうかじょ　84
扇状集散花序おうぎじょうしゅうさんかじょ　84
黄色藻類おうしょくそうるい　2
横走根茎おうそうこんけい　206
横走枝おうそうし　200
横裂果おうれつか　98
横裂胞果おうれつほうか　98
大型地上植物おおがたちじょうしょくぶつ　7
オーテット　267
雄しべおしべ　26,42
雄しべ群おしべぐん　26
雄しべ先熟おしべせんじゅく　265
雄しべ先熟花おしべせんじゅくか　265

【カ　行】

界かい　1,3
外衣がいい　168
外頴がいえい　30
蓋果がいか　98
外花頴がいかえい　30
外果皮がいかひ　92,102
外花被（片）がいかひ（へん）　26
開花前受粉かいかぜんじゅふん　265
塊茎かいけい　208,238
外原型がいげんけい　249
外交配がいこうはい　263
外向葯がいこうやく　44
外師管状中心柱がいしかんじょうちゅうしんちゅう　189
外師複並立維管束がいしふくへいりついかんそく　182
外師包囲維管束がいしほういいかんそく　182
外珠皮がいしゅひ　71
外種皮がいしゅひ　110
外種皮型種子がいしゅひがたしゅし　112
介在成長かいざいせいちょう　170
外生分枝がいせいぶんし　210
介在分裂組織かいざいぶんれつそしき　170
外生菌根がいせいきんこん　244
回旋茎かいせんけい　198
回旋植物かいせんしょくぶつ　198
海草かいそう　10
下位痩果かいそうか　100
開度かいど　154
外乳がいにゅう　112
外胚乳がいはいにゅう　112
外皮がいひ　248
外被がいひ　248
海浜植物かいひんしょくぶつ　13
開放花かいほうか　265

外縫線がいほうせん　70
海綿状組織かいめんじょうそしき　161
外木包囲維管束がいもくほういいかんそく　182
階紋穿孔かいもんせんこう　184
蓋葉がいよう　224
外来植物がいらいしょくぶつ　16
外立内皮がいりつないひ　180
仮果かか　94
夏芽かが　226
花芽かが　168,224
花蓋かがい　26
果核かかく　104
花芽内形態かがないけいたい　32,229
花冠かかん　26,36
花冠上生かかんじょうせい　50
花冠筒かかんとう　38
花冠筒部かかんとうぶ　38
核かく　92,104
萼がく　26,32
核果かくか　104
核果型多花果かくかがたたかか　108
萼歯がくし　26
萼上生がくじょうせい　50
核相かくそう　252
核相の交代かくそうのこうたい　252
殻斗かくと　80
萼筒がくとう　26,34
隔壁かくへき　62
隔壁細胞かくへきさいほう　185
萼片がくへん　26
隔膜かくまく　96
萼裂片がくれっぺん　26
花茎かけい　28,176
花茎状かけいじょう　176
果梗かこう　94
花喉かこう　38
花梗かこう　28,76
飾り花かざりばな　260
花糸かし　44
花式かしき　74
花式図かしきず　74
仮軸かじく　210
花軸かじく　28
仮軸分枝かじくぶんし　210
果実かじつ　92
花糸筒かしとう　50
仮雄ずいかゆうずい　54
仮種皮かしゅひ　116
仮種皮果かしゅひか　108
果序かじょ　76

293

和文索引

花序 かじょ　76, 168
花床 かしょう　28, 78
花序軸 かじょじく　78
カスパリー線——せん　180
カスパリー点——てん　180
カスパリー肥厚——ひこう　180
夏生一年生草本 かせいいちねんせいそうほん　20
化生雄しべ かせいおしべ　54
仮生帰化植物 かせいきかしょくぶつ　17
化生雄ずい かせいゆうずい　54
芽層 がそう　230
花束 かそく　157
花托 かたく　28
かたつむり形花序——がたかじょ　84
かたつむり状集散花序——じょうしゅうさんかじょ　84
花柱 かちゅう　57, 60
花柱溝 かちゅうこう　58
花柱枝 かちゅうし　60
芽中姿勢 がちゅうしせい　229
花柱分枝 かちゅうぶんし　58, 60
芽中包覆 がちゅうほうふく　230
合体雄しべ がったいおしべ　50, 54
合体雄ずい がったいゆうずい　50, 54
闊葉樹 かつようじゅ　23
花筒 かとう　38
下等維管束植物 かとういかんそくしょくぶつ　4
仮道管 かどうかん　183
仮道管組織 かどうかんそしき　183, 184
下等植物 かとうしょくぶつ　4
果肉 かにく　92
芽内形態 がないけいたい　229
下胚軸 かはいじく　214
花盤 かばん　26
下皮 かひ　161
果皮 かひ　92
花被 かひ　26
花被間柱 かひかんちゅう　28
花被上生 かひじょうせい　50
花被片 かひへん　26
株 かぶ　171, 172
かぶと状花冠——じょうかかん　36
花粉 かふん　56, 251
花粉塊 かふんかい　56
花粉室 かふんしつ　73
花粉四分子 かふんしぶんし　56
花粉嚢 かふんのう　42
花粉媒介者 かふんばいかいしゃ　255
花粉粒 かふんりゅう　42, 56, 254
果柄 かへい　94
花柄 かへい　28, 76

下弁 かべん　38
花弁 かべん　26
可変性二年草 かへんせいにねんそう　20
鎌形花序 かまがたかじょ　84
鎌状集散花序 かまじょうしゅうさんかじょ　84
仮面状花冠 かめんじょうかかん　38
仮葉 かよう　142
花葉 かよう　26, 144
仮葉枝 かようし　202
花葉の畳まれ方 かようのたたまれかた　32
果鱗 かりん　108, 144
仮雄しべ かりおしべ　54
仮托葉 かりたくよう　122
仮頂芽 かりちょうが　220
夏緑樹 かりょくじゅ　23
芽鱗 がりん　144, 227
稈 かん　170
乾果 かんか　96
柑果 かんか　102
環孔材 かんこうざい　193
管状花冠 かんじょうかかん　40
管状中心柱 かんじょうちゅうしんちゅう　188
管状要素 かんじょうようそ　183
環状葉肉 かんじょうようにく　162
管状葉 かんじょうよう　120
幹生花 かんせいか　222
乾生形態 かんせいけいたい　10
乾生植物 かんせいしょくぶつ　10
乾生花畑 かんせいはなばたけ　11
完全異株 かんぜんいしゅ　262
乾塩生植物 かんえんせいしょくぶつ　13
完全同株 かんぜんどうしゅ　262
寒帯植物 かんたいしょくぶつ　11
灌木 かんぼく　22
冠毛 かんもう　34
偽果 ぎか　94
偽花 ぎか　78
偽隔壁 ぎかくへき　62
帰化植物 きかしょくぶつ　16
偽仮皮 ぎかしひ　116
帰化率 きかりつ　17
器官束 きかんそく　157
偽球 ぎきゅう　208
偽球茎 ぎきゅうけい　208
菊果 きくか　100
偽茎 ぎけい　124
気孔型 きこうがた　159
気孔条 きこうじょう　158
気孔線 きこうせん　158
偽叉状分枝 ぎさじょうぶんし　212

和文索引

岐散花序きさんかじょ　84
偽種衣ぎしゅい　116
奇数羽状複葉きすうじょうふくよう　130
寄生根きせいこん　245
寄生植物きせいしょくぶつ　14
偽托葉ぎたくよう　120
偽単一雌しべぎたんいつめしべ　60
偽紐状体ぎちゅうじょうたい　218
偽柱頭ぎちゅうとう　60
基底胎座きていたいざ　68
気嚢きのう　255
旗弁きべん　36
基本組織系きほんそしきけい　157,160,179
基本分裂組織きほんぶんれつそしき　195
球果きゅうか　108
球花きゅうか　260
球茎きゅうけい　206
吸根きゅうこん　245
求心性花序きゅうしんせいかじょ　80
吸水根きゅうすいこん　242
求頂の発生きゅうちょうてきはっせい　220
吸盤きゅうばん　202
休眠きゅうみん　226
休眠芽きゅうみんが　226
休眠型きゅうみんがた　7
距きょ　38
偽葉ぎよう　142
莢果きょうか　98
共生きょうせい　15
共生植物きょうせいしょくぶつ　15
喬木きょうぼく　21
曲生胚珠きょくせいはいしゅ　73
極地植物きょくちしょくぶつ　11
偽鱗茎ぎりんけい　208
偽輪生ぎりんせい　157
菌根きんこん　244
菌根菌きんこんきん　244
菌根植物きんこんしょくぶつ　16
菌鞘きんしょう　244
菌套きんとう　244
偶数羽状複葉ぐうすうじょうふくよう　130
茎くき　167
茎巻きひげくきまきひげ　202
草くさ　19
クチクラ　158
クチクラ層――そう　158
屈曲膝根くっきょくざこん　240
コウモリ媒――ばい　257
クリプト藻類――そうるい　2
車形花冠くるまがたかかん　40

クロミスタ界――かい　2
クローン成長――せいちょう　267
クワ状果――じょうか　96,106
茎上不定芽けいじょうふていが　222
茎刺けいし　202
茎針けいしん　202
形成層けいせいそう　182,195
茎生葉けいせいよう　140
茎頂けいちょう　168
傾伏茎けいふくけい　198
茎葉けいよう　140
茎葉植物けいようしょくぶつ　4
茎葉体けいようたい　4
ゲスト　15
結晶細胞けっしょうさいぼう　162
牽引根けんいんこん　240
堅果けんか　100
原核生物界げんかくせいぶつ　1
顕花植物けんかしょくぶつ　4,5
巻散花序けんさんかじょ　84
巻散総状花序けんさんそうじょうかじょ　88
原始中心柱げんしちゅうしんちゅう　187
懸垂胎座けんすいたいざ　68
原生師部げんせいしぶ　186
原生中心柱げんせいちゅうしんちゅう　187
原生木部げんせいもくぶ　183
孔開花こうかいか　98
孔開葯こうかいやく　48
合萼ごうがく　34
厚角細胞こうかくさいぼう　181
厚角組織こうかくそしき　181
光屈性こうくつせい　198
硬材こうざい　23
孔蒴こうさく　98
高山植物こうざんしょくぶつ　10
好酸性植物こうさんせいしょくぶつ　12
合糸雄しべごうしおしべ　48
向日性こうじつせい　198
合糸雄ずいごうじゅうずい　48
高出葉こうしゅつよう　140
後生師部こうせいしぶ　186
合生心皮ごうせいしんぴ　70
合生心皮雌しべ群ごうせいしんぴめしべぐん　57
合生托葉ごうせいたくよう　120
後生木部こうせいもくぶ　183
好塩基性植物こうえんきせいしょくぶつ　13
交代型仮軸分枝こうたいがたかじくぶんし　212
合点ごうてん　71,72
合点受精ごうてんじゅせい　72,258
高等植物こうとうしょくぶつ　4

295

和文索引

高杯形花冠こうはいがたかかん 38
高盆形花冠こうぼんがたかかん 38
厚壁異形細胞こうへきいけいさいぼう 162,163
合弁花ごうべんか 30
合片萼ごうへんがく 34
孔辺細胞こうへんさいぼう 158
高木こうぼく 21
コウモリ媒花——ばいか 257
広葉樹こうようじゅ 23
瓠果こか 102
5界説ごかいせつ 1
小型地上植物こがたちじょうしょくぶつ 7
呼吸根こきゅうこん 240
5強雄しべごきょうおしべ 54
5強雄ずいごきょうゆうずい 54
穀果こくか 100
国内帰化植物こくないきかしょくぶつ 17
互散花序ごさんかじょ 84
五出掌状複葉ごしゅつしょうじょうふくよう 128
互生ごせい 152,154
互生葉序ごせいようじょ 154
菁葵こつよう 98
コルク形成層——けいせいそう 191,196
コルク組織——そしき 191
コルク皮層——ひそう 191
混芽こんが 168,224
根冠こんかん 234
根系こんけい 233
根茎こんけい 204
根茎植物こんけいしょくぶつ 206
根刺こんし 242
根出葉こんしゅつよう 140,222
根上不定芽こんじょうふていが 222
根針こんしん 242
混性こんせい 262
根生芽こんせいが 222
根生葉こんせいよう 140
根束こんそく 157
今年枝こんねんし 172
根被こんぴ 248
根毛こんもう 234
根毛形成細胞こんもうけいせいさいぼう 234
根粒こんりゅう 245
根瘤こんりゅう 245
根粒菌こんりゅうきん 245
根瘤菌こんりゅうきん 245

【サ行】

材ざい 183
細根さいこん 238
最終区画さいしゅうくかく 134
再複葉さいふくよう 126
細脈さいみゃく 134
在来植物ざいらいしょくぶつ 16
蒴果さくか 96
蒴果型多花果さくかがたたかか 108
柵状組織さくじょうそしき 161
叉状分枝さじょうぶんし 210
さそり形花序——がたかじょ 84
さそり状集散花序——じょうしゅうさんかじょ 84
雑孔材ざっこうざい 193
雑性ざっせい 262
雑性個体ざっせいこたい 261
鞘さや 124
左右整正花さゆうせいせいか 32
左右相称花さゆうそうしょうか 32
三異形花柱性さんいけいかちゅうせい 264
三異形ずい性さんいけいずいせい 264
散形花序さんけいかじょ 82
散形総状花序さんけいそうじょうかじょ 86
散孔材さんこうざい 193
珊瑚状地下茎さんごじょうちかけい 208
散在中心柱さんざいちゅうしんちゅう 190
三次脈さんじみゃく 136
三出掌状複葉さんしゅつしょうじょうふくよう 126
三出複生さんしゅつふくせい 126
三出羽状複葉さんしゅつうじょうふくよう 126,128,132
三出複葉さんしゅつふくよう 126
三性異株さんせいいしゅ 263
酸性植物さんせいしょくぶつ 12
三性同株さんせいどうしゅ 262
3体雄しべさんたいおしべ 50
3体雄ずいさんたいゆうずい 50
散布器官型さんぷきかんがた 8
散房花序さんぼうかじょ 82
師域しいき 186
ジェネート 267
雌花しか 260
翅果しか 102
自家受粉じかじゅふん 265
雌花両性花同株しかりょうせいかどうしゅ 262
師管しかん 185,186
師管細胞しかんさいぼう 186
師管要素しかんようそ 186
軸方向柔組織じくほうこうじゅうそしき 185
枝隙しげき 182,237
師孔しこう 186
枝痕しこん 220
師細胞しさいぼう 186
師細胞組織しさいぼうそしき 185,186

和文索引

支持根しじこん 242
子実体しじつたい 245
枝針しゝしん 202
雌ずいしずい 26,57
雌ずい群しずいぐん 26
雌ずい着生しずいちゃくせい 50
雌性しせい 259
雌性異株しせいいしゅ 263
雌性球花しせいきゅうか 260
雌性個体しせいこたい 261
雌性小花しせいしょうか 260
自生植物じせいしょくぶつ 16
雌性先熟しせいせんじゅく 265
雌性同株しせいどうしゅ 262
雌性両全性異株しせいりょうぜんせいいしゅ 263
雌性両全性同株しせいりょうぜんせいどうしゅ 262
枝跡しせき 182
史前帰化植物しぜんきかしょくぶつ 17
自然帰化植物しぜんきかしょくぶつ 17
シダ植物——しょくぶつ 4
しだれ 202
支柱気根しちゅうきこん 242
支柱根しちゅうこん 242
湿塩生植物しつえんせいしょくぶつ 13
室間裂開蒴果しつかんれっかいさくか 98
湿生植物しっせいしょくぶつ 8,10
湿生花畑しっせいはなばたけ 11
室背裂開蒴果しつはいれっかいさくか 98
師板しばん 186
師部しぶ 185,186
師部柔組織しぶじゅうそしき 185,186,187
師部繊維しぶせんい 186
師部繊維組織しぶせんいそしき 185,186
子房しぼう 58,62
子房下位しぼうかい 64
子房室しぼうしつ 62
子房周位しぼうしゅうい 64
子房上位しぼうじょうい 64
子房中位しぼうちゅうい 64
子房柄しぼうへい 28
子房壁しぼうへき 62
斜上茎しゃじょうけい 198
蛇紋岩植物じゃもんがんしょくぶつ 12
種衣しゅい 116
雌雄異花同株しゅういかどうしゅ 262
雌雄異株しゅういしゅ 259,262
雌雄異熟しゅういじゅく 264
集合果しゅうごうか 96
集合核果しゅうごうかくか 106
集合漿果しゅうごうしょうか 106

集合痩果しゅうごうそうか 104
集合袋果しゅうごうたいか 104
秋材しゅうざい 194
集散花序しゅうさんかじょ 80
十字形花冠じゅうじがたかかん 36
十字対生じゅうじたいせい 154
収縮根しゅうしゅくこん 240
集晶しゅうしょう 162
雌雄しゆう 258
重生芽じゅうせいが 221
縦生副芽じゅうせいふくが 221
雌雄同株しゆうどうしゅ 259,262
雌雄同熟しゆうどうじゅく 265
周乳しゅうにゅう 112
周皮しゅうひ 191,246
舟弁しゅうべん 38
周辺花しゅうへんか 40
周辺分裂組織しゅうへんぶんれつそしき 168
集葯雄しべしゅうやくおしべ 48
集葯雄ずいしゅうやくゆうずい 48
雌雄両全株しゆうりょうぜんしゅ 262
重力屈性じゅうりょくくっせい 198
主芽しゅが 221
珠芽しゅが 226
自家不和合性じかふわごうせい 264
種皁しゅそう 114
宿存萼しゅくぞんがく 34
宿存根毛しゅくぞんこんもう 236
珠孔しゅこう 72
珠孔受精しゅこうじゅせい 72,258
主根しゅこん 216,237
種子しゅし 110
種子柄しゅしへい 110
主軸しゅじく 167,210
種子根しゅしこん 237
樹枝状体じゅしじょうたい 244
種子植物しゅししょくぶつ 5
樹脂道じゅしどう 162
珠心しゅしん 72
受精（授精）じゅせい 254
受精卵じゅせいらん 251
種枕しゅちん 114
宿根草しゅっこんそう 20
シュート 167
シュート頂——ちょう 167
上胚軸じょうはいじく 112
種髪しゅはつ 116
珠皮しゅひ 71
種皮しゅひ 110
樹皮じゅひ 191

297

和文索引

受粉じゅふん 254
授粉じゅふん 254,255
受粉液じゅふんえき 72
受粉滴じゅふんてき 72,255
珠柄しゅへい 71
主脈しゅみゃく 134
樹木じゅもく 19
種翼しゅよく 116
種鱗しゅりん 108,144
種鱗複合体しゅりんふくごうたい 108
準帰化植物じゅんきかしょくぶつ 17
春材しゅんざい 194
子葉しよう 112,213
小花しょうか 78,260
漿果しょうか 102
小核果しょうかくか 104
小花柄しょうかへい 28
鐘形花冠しょうけいかかん 40
小堅果しょうけんか 100
小高木しょうこうぼく 7,22
小枝しょうし 172,174
小軸しょうじく 78
漿質球果しょうしつきゅうか 108
子葉鞘しょうしょう 218
掌状羽状複葉しょうじょううじょうふくよう 132
掌状複葉しょうじょうふくよう 128
掌状脈系しょうじょうみゃくけい 136
小穂しょうすい 30,78,82
小石果しょうせきか 104
子葉節しょうせつ 214
小舌しょうぜつ 124
条線脈系じょうせんみゃくけい 138
師要素しようそ 186
小総苞しょうそうほう 150
小総苞片しょうそうほうへん 150
小托葉しょうたくよう 122,126
小低木しょうていぼく 22
上弁じょうべん 38
小苞しょうほう 76,150
小胞子しょうほうし 42,56
小胞子嚢しょうほうしのう 42
小葉しょうよう 119,126
鞘葉しょうよう 124
照葉樹しょうようじゅ 158
小葉柄しょうようへい 126
小葉類しょうようるい 119
常緑広葉樹じょうりょくこうようじゅ 24
常緑樹じょうりょくじゅ 23
常緑針葉樹じょうりょくしんようじゅ 24
常緑性じょうりょくせい 23

常緑性多年草じょうりょくせいたねんそう 20
小鱗茎しょうりんけい 208
食虫植物しょくちゅうしょくぶつ 15
初生根しょせいこん 237
自立内皮じりつないひ 180
真果しんか 94
唇形花冠しんけいかかん 38
心材しんざい 194
針状葉しんじょうよう 120
真正液果しんせいえきか 102
真正中心柱しんせいちゅうしんちゅう 189
真正二年草しんせいにねんそう 20
心皮しんぴ 26,56,68
靭皮じんぴ 185,191
心皮間柱しんぴかんちゅう 28
靭皮繊維じんぴせんい 190
心皮面胎座しんぴめんたいざ 66
唇弁しんべん 38,40
針葉樹しんようじゅ 24
髄ずい 181
髄孔ずいこう 170
髄腔ずいこう 181
水湿生植物すいしつせいしょくぶつ 8
穂状花序すいじょうかじょ 80
穂状総状花序すいじょうそうじょうかじょ 88
穂状頭状花序すいじょうとうじょうかじょ 88
髄状分裂組織ずいじょうぶんれつそしき 168
水生維管束植物すいせいいかんそくしょくぶつ 9
水生大型植物すいせいおおがたしょくぶつ 9
水生植物すいせいしょくぶつ 8,9
水中葉すいちゅうよう 9
垂層分裂すいそうぶんれつ 248
ずい柱――ちゅう 52
水中根すいちゅうこん 238
水中受粉すいちゅうじゅふん 256
水中植物すいちゅうしょくぶつ 8
水中葉すいちゅうよう 9
水媒すいばい 256
水媒花すいばいか 256
水面受粉すいめんじゅふん 256
ストロビル 96,106
ストロフィオール 114
ストロン 200
スプリング・エフェメラル 226
スミレ形花冠――がたかかん 38
生育形せいいくけい 8
生活型せいかつがた 6
生活環せいかつかん 253
生活形せいかつけい 7
生活史せいかつし 253
精細胞せいさいぼう 251,259

和文索引

精子せいし　259
成熟組織せいじゅくそしき　195
生殖シュートせいしょく—　168
成長点せいちょうてん　168
性転換せいてんかん　261
石果せきか　104
石細胞せきさいぼう　163
世代交代せだいこうたい　251
節せつ　169
石化せっか　204
節果せっか　100
石灰岩植物せっかいがんしょくぶつ　12
節間せっかん　169
節間成長せっかんせいちょう　170
節莢果せっきょうか　100
接合子せつごうし　251
接合子還元せつごうしかんげん　253
節根せっこん　237
舌状花冠ぜつじょうかかん　40
雪田群落せつでんぐんらく　11
繊維仮道管せんいかどうかん　185
全寄生植物ぜんきせいしょくぶつ　14
前形成層ぜんけいせいそう　181,195
穿孔せんこう　184
穿孔板せんこうばん　184
前出葉ぜんしゅつよう　142
前年枝ぜんねんし　172
先発枝せんばつし　174
前表皮ぜんひょうひ　195
潜伏芽せんぷくが　227
前葉ぜんよう　142
前葉体ぜんようたい　251
痩果そうか　98
痩果型多花果そうかがたたかか　108
双懸果そうけんか　100
総梗そうこう　76
早春季植物そうしゅんきしょくぶつ　226
走出枝そうしゅつよう　200
総状花序そうじょうかじょ　80
双子葉植物そうしようしょくぶつ　6,313
装飾花そうしょくか　260
総穂花序そうすいかじょ　80
叢生そうせい　157
送粉そうふん　254,255
送粉者そうふんしゃ　255
総苞そうほう　76,148
総房花序そうぼうかじょ　80
総苞片そうほうへん　76,148
草本そうほん　19
草本植物そうほんしょくぶつ　19

草本性つる植物そうほんせいつるしょくぶつ　200
造卵器植物ぞうらんき　6
相利共生そうりきょうせい　15
側花そっか　78
側芽そくが　167,221
側枝そくし　167,172,173,210
側軸そくじく　210
束晶そくしょう　162
側小葉そくしょうよう　126
束生そくせい　156
側生枝そくせいし　172
側生托葉そくせいたくよう　120
側部分裂組織そくぶぶんれつそしき　195
側壁そくへき　62
側弁そくべん　38
側方分枝そくほうぶんし　210
側膜胎座そくまくたいざ　66
側脈そくみゃく　134

【タ　行】

帯化たいか　204
袋果たいか　98
袋果型多花果たいかがたたかか　108
退行中心柱たいこうちゅうしんちゅう　188
大高木だいこうぼく　7
胎座たいざ　66
胎座型たいざがた　66
大枝たいし　172
対生たいせい　152
対生葉序たいせいようじょ　154
大胞子だいほうし　57
大胞子のうだいほうしのう　56
大胞子葉だいほうしよう　56
大葉類だいようるい　119
多花果たかか　96,106
他家受精たかじゅせい　263
他家受粉たかじゅふん　263
高坏形花冠たかつきがたかかん　38
托葉たくよう　120
托葉鞘たくようしょう　120
托葉針たくようしん　120,146
多散花序たさんかじょ　84
多集粒たしゅうりゅう　56
多出集散花序たしゅつしゅうさんかじょ　84
多出掌状複葉たしゅつしょうじょうふくよう　128
多心皮たしんぴ　68
多心皮類たしんぴるい　70
多性たせい　262
多層表皮たそうひょうひ　158
多体雄しべたたいおしべ　50

299

和文索引

多体雄ずい<small>たたいゆうずい</small> 50
多肉果<small>たにくか</small> 102
多肉茎<small>たにくけい</small> 204
多肉茎植物<small>たにくけいしょくぶつ</small> 204
多肉根<small>たにくこん</small> 238
多年生草本<small>たねんせいそうほん</small> 20
多年草<small>たねんそう</small> 20
単一花序<small>たんいつかじょ</small> 86
単一根茎<small>たんいつこんけい</small> 206
単一雌ずい<small>たんいつしずい</small> 57
単一子房<small>たんいつしぼう</small> 58,62
単一雌しべ<small>たんいつめしべ</small> 57
単果<small>たんか</small> 96
単花果<small>たんかか</small> 96
短角果<small>たんかくか</small> 98
単花被花<small>たんかひか</small> 30
単細胞生物（界）<small>たんさいぼうせいぶつ（かい）</small> 1
単散花序<small>たんさんかじょ</small> 84
団散花序<small>だんさんかじょ</small> 84
短枝<small>たんし</small> 173
単軸<small>たんじく</small> 210
単軸分枝<small>たんじくぶんし</small> 210
単子房<small>たんしぼう</small> 62
団集花序<small>だんしゅうかじょ</small> 84
短縮茎<small>たんしゅくけい</small> 204
単出集散花序<small>たんしゅつしゅうさんかじょ</small> 84
単純原生中心柱<small>たんじゅんげんせいちゅうしんちゅう</small> 187
単漿果<small>たんしょうか</small> 102
単子葉植物<small>たんしようしょくぶつ</small> 6,216
単子葉的双子葉植物<small>たんしようてきそうしようしょくぶつ</small> 6
単親生殖<small>たんしんせいしょく</small> 263
単心皮<small>たんしんぴ</small> 68
単身複葉<small>たんしんふくよう</small> 134
単性<small>たんせい</small> 259,262
単性花<small>たんせいか</small> 260
単性雌雄異株<small>たんせいゆういしゅ</small> 262
単性雌雄同株<small>たんせいしゆうどうしゅ</small> 262
単穿孔<small>たんせんこう</small> 184
単相<small>たんそう</small> 252
単相型の生活環<small>たんそうがたのせいかつかん</small> 253
単体雄しべ<small>たんたいおしべ</small> 50
単体雄ずい<small>たんたいゆうずい</small> 50
単頂花序<small>たんちょうかじょ</small> 82
単乳管<small>たんにゅうかん</small> 162
単壁孔<small>たんへきこう</small> 183
単面葉<small>たんめんよう</small> 122
単面葉柄<small>たんめんようへい</small> 124
単葉<small>たんよう</small> 126
地下器官型<small>ちかきかんがた</small> 8
地下茎<small>ちかけい</small> 204,267

地下子葉<small>ちかしよう</small> 214
地上茎<small>ちじょうけい</small> 198
地上植物<small>ちじょうしょくぶつ</small> 7
地上性子葉<small>ちじょうせいしよう</small> 213
地中根<small>ちちゅうこん</small> 238
地中植物<small>ちちゅうしょくぶつ</small> 7
地表植物<small>ちひょうしょくぶつ</small> 7
地表性子葉<small>ちひょうせいしよう</small> 214
中央脈<small>ちゅうおうみゃく</small> 134
中型地上植物<small>ちゅうがたじょうしょくぶつ</small> 7
中果皮<small>ちゅうかひ</small> 92,102
柱基<small>ちゅうき</small> 62
柱脚<small>ちゅうきゃく</small> 62
中原型<small>ちゅうげんけい</small> 249
中高木<small>ちゅうこうぼく</small> 7
中軸胎座<small>ちゅうじくたいざ</small> 66
紐状体<small>ちゅうじょうたい</small> 216
中心花<small>ちゅうしんか</small> 40
中心束<small>ちゅうしんそく</small> 181
中心柱<small>ちゅうしんちゅう</small> 187,248
抽水植物<small>ちゅうすいしょくぶつ</small> 10
抽水性<small>ちゅうすいせい</small> 146
抽水葉<small>ちゅうすいよう</small> 146
中性花<small>ちゅうせいか</small> 260
中性植物<small>ちゅうせいしょくぶつ</small> 13
中生植物<small>ちゅうせいしょくぶつ</small> 10
柱頭<small>ちゅうとう</small> 57,58
柱頭盤<small>ちゅうとうばん</small> 60
虫媒<small>ちゅうばい</small> 256
虫媒花<small>ちゅうばいか</small> 256
中胚軸<small>ちゅうはいじく</small> 218
中脈<small>ちゅうみゃく</small> 134
中肋<small>ちゅうろく</small> 134
超塩基性岩植物<small>ちょうえんきせいがんせいしょくぶつ</small> 12
頂花<small>ちょうか</small> 78
頂芽<small>ちょうが</small> 220
長角果<small>ちょうかくか</small> 96
蝶形花冠<small>ちょうけいかかん</small> 36
超高木<small>ちょうこうぼく</small> 22
長枝<small>ちょうし</small> 173
頂枝<small>ちょうし</small> 172
頂小葉<small>ちょうしょうよう</small> 126
頂生枝<small>ちょうせいし</small> 172
頂生側芽<small>ちょうせいそくが</small> 221
頂端細胞<small>ちょうたんさいぼう</small> 168
頂端分裂組織<small>ちょうたんぶんれつそしき</small> 168,195
鳥媒花<small>ちょうばいか</small> 257
重複葉<small>ちょうふくよう</small> 144
重複葉身<small>ちょうふくようしん</small> 144
直生胚珠<small>ちょくせいはいしゅ</small> 73

300

和文索引

直立茎ちょくりつけい 198
直立根ちょくりつこん 240
直立根茎ちょくりつこんけい 206
直立膝根ちょくりつつざこん 240
直立副芽ちょくりつふくが 221
貯水組織ちょすいそしき 197
貯蔵根ちょぞうこん 238
貯蔵組織ちょぞうそしき 196
貯蔵葉ちょぞうよう 148
直根ちょっこん 237
沈水植物ちょうすいしょくぶつ 9
沈水葉ちょうすいよう 9,146
通過細胞つうかさいぼう 181
通気組織つうきそしき 196
つぎ足し型仮軸分枝つぎたしがたかじくぶんし 212
壺状花序つぼじょうかじょ 84
壺形花冠つぼがたかかん 38
つぼみ受粉——じゅふん 265
つる 200
つる草——くさ 200
つる植物——しょくぶつ 200
定芽ていが 222
挺空植物ていくうしょくぶつ 7
抵抗芽ていこうが 226
定根ていこん 237
低出葉ていしゅつよう 140
挺水植物ていすいしょくぶつ 10
挺水葉ていすいよう 146
低木ていぼく 7,22
適潤植物てきじゅんしょくぶつ 10
纏繞植物てんじょうしょくぶつ 198
伝達組織でんたつそしき 58
豆果とうか 98
頭花とうか 82
冬芽とうが 226
同化根どうかこん 242
同花受精どうかじゅせい 265
同花受粉どうかじゅふん 265
同花被花どうかひか 28
道管どうかん 183
道管細胞どうかんさいぼう 183
道管要素どうかんようそ 183
同型花型不和合性どうけいかけいふわごうせい 264
同型世代交代どうけいせだいこうたい 252
同型配偶子どうけいはいぐうし 254
同型複合花序どうけいふくごうかじょ 86
同時枝どうじし 174
筒状花冠とうじょうかかん 40
頭状花序とうじょうかじょ 82
頭状散房花序とうじょうさんぼうかじょ 88

頭状集散花序とうじょうしゅうさんかじょ 88
頭状穂状花序とうじょうすいじょうかじょ 88
頭状総状花序とうじょうそうじょうかじょ 88
倒生胚珠とうせいはいしゅ 73
同相交代どうそうせだい 252
同相世代交代どうそうせだいこうたい 252
道束どうそく 181
頭大羽状複葉とうだいじょうふくよう 130
導入植物どうにゅうしょくぶつ 16
当年枝とうねんし 172
套皮とうひ 110
套被とうひ 248
動物（界）どうぶつ（かい） 1
動物媒とうぶつばい 256
動物媒花どうぶつばいか 256
倒並立維管束とうへいりついかんそく 182
藤本とうほん 200
倒立維管束とうりついかんそく 182
同類合着どうるいがっちゃく 48
特立中央胎座とくりつちゅうおうたいざ 68
独立中央胎座どくりつちゅうおうたいざ 68
登攀茎とはんけい 200
ドメイン 3
鳥足状複葉とりあしじょうふくよう 132,134
鳥足状脈系とりあしじょうみゃくけい 136

【ナ 行】

内穎ないえい 30
内外生菌根ないがいせいきんこん 244
内花穎ないかえい 30
内果皮ないかひ 92
内花被（片）ないかひ（へん） 26
内原型ないげんけい 249
内向葯ないこうやく 46
内珠皮ないしゅひ 71
内種皮ないしゅひ 110
内種皮型種子ないしゅひがたしゅし 112
内鞘ないしょう 233,248
内生起源ないせいきげん 233
内生菌根ないせいきんこん 244
内生分枝ないせいぶんし 210,233
内体ないたい 168
内乳ないにゅう 111
内胚乳ないはいにゅう 111
内皮ないひ 161,180
内縫線ないほうせん 70
ナシ状果——じょうか 106
夏型一年草なつがたいちねんそう 8,20
ナデシコ形花冠——がたかかん 36
南極植物なんきょくしょくぶつ 11

301

和文索引

軟材なんざい　24
2強雄しべにきょうおしべ　52
2強雄ずいにきょうゆうずい　52
肉芽にくが　226
肉質球果にくしつきゅうか　108
肉穂花序にくすいかじょ　82
2集粒にしゅうりゅう　56
2種皮性の種子にしゅひせいのしゅし　112
二年草にねんそう　20
乳液にゅうえき　162
乳管にゅうかん　162
乳細胞にゅうさいぼう　162
二年生草本にねんせいそうほん　20
根ね　216,233
念珠茎ねんじゅけい　208
年輪ねんりん　194
年輪界ねりんかい　194
囊状体のうじょうたい　244
のど　38

【ハ　行】

葉は　119
胚はい　112
配偶子はいぐうし　251,254
配偶体無融合生殖はいぐうたいむゆうごうせいしょく　266
胚軸はいじく　112,214
胚珠はいしゅ　70
杯状花序はいじょうかじょ　84
背線はいせん　71
背地性はいちせい　198
胚乳はいにゅう　111
胚乳体はいにゅうたい　111
胚嚢はいのう　251
胚盤はいばん　218
背腹性はいふくせい　158
背縫線はいほうせん　70
ハイドロイド　181
ハス状果——じょうか　106
破生分泌組織はせいぶんぴつそしき　196
花はな　168
葉巻きひげはまきひげ　146
バラ形花冠——がたかかん　36
バラ状果——じょうか　106
ハルティッヒネット　244
半隠芽はんいんが　224
攀縁茎はんえんけい　198,200
攀縁植物はんえんしょくぶつ　198
半寄生植物はんきせいしょくぶつ　14
板根ばんこん　240
伴細胞ばんさいぼう　186

半散孔材はんさんこうざい　193
板状中心柱ばんじょうちゅうしんちゅう　188
半地中植物はんちちゅうしょくぶつ　7
半低木はんていぼく　22
半倒生胚珠はんとうせいはいしゅ　73
半葯はんやく　42
半落葉樹はんらくようじゅ　23
日陰植物ひかげしょくぶつ　8
ひげ根——ね　237
ひげ根型根系——ねがたこんけい　237
被子植物ひししょくぶつ　4,5,6
尾状花序びじょうかじょ　82
微小型地上植物びしょうがたちじょうしょくぶつ　7
皮層ひそう　181,248
非相称花ひそうしょうか　32
皮目ひもく　192
皮目コルク形成層ひもく——けいせいそう　192
苗条びょうじょう　167
表皮ひょうひ　158,246
表皮系ひょうひけい　157,179
表皮細胞ひょうひさいぼう　158
表面構造ひょうめんこうぞう　116
風媒ふうばい　255
風媒花ふうばいか　255
不完全異株ふかんぜんいしゅ　262
不完全同株ふかんぜんどうしゅ　262
副果ふくか　94
副芽ふくが　221
副花冠ふくかかん　40
副冠ふくかん　40
副萼ふくがく　36
複合果ふくごうか　96,106
複合花序ふくごうかじょ　86
複合根茎ふくごうこんけい　206
複合雌ずいふくごうしずい　57
複合子房ふくごうしぼう　58,62
複合雌しべふくごうめしべ　57
副細胞ふくさいぼう　158
複散形花序ふくさんけいかじょ　86
複散房花序ふくさんぼうかじょ　86
複子房ふくしぼう　62
複集散花序ふくしゅうさんかじょ　86
複縈果ふくしょうか　102
輻状花冠ふくじょうかかん　40
複穂状花序ふくすいじょうかじょ　86
複総状花序ふくそうじょうかじょ　86
複相胞子生殖ふくそうしせいしょく　266
複倒立維管束ふくとうりついかんそく　182
複並立維管束ふくへいりついかんそく　182
腹縫線ふくほうせん　70

和文索引

複葉ふくよう　124
浮根ふこん　242
浮水植物ふすいしょくぶつ　10
浮水性ふすいせい　146
浮水葉ふすいよう　146
不整奇数羽状複葉ふせいきすううじょうふくよう　130
腐生植物ふせいしょくぶつ　14
腐生生物ふせいせいぶつ　15
不整中心柱ふせいちゅうしんちゅう　190
二又分枝ふたまたぶんし　210,212
二又脈系ふたまたみゃくけい　138
付着根ふちゃくこん　242
普通根ふつうこん　236
普通葉ふつうよう　120
仏炎苞ぶつえんほう　76,150
不定芽ふていが　164,168,222
不定芽形成ふていがけいせい　267
不定根ふていこん　237
不定根系ふていこんけい　234
不定枝ふていし　168
不定胚形成ふていはいけいせい　267
不等葉性ふとうようせい　164
太根ふとね　238
太根型根系ふとねがたこんけい　238
不稔花ふねんか　260
浮表植物ふひょうしょくぶつ　10
浮遊植物ふゆうしょくぶつ　10
冬型一年草ふゆがたいちねんそう　8,20
浮葉ふよう　146
浮葉植物ふようしょくぶつ　9
フラベド　102
不裂開果ふれっかいか　98
分げつぶんげつ　157
分枝ぶんし　172,208
分節果ぶんせつか　100
分柱ぶんちゅう　189
分泌組織ぶんぴつそしき　196
分泌道ぶんぴつどう　162,196
分離果ぶんりか　100
分離型地中植物ぶんりがたちちゅうしょくぶつ　21,267
分類群の階級ぶんるいぐんのかいきゅう　3
分裂真正中心柱ぶんれつしんせいちゅうしんちゅう　190
分裂組織ぶんれつそしき　195
分裂葉ぶんれつよう　126
閉果へいか　98
平行芽へいこうが　221
平行脈系へいこうみゃくけい　138
閉鎖花へいさか　265
並生副芽へいせいふくが　221
平層分裂へいそうぶんれつ　248

並層分裂へいそうぶんれつ　248
平伏茎へいふくけい　198
並立維管束へいりついかんそく　182
壁孔へきこう　183
へそ　114
弁開葯べんかいやく　48
扁茎へんけい　202
辺材へんざい　194
片出軸へんしゅつじく　210
片利共生へんりきょうせい　15
穂ほ　78
苞ほう　76,144,148
包囲維管束ほういいかんそく　182
苞穎ほうえい　32
胞果ほうか　100
胞間裂開蒴果ほうかんれっかいさくか　98
胞子還元ほうしかんげん　254
胞軸裂開蒴果ほうじくれっかいさくか　98
胞子植物ほうししょくぶつ　5
胞子嚢穂ほうしのうすい　260
放射維管束ほうしゃいかんそく　182,248
放射孔材ほうしゃこうざい　193
放射柔組織ほうしゃじゅうそしき　185
放射整正花ほうしゃせいせいか　32
放射相称花ほうしゃそうしょうか　32
放射組織ほうしゃそしき　185
放射中心柱ほうしゃちゅうしんちゅう　188,248
苞鞘ほうしょう　150
苞鞘片ほうしょうへん　150
紡錘根ほうすいこん　240
胞背裂開蒴果ほうはいれっかいさくか　98
苞葉ほうよう　144,148
苞鱗ほうりん　108,144
保護根ほごこん　242
匍枝ほくし　200
ホスト　15
捕虫嚢ほちゅうのう　15,148
捕虫葉ほちゅうよう　15,148
匍匐茎ほふくけい　198
匍匐根茎ほふくこんけい　206
匍匐枝ほふくし　200
匍匐性低木ほふくせいていぼく　22
母葉ほよう　224

【マ　行】
巻きつき茎まきつきけい　198
巻きつき植物まきつきしょくぶつ　198
巻きひげまきひげ　146
巻きひげ羽状複葉まきひげうじょうふくよう　130
ミカン状果——じょうか　102

303

和文索引

幹みき　172
実生みしょう　213
密錐花序みっすいかじょ　88
ミドリムシ藻類——そうるい　2
脈系みゃくけい　119,134,136
脈端みゃくたん　134
無花茎むかけい　176
むかご　167,226
無花枝むかし　178
無花被花むかひか　30
無限花序むげんかじょ　80
無孔材むこうざい　193
無性芽むせいが　226
無性生殖むせいせいしょく　251
無性世代むせいせだい　251
無節乳管むせつにゅうかん　162
無配生殖むはいせいしょく　266
無胚乳種子むはいにゅうしゅし　112
無柄雄しべむへいおしべ　44
無柄雄ずいむへいゆうずい　44
無柄葉むへいよう　122
無胞子生殖むほうしせいしょく　266
無融合種子形成むゆうごうしゅしけいせい　266
無融合生殖むゆうごうせいしょく　266
無鱗芽むりんが　228
芽め　220
雌しべめしべ　26,56,57
雌しべ群めしべぐん　26
雌しべ先熟めしべせんじゅく　265
芽生えめばえ　213
面生胎座めんせいたいざ　66
網状中心柱もうじょうちゅうしんちゅう　189
網状脈系もうじょうみゃくけい　136
木部もくぶ　182
木部柔組織もくぶじゅうそしき　185
木部繊維組織もくぶせんいそしき　184
木本もくほん　19
木本植物もくほんしょくぶつ　19
木本性つる植物もくほんせい——しょくぶつ　200
モネラ界——かい　1,2

【ヤ行】

葯やく　44,43
葯隔やくかく　44
葯室やくしつ　42
葯の裂開やくのれっかい　48
有縁壁孔ゆうえんへきこう　184
雄花ゆうか　260
有花茎ゆうかけい　176
有花枝ゆうかし　178
有花被花ゆうかひか　28
雄花両性花同株ゆうかりょうせいかどうしゅ　262
有距花冠ゆうきょかかん　38
有限花序ゆうげんかじょ　80
有孔蒴ゆうこうさく　98
融合生殖ゆうごうせいしょく　266
有鞘葉ゆうしょうよう　124
雄ずいゆうずい　26,42
雄ずい群ゆうずいぐん　26
雄性異株ゆうせいいしゅ　262
雄性球花ゆうせいきゅうか　260
雄性個体ゆうせいこたい　261
雄性雌性両全性異株ゆうせいしせいりょうぜんせいいしゅ　263
雄性雌性両全性同株ゆうせいしせいりょうぜんせいどうしゅ　262
雄性小花ゆうせいしょうか　260
有性生殖ゆうせいせいしょく　251
有性世代ゆうせいせだい　251
雄性先熟ゆうせいせんじゅく　265
雄性同株ゆうせいどうしゅ　262
雄性両全性異株ゆうせいりょうぜんせいいしゅ　262
雄性両全性同株ゆうせいりょうぜんせいどうしゅ　262
有節乳管ゆうせつにゅうかん　162
有胚植物ゆうはいしょくぶつ　2,6
有胚乳種子ゆうはいにゅうしゅし　112
有柄葉ゆうへいよう　122
有鱗芽ゆうりんが　227
ユリ形花冠——がたかかん　40
葉印よういん　163
幼芽ようが　167,214
葉芽ようが　224
幼芽鞘ようがしょう　218
葉間托葉ようかんたくよう　120
葉隙ようげき　119,163
幼根ようこん　112,237
葉痕ようこん　163
葉軸ようじく　126
陽樹ようじゅ　8
葉序ようじょ　152
葉鞘ようしょう　124
葉状枝ようじょうし　202
葉状植物ようじょうしょくぶつ　4
葉上生ようじょうせい　164
葉状体ようじょうたい　4
葉上不定芽ようじょうふていが　222
幼植物ようしょくぶつ　213
幼植物体ようしょくぶつたい　213
葉身ようしん　122
葉針ようしん　146
陽生植物ようせいしょくぶつ　8
葉跡ようこん　163

和文索引

葉舌ようぜつ　124
葉束ようそく　157
陽地植物ようちしょくぶつ　8
葉枕ようちん　122
葉肉ようにく　122,160
葉柄ようへい　122
葉柄間托葉ようへいかんたくよう　120
葉柄内芽ようへいないが　224
葉状茎ようじょうけい　202
葉脈ようみゃく　134
幼葉重畳法ようようじゅうじょうほう　230
幼葉態ようようたい　32,218
翼果よくか　102
翼弁よくべん　36
よじのぼり茎―けい　200
予備帰化植物よびきかしょくぶつ　17
4 強雄しべよんきょうおしべ　52
4 強雄ずいよんきょうゆうずい　52
4 集粒よんしゅうりゅう　56

【ラ 行・ワ 行】

裸花らか　30
裸芽らが　228
落葉広葉樹らくようこうようじゅ　24
落葉樹らくようじゅ　23
落葉針葉樹らくようしんようじゅ　24
落葉性らくようせい　22
落葉性多年草らくようせいたねんそう　20
裸子植物らししょくぶつ　4,5
裸出芽らしゅつが　228
螺生らせい　154
螺旋葉序らせんようじょ　154
ラミート　267
卵らん　259
ラン形花冠―がたかかん　40
卵細胞らんさいぼう　251,259
ランナー　200
離萼りがく　34
陸上植物りくじょうしょくぶつ　6
離性りせい　262
離生心皮りせいしんぴ　70
離層りそう　163

離弁花りべんか　30
離片萼りへんがく　34
竜骨弁りゅうこつべん　38
両師管状中心柱りょうしかんじょうちゅうしんちゅう　188
両親生殖りょうしんせいしょく　263
両性りょうせい　259,262
両花被花りょうかひか　28
両性花りょうせいか　259
両性花株りょうせいかしゅ　262
両性個体りょうせいこたい　261
両性小花りょうせいしょうか　260
両全性個体りょうぜんせいこたい　261
両全性雌雄同株りょうぜんせいしゆうどうしゅ　262
両体雄しべりょうたいおしべ　50
両体雄ずいりょうたいゆうずい　50
両面葉りょうめんよう　124
両面葉柄りょうめんようへい　122
両立維管束りょうりついかんそく　182
緑色半寄生植物りょくしょくはんきせいしょくぶつ　14
鱗芽りんが　140,226,227
隣花受精りんかじゅせい　265
隣花受粉りんかじゅふん　265
鱗茎りんけい　208
鱗茎葉りんけいよう　148,208
輪散花序りんさんかじょ　86
輪状集散花序りんじょうしゅうさんかじょ　86
鱗状葉りんじょうよう　144
輪生りんせい　152,156
輪生葉序りんせいようじょ　156
鱗被りんぴ　30
鱗片葉りんぺんよう　120,144
裂開果れっかいか　96
レプトイド　181
連合乳管れんごうにゅうかん　162
連軸れんじく　210
漏斗形花冠ろうとがたかかん　38
ロゼット　140
ロゼット葉―よう　140
矮形地上植物わいけいちじょうしょくぶつ　7
矮性低木わいせいていぼく　22
椀状花序わんじょうかじょ　84
湾生胚珠わんせいはいしゅ　73

305

欧文索引

abruptly pinnate leaf　130
abscission layer　163
absorptive root　242
accessory bud　221
accessory calyx　36
accessory fruit　94
achene　98
achlamydeous flower　30
acicular tree　24
acidic plant　12
acropetal development　220
actinomorphic flower　32
actinostele　188,248
actinotropism　198
additional sympodial branching　212
adelphous stamen　48
adhesive root　242
adichogamous flower　265
adichogamy　265
adnate stipule　120
adnation　48
adventitious branch　168
adventitious bud　168,222
adventitious bud formation　267
adventitious embryony　267
adventitious root　237
adventitious root system　234
adventive plant　16
aerenchyma　196
aerial root　238
aerial stem　198
aestivation　32,229,230
agamospermy　266
aggregate fruit　96
air bladder　146
air sac　255
akene　98
ala　36
albedo　102
albumen　111
albuminous seed　112
alien plant　16
alkaline plant　13

alpine plant　10
alternate　154
alternate phyllotaxis　154
alternate phyllotaxy　154
alternation of generations　251
alternation of nuclear phases　252
alternative sympodial branching　212
ament　82
amentum　82
amphicribral concentric bundle　182
amphimixis　266
amphiphloic siphonostele　188
amphitropous ovule　73
amphivasal concentric bundle　182
anatropous ovule　73
androcyte　251
androdioecism　262
androecium　26
androgynodioecious　263
androgynomonoecism　262
andromonoecism　262
anemogamous flower　255
anemonophilous flower　255
anemophily　255
aneuspory　266
angiosperm　5
animal pollinating flower　256
animal pollination　256
Animalia　1
anisocotyly　213
anisogamete　254
anisophylly　164
annual　20
annual herb　20
annual plant　8,20
annual ring　194
annual ring boundary　194
annual ring chronology　194
annual trunk　172
ant plant　16
antarctic plant　11
anther　42
anther cell　42

306

欧文索引

anthocarpous fruit　94
Anthophyta　5
anticlinal division　248
apical cell　168
apical meristem　168,195
apocarpous carpel　70
apogamy　266
apomictic species　266
apomixis　266
apospory　267
aquatic macrophyte　9
aquatic plant　9
aquatic root　238
aquatic vascular plant　9
aquiferous tissue　197
arbor　21
arbuscular mycorrhiza　244
arbuscule　244
Archaea Domain　3
Archaea Kingdom　1
archaeophyte　17
Archegoniatae　6
arctic plant　11
aril　116
arillocarpium　108
arillode　116
arilloid　116
arillus　116
articulated laticifer　162
ascending stem　198
asexual generation　251
asexual reproduction　251
assimilation root　242
association　15
assurgent stem　198
asymmetric flower　32
atactostele　190
atropous　73
autogamy　265
autumn wood　194
axial parenchyma　185
axial placentation　66
axile placentation　66
axillary bud　221
axillary flower　78

bacca　102
Bacteria Domain　3
bark　191
basal placentation　68
bast fiber　190
bast　185,191
bat pollinating flower　257
bat pollination　257
berry　102
bicollateral vascular bundle　182
biennial herb　20
biennual　20
bifacial leaf　124
biimpari-pinnate leaf　130
bijugate　156
bilabiate corolla　38
bilateral petiole　122
biparental reproduction　263
bird pollination　257
bisexual　259
bisexual floret　260
bisexual flower　259
bitegmic seed　112
biternate-pinnate　132
blade　122
bordered pit　184
bostryx　84
botrys　80
bough　172
brachyblast　173
bract　76,144,148
bract leaf　148
bract scale　108,144
bract sheath　150
bracteal scale　108
bracteole　76,150
branch　172
branch gap　182
branch trace　182
branching　172,208
branchlet　172
brent root　242
broad-leaved tree　23
broadleaf tree　23
brood　226
bud　220

307

欧文索引

bud pollination 265
bud scale 144,277
bulb 208
bulb leaf 148
bulb scale 208
bulbil 208,226
bundle sheath 161
bundle-sheath extension 161
bush 22
buttress root 242

caespitose 157
calcarate corolla 38
calyculus 36
calyx 26,32
calyx lobe 26
calyx tooth 26
calyx tube 26,34
cambium 182
campanulate corolla 40
campylotropous ovule 73
capitulum 82
capitulum-corymb 88
capitulum-cyme 88
capitulum-raceme 88
capitulum-spike 88
capsule 96
carina 38
carpel 26,56,68
carpophore 28
caruncle 114
caryophyllaceous corolla 36
caryopsis 100
Casparian dot 180
Casparian strip 180
Casparian thickening 180
cataphyll 140
catkin 82
cauliflory 222
cauline bud 222
cauline leaf 140
central cylinder 187
central strand 181
central vein 134
centrifugal inflorescence 80
centripetal inflorescence 80

chalaza 72
chalaza fertilization 72
chalazogamy 72,258
chamaephyte 7
chasmogamous flower 265
chiropterophilous flower 257
chiropterophily 257
chlamydeous flower 28
Choripetalae 30
choripetalous flower 30
chorisepal 34
chorisepalous calyx 34
cincinnus 84
circumciscissile utricle 98
cirrhiferous pinnate leaf 130
cladium 202
cladophyll 202
cladophyllum 202
cleistogamous flower 265
climbing plant 200
climbing stem 200
clinandrium 52
clonal growth 267
cohesion 48
coleophyllum 218
coleoptile 218
collateral accessory bud 221
collateral vascular bundle 182
collective fruit 96,106
collenchyma 181
collenchyma cell 181
collenchymatous cell 181
column 52
coma 116
commensalism 15
companion cell 186
compound berry 102
compound corymb 86
compound cyme 86
compound inflorescence 86
compound leaf 124
compound ovary 58,62
compound pistil 57
compound raceme 86
compound rhizome 206
compound spike 86

compound umbel　86
concealed bud　224
concentric vascular bundle　182
cone　108
cone scale　108,144
conifer　24
Coniferophyta　220
conlucting strand　181
connation　48
connective　44
contractile root　240
coral-shaped stem　208
cork　192
cork cambium　191,196
corm　206
cormophyte　4
cormus　4
corolla tube　38
corolla　26,36
corona　40
corpus　168
cortex　181
corymb　82
cosexuality　262
cotyledon　112,213
cotyledonary node　214
creeping rhizome　206
creeping stem　198
cremocarp　100
cross fertilization　263
cross pollination　263
crown　40
cruciate corolla　36
cryptogam　4
cryptogamous plant　4
cryptophyte　7
crystal cell　162
culm　170
cupule　150
current year's branch　172
curved knee-root　240
cuticular layer　158
cuticule　158
cyathium　84
Cycadophyta　219
cyme　80

cymose inflorescence　80
cynarrhodium　106
cypsela　100

deciduous　22
deciduous broad-leaved tree　24
deciduous needle-leaved tree　24
deciduous perennial　20
deciduous tree　23
decompound leaf　126
decumbent stem　198
decussate opposite　154
definite bud　222
definite inflorescence　80
dehiscent fruit　96
determinate inflorescence　80
diadelphous stamen　50
dialysepalous calyx　34
dichasial cyme　84
dichasial sympodial branching　212
dichasium　84
dichlamydeous flower　28
dichogamous flower　265
dichogamy　264
dichotomous branching　210
dichotomous venation　138
dichotomy　210
dicot　6
dicotyledon　6
dictyostele　189
didynamous stamen　52
diffuse-porous wood　193
dioecious　259
dioecism　259,262
dioecy　262
diplontic life cycle　254
diplospory　266
disc　26
disk　26
disk flower　40
disseminule form　8
distichous opposite　156
divergence angle　154
Domain　3
domestic naturalized plant　17
dormancy　226

欧文索引

dormancy type　7
dormant bud　226
dorsal suture　70
dorsiventrality　158
double endodermis　180
drepanium-raceme　88
drepanium　84
dropper　216
drupe　104
drupel　104
drupelet　104
druse　162
dry fruit　96
duplicate blade　144
duplicate leaf　144
dwarf shrub　22
dwarf stem　204
dwarfed branchlet　174
dyad　56

ectendomycorrhiza　244
ectomycorrhiza　244
ectophloic bicollateral vascular bundle　182
ectophloic siphonostele　189
ectoxylar concentric bundle　182
egg cell　251,259
elaiosome　116
embryo　112
embryo sac　251
embryophyte　6
emergence　146
emergent leaf　146
emergent plant　10
emerging plant　10
emersed plant　10
endarch　249
endocarp　92
endodermis　161,180
endogenous branching　210,233
endogenous origin　233
endomycorrhiza　244
endopleura　110
endosperm　111
entomophilous flower　256
entomophily　256
epicalyx　36

epicarp　92
epicotyl　112
epidermal cell　158
epidermal system　157
epidermis　158
epigeal cotyledon　213
epigynoecious　52
epigynous　52,64
epihydrogamy　256
epimatium　110
epipetalous　50
epiphyllous bud　222
epiphylly　164
episepalous　50
episperm　110
epitepalous　50
equifacial anther　46
erect knee-root　240
erect ovule　73
erect root　240
erect stem　198
ericaceous mycorrhiza　244
ericoid mycorrhiza　244
escaped naturalized plant　17
etaerio　96,106
etaerio(-es) of achenes　104
etaerio(-es) of berries　106
etaerio(-es) of drupelets　106
etaerio(-es) of follicles　104
Eucarya Domain　3
eustele　189
even-pinnate leaf　130
evergreen　23
evergreen broad-leaved tree　24
evergreen needle-leaved tree　24
evergreen perennial herb　20
evergreen tree　23
exalbuminous seed　112
exclusive limestone plant　12
exclusive ultrabasicolous plant　12
exarch　249
exocarp　92
exodermis　248
exogenous branching　210
exogenous origin　220
exotic plant　16

external endodermis 180
external seed coat 110
extrorse anther 44

facultative shade plant 9
false fruit 94
false stipule 122
false verticillate 157
fascicle 157
fascicled 157
fasciation 204
female 259
female floret 260
female flower 260
female plant 261
female strobile 260
female strobilus 260
fertilization 254
fertilized 251
fiber tracheid 185
fibrous root 237
fibrous root system 237
filament 44
filamental tube 50
fine root 238
fine root sysytem 238
five kingdom theory 1
flavedo 102
fleshy cone 108
floatage 146
floating leaf 146
floating leaf water plant 9
floating leaved plant 9
floating plant 10
floating root 242
floral axis 28
floral diagram 74
floral formula 74
floral leaf 26,144
floret 78,260
flower 168
flower bud 168,224
flower fascicle 157
flowering branch 178
flowering plant 4,5
flowering stem 176

foliage leaf 120
foliar bud 224
follicle 98
free central placentation 68
free-floating plant 10
fructiferous scale 108
fruit 92
fruit body 245
fruit coat 92
fundamental meristem 195
fundamental system 157
fungal mantle 244
fungal sheath 244
funicle 71
funiculus 71
funnelform corolla 38

galeate corolla 36
gamete 251
gametic copulation 255
gametic redution 254
gametogamy 255
gametophytic apomixis 266
gamopetalous flower 30
gamosepal 34
gamosepalous calyx 34
geitonogamy 265
gemma 226
genet 267
geophyte 7
Ginkgophyta 220
glans 100
glomerule 84
gluma 32
glume 32
glumous flower 30
growing point 168
growth form 8
growth point 168
guard cell 158
guest 15
gymnosperm 5
gynodioecism 263
gynoecium 26
gynomonoecism 262
gynophore 28

311

欧文索引

half-inferior 66
half-superior 66
halophilous plant 13
halophyte 13
haplochlamydeous flower 30
haplodiplontic life cycle 253
haploid phase 252
haplontic life cycle 253
haplostele 187
hard wood 23
hartig net 244
head 82
heart wood 194
heliophyte 8
helmet 36
helophyte 8
hemicryptophyte 7
hemideciduous tree 23
hemiparasitic plant 14
hemitropous ovule 73
herb 19
herbaceous liana 200
herbaceous liane 200
herbaceous plant 19
hermaphrodite floret 260
hermaphrodite flower 259
hermaphrodite plant 261
hermaphroditism 262
hesperidium 102
hespidium 102
heterochlamydeous flower 28
heteroecy 262
heteromorphic alternation of generations 252
heteromorphic incompatibility 264
heteromorphous compound inflorescence 86
heteromorphous stamen 52
heterophase alternation of generations 252
heterophylly 164
heterostylous flower 264
heterostyly 264
higher plant 4
hilum 114
holoparasitic plant 14
homochlamydeous flower 28
horizontal rhizome 206
hornotinous branch 172

host 15
hydrogamy 256
hydrohalophyte 13
hydroid 181
hydrophilous flower 256
hydrophily 256
hydrophyte 8,9,10
hypanthium 86
hypocotyl 112,214
hypocrateriform corolla 38
hypocraterimorphous corolla 38
hypodermis 161
hypogeal cotyledon 214
hypogynous 64
hypsophyll 140
hysterostelee 188

idioblast 162
immersed aquatic plant 9
imparipinnate leaf 130
indefinite inflorescence 80
indehiscent fruit 98
indeterminate inflorescence 80
indigenous plan 16
individual endodermis 180
inferior 64
inferior palea 30
inflorescence 76,168
infructescence 76
infundibular corolla 38
inner integument 71
inner perianth 26
inner seed coat 110
inner suture 70
insect pollination 256
insectivorous leaf 15,148
insectivorous plant 15
insectivorous sac 15,148
integument 71
intercalary growth 170
intercalary meristem 170
interfascicular cambium 196
interfoliar stipule 120
internal seed coat 110
internodal growth 170
internode 169

欧文索引

interorse anther　46
interpetiolar stipule　120
interruptedly pinnate leaf　130
intolerant plant　8
intolerant tree　8
intrafascicular cambium　196
intrapetiolar bud　224
introduced plant　16
involucel　150
involucel segment　150
involucral bract　76
involucral leaf　76
involucral scale　76,148
involucral segment　76
involucre　76,148
isogamete　254
isomorphic alternation of generations　252
isomorphic incompatibility　264
isomorphous compound inflorescencecence　86
isophase alternation of generations　252

juncoid cyme　86
juvenile plant　213

keel　38
key　102
key fruit　102
kranz　162

label　40
labiate corolla　38
labium　38,40
lactiferous vessl　162
lamina　122
laminar placentation　66
land plant　6
last year's branch　172
latent bud　227
lateral axis　210
lateral branch　167,172,210
lateral bud　167,211
lateral flower　78
lateral leaflet　126
lateral meristem　195
lateral petal　38
lateral root　216,237

lateral stipule　120
lateral twig　172
lateral vein　134
lateral wall　62
latex　162
latex cell　162
latex duct　162
latex tube　162
laticifer　162
laticiferous cell　162
latrorse anther　46
leader　172
leaf　119
leaf bud　224
leaf cushion　122
leaf fascicle　157
leaf gap　119,163
leaf needle　146
leaf scar　163
leaf sheath　124
leaf spine　146
leaf stalk　122
leaf tendril　146
leaf thorn　146
leaf trace　163
leaflet　126
legume　98
leguminous bacterium　245
lenticel　192
lenticel cork cambium　192
lenticel phellogen　192
leptoid　181
liana　200
liane　200
lianoid　200
lichen　15
life cycle　253
life form　7
life history　253
life type　7
ligulate corolla　40
ligule　124
liliaceous corolla　40
limb　172
limestone plant　12
lip　38

313

欧文索引

littoral plant   13
lobed leaf   126
loculicidal capsule   98
lodicule   30
loment   100
long branch   173
long shoot   173
lower petal   38
lower plant   4
lower vascular plant   4
lucidophyllous tree   158
lyrately pinnate leaf   130
lysigenous secretory tissue   196

macrophanerophyte   7
macrophyll   119
Macrophyllinae   119
macrosporangium   56
macrospore   57
macrosporophyll   56
main axis   167,210
main bud   221
main vein   134
malacophilous flower   257
malacophily   257
male   259
male floret   260
male flower   260
male plant   261
male strobile   260
male strobilus   260
marginal placentation   66
masked corolla   38
mature tissue   195
megasporangium   56
megaspore   57
megasporophyll   56
meristele   189
meristem   195
mesarch   249
mesocarp   92
mesocotyl   218
mesogeal cotyledon   214
mesophyll   122,161
mesophyte   7,10
metaphloem   186

metaxylem   183
microphanerophyte   7
microphyll   119
Microphyllinae   119
micropylar fertilization   72
micropyle   72
microsporangium   42
microspore   42,56
microsporophyll   42
midrib   134
mixed bud   224
monadelphous stamen   50
Monera Kingdom   1
monocarpellary   68
monocarpic perennial herb   21
monochasial cyme   84
monochasium   84
monochlamydeous flower   30
monocot   6
monocotyledon   6
monoecious   259
monoecious plant   261
monoecism   259,262
monopodial branching   210
monopodium   210
monothalamic fruit   96
mosaic-porous wood   193
multiple fruit   96,106
multiple fruit of achenes   108
multiple fruit of berries   108
multiple fruit of capsules   108
multiple fruit of drupelets   108
multiple fruit of follicles   108
multiple palmate leaf   128
multiseriate epidermis   158
mutualism   15
mycorrhiza   244
mycorrhizal fungus   244
mycorrhizal plant   16
myrmecophyte   16

naked bud   228
naked flower   30
nanophanerophyte   7
native plant   16
natural naturalized plant   17

欧文索引

naturalized plant 16
needle leaf 120
needle-leaved tree 24
negative geotropism 198
nelumboid aggregate fruit 106
nerve 134
neuter flower 260
neutral flower 260
neutral plant 13
nodal root 237
node 169
non-articulated laticifer 162
nonflowering branch 178
nonflowering stem 176
nonporous wood 193
nucellus 72
nuclear phase 252
nucula 100
nuculanium 100
nucule 100
nut 100
nutlet 100

obcollateral vascular bundle 182
obligate shade plant 9
ochrea 120
odd-pinnate leaf 130
opposite phyllotaxis 154
orchid mycorrhiza 244
orchidaceous corolla 40
ordinary root 236
ornamental flower 260
ornithophilous flower 257
ornithophily 257
ortet 267
orthotropous ovule 73
outer integument 71
outer perianth 26
outer seed coat 110
outer suture 70
ovarian cell 62
ovarian locul 62
ovarian wall 62
ovary 58
ovule 70,73
ovule stalk 71

ovuliferous scale 108
ovuliferous scale complex 108
ovulum 70

palisade tissue 161
palmate leaf 128
palmate venation 136
palmate-pinnate leaf 132
palmately trifoliolate leaf 126
panicle 88
papilionaceous corolla 36
pappus 34
paracorolla 40
parallel venation 138
parasitic plant 14
parasitic root 245
paripinnate leaf 130
parietal placentation 66
passage cell 181
pedate venation 136
pedately compound leaf 134
pedicel 28,76,94
pedicelet 28
pedicle 94
peduncle 28,76,94
pendulous (apical) placentation 68
pentadynamous stamen 54
pentatrinate leaf 128
pepo 102
perennial herb 20
perforation plate 184
perforation 184
perianth 26
perianth segment 26
pericarp 92
periclinal division 248
pericycle 233,248
periderm 191,246
perigone 26
perigynous 64
peripheral meristem 168
perisperm 112
permanent root hair 236
permanent tissue 195
persistent calyx 34
persistent root hair 236

欧文索引

personate corolla　38
petal　26
petiolate leaf　122
petiole　122
petiolule　126
phanerogamous plant　4
phanerogam　4
phanerophyte　7
phellem　191
phelloderm　191
phellogen　191,196
phloem　185,186
phloem fiber　186
phloem fiber tissue　186
phloem parenchyma　187
phylloclade　202
phyllocladium　202
phyllode　142
phyllotaxis　152
phyllotaxy　152
pinna　130
pinnate leaf　130
pinnate venation　136
pinnately trifoliolate leaf　128
pistil　26,57
pistillate floret　260
pistillate flower　260
pit　183
pith　181
pith cavity　170,181
placenta　66
placentation　66
platycladium　202
plectostel　188
pleiochasial cyme　84
pleiochasium　84
plumule　167,214
pollen　56,251
pollen chamber　73
pollen grain　42,56,254
pollen sac　42
pollen tetrad　56
pollination drop　72,255
pollination droplet　72
pollination　254,255
pollinator　255

pollinium　56
polyad　56
polyadelphous stamen　50
polyanthocarp　96,106
polyanthocarp fruit　96
polycarpellary　68
Polycarpellatae　70
polyecy　262
polygamous plant　261
polygamy　262
pome　106
poricidal anther　48
poricidal capsule　98
porogamy　72,258
porous capsule　98
porous dehiscences anther　48
praefloration　229
praefoliation　229
preanthesis self-pollination　265
prehistoric naturalized plant　17
prenaturalized plant　17
previous year's branch　172
primary albumen　111
primary endosperm　251
primary lateral vein　134
primary phloem　185
primary root　237
primary root system　233
primary sex　259
primary tissue　195
primary vascular bundle　181
primary vein　136
primary xylem　183
procambium　181,195
procumbent stem　198
prolectic shoot　174
proleptic branch　174
prop aerial root　242
prop root　242
propagule　226
prophyll　142
prostrate stem　198
protandrous flower　265
protandry　265
protective root　242
prothallium　251

欧文索引

prothallus   251
Protista   1,2
Protoctista   2
protoderm   195
protogynous flower   265
protogyny   265
protophloem   186
protostele   187
protoxylem   183
provascular tissue   181
provisional naturalized plant   17
pseudoanthium   78
pseudobiennial herb   20
pseudobiennual   20
pseudobulb   208
pseudocarp   94
pseudocorm   208
pseudodichotomy   212
pseudodropper   218
pseudomonomerous pistil   60
pseudoseptum   62
pseudosinker   218
pseudostem   124
pseudostigma   60
pseudoterminal bud   220
ptyxis   229
pulvinus   122
putamen   92 ,104
pyxidium   98
pyxis   98

quaternate   156
quinate   156

raceme   80
rachilla   78
rachis   28,78,126
radial parenchyma   185
radial vascular bundle   182,248
radial-porous wood   193
radical bud   222
radical leaf   140
radicle   112,237
radicoid form   8
rain green tree   23
ramet   267

ramification   172,208
raphe   71
raphide   162
ratio of naturalized plants   17
ray   185
ray flower   40
receptacle   28,78
reclining stem   198
repent stem   198
replum   96
reproductive shoot   168
reserve tissue   196
resin canal   162
resistant bud   226
respiratory root   240
reticulate venation   136
rhachis   126
rhipidium   84
rhizobium   245
rhizomatous plant   206
rhizome   204
rib meristem   168
ring-porous wood   193
ringed stem   208
root   216,233,237
root cap   234
root fascicle   157
root hair   234
root nodule   245
root nodule bacterium   245
root spine   242
root stock   204
root system   233
root thorn   242
root tuber   238
root tubercle   245
rootlet   238
rosaceous corolla   36
rosette   140
rosette leaf   140
rotate corolla   40
runner   200

samara   102
sap fruit   102
sap wood   195

317

欧文索引

saprophagous organism　15
saprophyte　14
sarcocarp　92
scalariform perforation　184
scale bud　140
scale leaf　120,144
scale-like leaf　144
scaled bud　227
scape　28,176
scapoid　176
schizocarp　100
schizogenous secretory tissue　196
Schizopetalae　30
schizopetalous flower　30
schizosepalous　34
sciophyte　9
sclerified idioblast　162
scutellum　218
sea grass　10
secondary albumen　111
secondary lateral vein　134
secondary phloem　185
secondary root system　234
secondary sex　259
secondary vein　136
secondary xylem　183
secretory canal　162,196
secretory duct　162,196
secretory tissue　196
seed　110
seed coat　110
seed plant　5
seed scale　108,144
seed wing　116
seedling　213
selective limestone plant　12
selective ultrabasicolous plant　12
self-incompatibility　264
self-pollination　265
semiconcealed bud　224
semidiffuse-porous wood　193
seminal root　237
seminicarpium　110
seminiferous scale　108
sepal　26
separated eustele　190

separated geophytic plant　21,267
septate fiber　185
septicidal capsule　98
septifragal capsule　98
septum　62
serial accessory bud　221
serpentine plant　12
sessile leaf　122
sessile stamen　44
sex change　261
sex reversal　261
sexual generation　251
sexual reproduction　251
sexuality　258
shade plant　8
shade tolerant plant　8
shade tolerant tree　9
shade tree　9
sheath　124
sheath leaf　124
sheathing leaf　124
shoot　167
shoot apex　168
short branch　173
short shoot　173
shrub　22
sieve area　186
sieve cell　186
sieve cell tissue　186
sieve element　186
sieve plate　186
sieve pore　186
sieve tube　186
sieve tube cell　186
sieve tube element　186
silicle　98
silicule　98
siliqua　96
silique　96
simple berry　102
simple fruit　96
simple inflorescence　86
simple leaf　126
simple ovary　58,62
simple perforation　184
simple pistil　57

simple pit 183
simple rhizome 206
sinker 216
siphonostele 188
snail pollination 257
softwood 24
solenostele 188
sorose 106
sorosis 96,106
spadix 82
spatha 76
spathe 76,150
sperm 259
sperm cell 251,259
spermatid 259
spermatophyte 5
spicula 78
spicule 78
spike-capitulum 88
spike-raceme 88
spike 78,82
spikelet 30,78,82
spindle root 240
spiral 154
spiral deccusate 156
spiral phyllotaxis 154
spiral phyllotaxy 154
splint wood 194
spongy tissue 161
spontaneous plant 16
spore plant 5
sporic reduction 254
spring ephemeral 226
spring wood 194
spur 38,173
spur shoot 173
stamen 26,42
staminate floret 260
staminate flower 260
staminode 54
staminodium 54
standard 36
stele 187
stem 167
stem apex 168
stem spine 202

stem tendril 202
stem thorn 202
stem tuber 208
stem-succulent plant 204
sterile flower 260
stigma 57
stigma disc 60
stigma disk 60
stipel 120,126
stipellum 126
stipular spine 146
stipular thorne 120
stipule 120
stock 171
stolon 200
stoloniform rhizome 206
stomatal zone 158
stone 92,104
stone cell 163
storage leaf 148
storage root 238
storage tissue 196
strain 172
striate venation 138
strict self-pollination 265
strobile 96,106,108,260
strobilus 96,106,108,260
strophiole 114
stylar branch 58,60
stylar canal 58
style 57
stylodium 60
stylopodium 62
subarbor 22
subdioecy 262
submarginal placentation 66
submerged leaf 9,146
submerged plant 9
submonoecy 262
subshrub 22
subsidiary cell 158
subtending leaf 224
subterranean stem 204
succulent fruit 102
succulent root 238
succulent stem 204

319

欧文索引

sucker 202
suffruticose plant 22
summer annual 20
summer anuual herb 20
summer annual plant 8,20
summer bud 226
summer green tree 23
sun plant 8
sun tree 8
superior 62,64
superior palea 30
surface structure 116
sycon 96
syconium 96
syconus 96
sylleptic branch 174
sylleptic shoot 174
symbiosis 15
symbiotic plant 15
sympetalous flower 30
sympodial branching 210
sympodium 210
symsepalous calyx 34
synandreous stamen 50
synangium 48
syncarpous carpel 70
syncarpous gynoecium 57
synconium 106
syngenesious stamen 48
synoecy 262

tannin cell 162
tap root 216,237
tegmen 110
tegmic seed 114
tendril 146
tepal 26
terminal branch 172
terminal bud 220
terminal flower 78
terminal leaflet 126
terminal twig 172
terminally lateral bud 221
ternate 156
ternate leaf 126
ternate-pinnate leaf 132

ternately divided 126
terrestrial root 238
tertiary vein 136
testa 110
testal seed 112
tetrad 56
tetradynamous stamen 52
thallophyte 4
thallus 4
theca 42
therophyte 8,20
thick root 238
throat 38
thyrse 88
tiller 157
tillering 157
tipellum 120
torus 28
tracheary element 183
trachei 183
tracheid tissue 183
tracheophyte 4
traction root 240
transfusion tissue 161
transmitting tissue 58
tree 19,21
triadelphous stamen 50
trichoblast 234
triimparipinnate leaf 130
trimonoecism 262
trioecism 263
tristyly 264
triternate-pinnate leaf 132
true biennial 20
true fruit 94
trunk 172
tuber 208
tubular corolla 40
tubular leaf 120
tufted 157
tunica 168
twig scar 220
twining plant 198
twining stem 198

ultimate areole 134

ultrabasicolous plant　12
umbel　82
umblel-raceme　86
underground stem　204
undershrub　22
unifacial leaf　124
uniflowered inflorescence　82
unifoliolate compound leaf　134
unilabiate　38
unilateral petiole　122
uniparental reproduction　263
unisexual　259
unisexual flower　260
unitegmic seed　114
upper petal　38
urceolate corolla　38
utricle　100

VA mycorrhiza　244
valvular anther　48
vascular bundle　181
vascular cambium　196
vascular plant　4
vascular system　157
VA菌根　244
Vegetabilia　1
vegetative propagation　267
vegetative reproduction　267
vegetative shoot　168
vein　134
vein ending　134
veinlet　134
velamen　248
venation　119,134
ventral suture　70
vernation　229
vertical rhizome　206
verticillaster　86
verticillate　156
verticillate phyllotaxis　156
verticillate phyllotaxy　156
vesicle　244
vesicular-arbuscule mycorrhiza　244
vessel　183
vessel cel　183

vessel element　183
vexillum　36
vine　200
violaceous corolla　38
viviparity　267
vivipary　267
volubile plant　198
volubile stem　198

water plant　9
water pollination　256
water storage tissue　197
water tissue　197
weeping form　202
wheelshaped corolla　40
whorled　154
wild plant　16
wind pollinating flower　255
wind pollination　255
wing　36
winter annual　20
winter annual plant　8,20
winter bud　226
winter green perennial herb　20
wood　183
woody liana　200
woody liane　200
woody root　238
woody root system　238

xeniophyte　111
xerohalophyte　13
xeromorphism　10
xerophyte　10
xylem　183
xylem fiber tissue　184
xylem parenchyma　185

zoophilous flower　256
zoophily　256
zygomorphic flower　32
zygote　251
zygotic reduction　253

321

あとがき

　植物とのつきあいも、人のつきあいに似て相手の名前を知ることから始まる。しかし、深くつきあっていくには工夫が必要になる。いわゆる自然観察会では、名前を聞き、小話を聞いて終わりというのが多いように思われるが、実のところは、自ら手にとってよく観察しなければつきあいは深まらない。何をどう観察するのがよいか、そのキーワードとなるのは植物用語である。たとえば、シナノナデシコは2年草だという。2年草という用語をキーワードとしてみていると、開花した株は結実後確かに全体が枯死する。しかし、数十株を手元で育てて開花の様子を調べたところ、すべての株が2年目に咲くのではなく、半数は3年目に開花した。シナノナデシコは2年草とはいいきれないのである。自生地でもそうなのか、突き止めるためには同じ場所に何度も足を運び、何年か観察を継続せねばならぬだろう。

　用語集は、植物とのつきあい方のヒントに満ちたガイドブックである。そんなガイドブックが形あるものになったのは、多数の図や写真を提供され方々、著作からの転用を許可して下さった出版社の方々のおかげである。特に、故亘理俊次博士のご家族、元千葉大学教授福田泰二博士、筑波大学教授堀　輝三博士は得がたい写真を提供して下さったし、金沢大学技官梅林正芳氏は既発表の多数の線画の利用を快諾された。ここに図の出典および写真提供者の芳名を明記して、心底から謝意を表したいと思う。

　　　　　　　　　　　　　　　　　　　　　　　　　　　　　　清水建美

あとがき

○図の引用（出版物の詳細は参考書一覧を参照）

- p.27, p.29, p.31（左下を除く）, p.33, p,35, p.37, p.39, p.41, p.43, p.45, p.47, p.49, p.51, p.53, p.55, p.57, p. 59, p.61, p.63, p.65, p.69, p.71, p.77, p. 79, p.81, p.83, p. 85, p.87, p.89, p.89（下右を除く),p.94, p.95, p.97, p.99, p.100, p.101, p.103, p.105, p.109, p.113, p.115, p.121, p.123, p.125, p.127, p.129, p.131, p.135, p.137, p.139, p.141, p.143, p.145, p.147, p.149, p.151, p.225, p.253, p.254　以上に掲げた梅林正芳氏の図は、『園芸植物大辞典（全6巻）』（小学館）および『長野県植物誌』（信濃毎日新聞社）に発表されたものである。
- p.199, p.207, p.209, p.211, p215（上）, p.217（右）, p.227, p.235, p.237, p.239,p.241, p. 245, p.247　以上の図は、清水・梅林『日本草本植物根系図説』より。
- p.201, p.205, p.215（下）, p.217（左）, p.219　以上の図は「金沢大学附属植物園年報」19（1996), 22、22（1999)、18（1995), 24（2001）の各号より。
- p.171（右下）は斎藤新一郎（1993)「山林」1315号より
- p.221は、斎藤新一郎（1971)「林」230号より
- p.65（上）、p.67（上)、p.71（左下)、p.73（下）はGifford&Foster（1988）を、p.93（右下）は小倉（1949)、p.110はEames（1875)、p.271はTaxon 11（1962）を元に、それぞれ編集部にて作図した。

○写真提供

- p.161、p.180（左)、p.183（右)、p.184（左)、p.185、p.187、p.189（右)、p.190（2点)、p.191（2点)、p.197（上右）以上は福田泰二氏の提供による。
- p.71（右）およびp.219（右）は堀輝三氏の提供による。
- p.43, p.81（中左・中右)、p.90（中右・下右)、p.91（上右・中中・下左)、p.115（上左・中左)、p.117、p.121、p.147（上右)、p.155（上右・中右)、p.199（下左)、p.203（上左)、p.205（上左) p.223（中左）は著者による。
- p.77（中左・下左)、p.79（下右)、p.83（下右)、p.85（上右)、p.87（上中)、p.125（中左)、p.133（中・下)、p.135（上)、p.151（下)、p.211（上)、p.215（上右・下左)、p.217（2点)、p.219（左2点)　は八坂書房による。
- 上記以外の写真は、故亘理俊次氏の撮影になるものである。

著者
清水建美（しみず・たてみ）
1932年、長野県に生まれる。
京都大学大学院理学研究科博士課程卒業。
植物分類・地理学専攻。理学博士。
金沢大学名誉教授、信州大学名誉教授。
2014年11月死去。

主要著作
原色新日本高山植物図鑑Ⅰ・Ⅱ（保育社）
高原と高山の植物1〜4（保育社）
日本の野生植物（平凡社）分担
朝日百科世界の植物（朝日新聞社）編集・分担
朝日百科植物の世界（朝日新聞社）監修・分担
中国天山の植物（トンボ出版）共著
日本草本植物根系図説（平凡社）共著
長野県植物誌（信濃毎日新聞社）監修・分担
草木花歳時記春夏秋冬（朝日新聞社）監修・分担
日本の帰化植物（平凡社）編集など多数。

受賞
第6回信毎賞（団体代表）1999年
平成15年度 みどりの日自然環境功労者（調査・学術部門）
環境大臣表彰 2003年

図説 植物用語事典

2001年7月30日 初版第1刷発行
2024年2月20日 初版第9刷発行

著 者	清 水 建 美
発 行 者	八 坂 立 人
印刷・製本	モリモト印刷(株)

発 行 所　(株)八 坂 書 房

〒101-0064　東京都千代田区神田猿楽町1-4-11
TEL.03-3293-7975　FAX.03-3293-7977
URL http://www.yasakashobo.co.jp

ISBN 978-4-89694-479-2　　落丁・乱丁はお取り替えいたします。
　　　　　　　　　　　　　　無断複製・転載を禁ず。

©2001 Tatemi Shimizu